乡村地域系统功能
与乡村振兴路径

刘玉　王介勇　著

商务印书馆
始于1897
The Commercial Press

图书在版编目（CIP）数据

乡村地域系统功能与乡村振兴路径/刘玉，王介勇著.
—北京：商务印书馆，2023
ISBN 978-7-100-21852-8

Ⅰ．①乡…　Ⅱ．①刘…②王…　Ⅲ．①乡村规划—研究—中国　Ⅳ．①TU982.29

中国版本图书馆 CIP 数据核字（2022）第 218293 号

乡村地域系统功能与乡村振兴路径

刘玉　王介勇　著

商 务 印 书 馆 出 版
（北京王府井大街 36 号邮政编码 100710）
商 务 印 书 馆 发 行
北 京 冠 中 印 刷 厂 印 刷
ISBN 978 - 7 - 100 - 21852 - 8
审图号：GS 京（2023）1294 号

2023 年 9 月第 1 版　　　　开本 880×1230　1/32
2023 年 9 月北京第 1 次印刷　印张 11³/₄

定价：78.00 元

前　言

我国已进入城乡融合发展阶段，城乡主体需求变化推动着乡村地域功能分异演化，系统开展乡村地域系统功能优化与乡村振兴研究是破解乡村功能供需错配和空间冲突问题进而实现乡村振兴发展的关键。本书基于地理学、系统论、协同论等多学科交叉的视角，以人地关系地域系统理论为指导，系统阐述乡村地域功能的分类、评价分区、交互关系以及协同发展路径等，研发了具有普适性的乡村地域多功能评价与优化决策支持系统；揭示了全国地域多功能分异格局和演化特征，并以大都市和传统农区为典型案例区，开展乡村地域多功能的分类、权衡/协同关系及优化策略研究，形成乡村地域系统功能优化与乡村振兴的研究思路和技术方法，以期为乡村振兴发展、国土空间优化利用决策与实践提供科学参考。

本书研究得到了北京市自然科学基金面上项目（9192010）、国家自然科学基金重点项目（41931293）、国家自然科学基金青年科学基金项目（41201173）、中国科学院先导专项课题（XDA28130400）的立项支持与资助。全书共分为八章，可归并为四部分。第一部分是基础理论与乡村地域多功能概述，包括绪论（第一章）、地域多功能研究主要进展（第二章）以及乡村地域多功能理论发展与创新（第三章）。系统梳理了乡村地域多功能、农业多功能和城市多功能的概念、内涵、特征、类型及相互关系等，从综合性视角评判乡村地域的经济、社会、生态等功能，将乡村地域单一的经济、生态功能评价拓展为乡村地域的多功能评价。第二部分为宏观尺度的评价研究和技术方法支撑，主要内容是中国乡村地域多功能的时空特征（第四章）。第三部分为典型地区乡村地域多功能演化特征与时空格局，主要涉及大都市郊区乡村地域多功能的时空特征与优化（第五章）和传统农区乡村地域多功能的分异与优化（第六章），这也是本书的主体部分，重点围绕着大都市郊区和传统农区深入开展乡村地域多功能评价分类、演化特征及提升优化研究，向读者系统阐释乡村地域多功能研究的基本范式。第四部分为乡村振兴发展及支撑系统，包含多功能视角下的乡村振兴路径与策略（第七章）和乡村地域多功能评价与优化决策支持（第八章）。

本书由刘玉博士、王介勇博士负责总体设计，并拟定研究与撰写提纲。参与项目研究与撰写的主要成员有刘玉、王介勇、唐林楠、任艳敏、唐秀美、陈秧分、潘瑜春、郜允兵、姚兰、殷子妍等。全书由刘玉、王介勇审定和终校。本书在成稿和项目研究过程中得到了北京市自然科学基金委员会、国家自然科学基金委员会地球科学部的大力支持和指导，北京市农林科学院、中国科学院地理科学与资源研究所、中国国土勘测规划院等单位给予了指导和帮助。中国科学院地理科学与资源研究所刘彦随研究员、龙花楼研究员以及北京师范大学姜广辉教授提供了直接指导，借此一并表示衷心的感谢。

本书的部分研究成果已发表在《地理学报》《地理研究》《农业工程学报》《经济地理》《人文地理》《北京大学学报（自然科学版）》《中国人口资源与环境》《山地学报》等刊物，得到了编辑部老师及匿名审稿专家的宝贵意见。在本书写作过程中，作者参阅了大量的文献资料，并使用了大量统计数据（未含港、澳、台地区），书中对引用部分作了标注，但仍恐有遗漏之处，诚请包涵。受时间、知识、数据等诸方面限制，书中定有尚待完善之处，恳请同行专家学者提出宝贵的意见和建议！

目　录

第一章　绪论 ……………………………………………… 1

一、乡村地域系统功能研究的时代背景 …………………… 1

二、乡村地域系统功能优化与乡村振兴研究的重要意义 …… 6

三、本书主要内容与章节安排 ……………………………… 11

第二章　地域多功能研究主要进展 ……………………… 16

一、乡村地域多功能研究进展 ……………………………… 16

二、农业多功能研究进展 …………………………………… 30

三、城市多功能研究进展 …………………………………… 36

四、乡村地域多功能的拓展研究方向 ……………………… 43

第三章　乡村地域多功能理论发展与创新 …………… 46

一、乡村地域功能的理论基础 ……………………………… 46

二、乡村地域多功能的研究框架 …………………………… 53

三、乡村振兴战略实施与乡村地域多功能发展 …………… 76

第四章 中国乡村地域多功能的时空特征 ……………………96

一、基本思路与研究方法 …………………………………96

二、中国乡村地域多功能分异格局 …………………… 104

三、基于功能导向的发展策略 ………………………… 120

第五章 大都市郊区乡村地域多功能的时空特征与优化 ‥ 124

一、大都市乡村地域多功能发展特征 ………………… 124

二、北京城乡转型与乡村地域功能的耦合发展 ……… 139

三、北京市乡村地域多功能的时空特征 ……………… 158

四、乡村发展类型分化及其多功能特征 ……………… 176

五、乡村旅游休闲功能评价及优化 …………………… 195

第六章 传统农区乡村地域多功能的分异与优化 ………… 216

一、研究区域与研究方法 ……………………………… 216

二、传统农区乡村地域多功能的分异特征 …………… 223

三、传统农区乡村地域多功能优化 …………………… 232

第七章 多功能视角下的乡村振兴路径与策略 …………… 239

一、乡村地域多功能权衡协同关系度量与协同策略 … 239

二、特色小镇建设引领下的乡村振兴发展 …………… 261

三、现代农业产业园建设引领下的乡村振兴发展 …… 275

四、新型经营主体引领下的乡村振兴发展 …………… 286

第八章　乡村地域多功能评价与优化决策支持 ················ 302

一、系统的总体设计 ·································· 302

二、主要功能模块设计与实现 ······················ 309

三、系统运行环境 ································· 319

参考文献 ························· 320

图 目 录

图 1-1 乡村地域多功能研究的乡村地理学命题 ……………… 7

图 1-2 本书的章节架构 ……………………………………… 14

图 2-1 城市功能演进的一般规律 …………………………… 41

图 3-1 人地关系地域系统理论模式 ………………………… 47

图 3-2 《2030 年可持续发展议程》中设定的 17 个可持续发展
目标 ……………………………………………… 51

图 3-3 乡村地域多功能间作用方式的演进 ………………… 72

图 3-4 乡村地域多功能的良性演进 ………………………… 73

图 3-5 乡村地域单一功能的演变过程 ……………………… 74

图 3-6 城乡融合背景下乡村振兴与乡村发展的关系与作用 …… 86

图 3-7 基于"三生"空间视角的乡村振兴战略解构 ………… 88

图 3-8 基于要素—结构—功能的乡村发展机理 …………… 89

图 3-9 "土地—人口—产业"视角下的乡村发展提升路径 …… 91

图 4-1 乡村地域多功能评价的技术路线 …………………… 97

图 4-2 2018 年中国乡村地域多功能指数的频率直方图 ……… 107

图 4-3 中国不同县域经济发展功能及其变化 ……………… 110

图 4-4 中国不同县域粮食生产功能及其变化 ……………… 113

图 4-5　中国不同县域社会保障功能及其变化……………………… 115

图 4-6　中国不同县域生态保育功能及其变化……………………… 118

图 4-7　中国不同县域综合功能及其变化…………………………… 120

图 4-8　乡村地域多功能统筹的长效机制与途径…………………… 122

图 5-1　2000～2018 年大都市乡村综合发展功能演化情况对比…… 130

图 5-2　2000～2018 年大都市乡村各项子功能演化情况对比…… 131

图 5-3　1978～2018 年北京市城乡发展转型及子系统转型演化
　　　　时序特征……………………………………………………… 145

图 5-4　1978～2018 年北京市乡村地域功能及子系统转型演化
　　　　时序特征……………………………………………………… 151

图 5-5　1978～2018 年北京市城乡转型与乡村地域多功能间的
　　　　耦合度变化曲线……………………………………………… 157

图 5-6　2004～2018 年乡村经济发展功能指标变化……………… 167

图 5-7　2004 年和 2018 年北京市乡村旅游休闲指标变化……… 173

图 5-8　2004 年和 2018 年北京市各区乡村子功能结构变化…… 174

图 5-9　密云区乡村发展类型划分技术流程……………………… 177

图 5-10　不同聚类结果对应的 q 值分布…………………………… 188

图 5-11　多功能视角下各类型区的振兴发展思路………………… 193

图 5-12　乡村旅游休闲功能类型划分的三维魔方图……………… 204

图 5-13　密云区乡村旅游休闲功能指数特征……………………… 206

图 6-1　齐齐哈尔市区位图…………………………………………… 217

图 6-2　2012～2021 年齐齐哈尔市农作物播种面积与粮食播种
　　　　面积……………………………………………………………… 218

图 6-3　2012～2020 年齐齐哈尔市人口数量……………………… 219

图 6-4　齐齐哈尔市乡村农产品生产功能指数及冷热点分析…… 224

图 6-5　齐齐哈尔市乡村经济发展功能指数及冷热点分析 ⋯⋯⋯ 225

图 6-6　齐齐哈尔市乡村社会保障功能指数及冷热点分析 ⋯⋯⋯ 227

图 6-7　齐齐哈尔市乡村生态保育功能指数及冷热点分析 ⋯⋯⋯ 228

图 6-8　齐齐哈尔市乡村综合功能指数及冷热点分析 ⋯⋯⋯⋯⋯ 229

图 7-1　生产可能性边界 ⋯⋯⋯⋯⋯⋯⋯⋯⋯⋯⋯⋯⋯⋯⋯⋯ 241

图 7-2　生态涵养区乡村地域功能分布图 ⋯⋯⋯⋯⋯⋯⋯⋯⋯ 248

图 7-3　生态涵养区乡村地域功能 LISA 格局图 ⋯⋯⋯⋯⋯⋯⋯ 252

图 7-4　生态涵养区乡村经济发展、农产品生产、社会保障、
　　　　生态服务功能之间的 PPF 曲线 ⋯⋯⋯⋯⋯⋯⋯⋯⋯⋯ 256

图 7-5　2017～2021 年各省已创建的国家现代农业产业园数量 ⋯ 277

图 8-1　总体技术路线 ⋯⋯⋯⋯⋯⋯⋯⋯⋯⋯⋯⋯⋯⋯⋯⋯⋯ 305

图 8-2　系统整体构架 ⋯⋯⋯⋯⋯⋯⋯⋯⋯⋯⋯⋯⋯⋯⋯⋯⋯ 306

图 8-3　数据库结构与构成 ⋯⋯⋯⋯⋯⋯⋯⋯⋯⋯⋯⋯⋯⋯⋯ 307

图 8-4　系统功能结构组成 ⋯⋯⋯⋯⋯⋯⋯⋯⋯⋯⋯⋯⋯⋯⋯ 308

图 8-5　系统用户界面 ⋯⋯⋯⋯⋯⋯⋯⋯⋯⋯⋯⋯⋯⋯⋯⋯⋯ 309

图 8-6　属性数据的基本格式 ⋯⋯⋯⋯⋯⋯⋯⋯⋯⋯⋯⋯⋯⋯ 311

图 8-7　点击查询 ⋯⋯⋯⋯⋯⋯⋯⋯⋯⋯⋯⋯⋯⋯⋯⋯⋯⋯⋯ 313

图 8-8　查找 ⋯⋯⋯⋯⋯⋯⋯⋯⋯⋯⋯⋯⋯⋯⋯⋯⋯⋯⋯⋯⋯ 313

图 8-9　属性查询 ⋯⋯⋯⋯⋯⋯⋯⋯⋯⋯⋯⋯⋯⋯⋯⋯⋯⋯⋯ 314

图 8-10　新增模型 ⋯⋯⋯⋯⋯⋯⋯⋯⋯⋯⋯⋯⋯⋯⋯⋯⋯⋯⋯ 315

图 8-11　模型编辑 ⋯⋯⋯⋯⋯⋯⋯⋯⋯⋯⋯⋯⋯⋯⋯⋯⋯⋯⋯ 315

图 8-12　乡村经济发展功能评价的模型实现 ⋯⋯⋯⋯⋯⋯⋯⋯ 317

表 目 录

表 2-1　国内有关城市功能的主要观点 ……………………………… 37

表 3-1　乡村地域多功能的分类依据及主要类型 ………………… 58

表 3-2　乡村地域多功能分类及其表征指标 …………………… 58

表 3-3　2004 年以来中央"一号文件"的主要关键词 ………… 78

表 3-4　2018 年以来北京市乡村发展相关政策 ………………… 80

表 3-5　土地资源的多功能属性 ………………………………… 92

表 4-1　中国乡村地域多功能评价指标体系 ………………… 101

表 4-2　2018 年中国乡村地域多功能指数的频率分布特征 ……… 105

表 5-1　大都市乡村地域多功能评价指标及其权重 ………… 127

表 5-2　城乡转型与乡村地域功能指标体系 ………………… 140

表 5-3　城乡发展转型综合特征 ………………………………… 147

表 5-4　乡村地域功能及子系统发展时序特征 ………………… 152

表 5-5　城乡转型（X）与乡村地域功能（Y）交互耦合的关联度

………………………………………………………………… 153

表 5-6　乡村地域多功能评价指标体系及其权重 …………… 160

表 5-7　2004～2018 年功能等级分级标准 …………………… 162

表 5-8　2018 年北京市乡村地域功能等级及指数特征 ………… 164

表 5-9 2004～2018 年北京市乡村各功能指数空间变化 ………… 165

表 5-10 2004 年和 2018 年北京市乡村农产品生产功能指标变化
………………………………………………………… 168

表 5-11 乡村发展评价指标体系 …………………………… 180

表 5-12 密云区乡村综合发展水平分级 …………………… 185

表 5-13 密云区各乡村的发展类型 ………………………… 189

表 5-14 乡村发展类型区基本特征 ………………………… 192

表 5-15 乡村旅游休闲 POI 类型体系 ……………………… 200

表 5-16 指标层权重 ………………………………………… 201

表 5-17 密云区乡村旅游休闲功能发展类型统计 ………… 209

表 5-18 密云区乡村旅游休闲功能类型及对应乡村 ……… 213

表 6-1 传统农区乡村地域多功能评价指标及其权重 …… 222

表 6-2 齐齐哈尔市各乡镇乡村综合功能指数分布 ……… 229

表 6-3 Spearman 相关分析结果 …………………………… 230

表 7-1 生态涵养区乡村地域功能评价指标体系 ………… 244

表 7-2 生态涵养区乡村地域功能的相关性分析 ………… 250

表 7-3 乡村地域功能间的全局空间自相关系数 ………… 251

表 7-4 乡镇不同功能间权衡组合对应编码及内涵 ……… 259

表 7-5 各均衡策略组合对应乡镇 ………………………… 261

表 7-6 住房城乡建设部公布的国家级特色小镇名单 …… 264

表 7-7 精品特色小镇及其典型经验 ……………………… 270

表 7-8 已认定的国家现代农业产业园统计 ……………… 278

表 7-9 全国农民合作社典型案例名单（第一批） ……… 288

表 7-10 全国农民合作社典型案例名单（第二批） ……… 290

表 7-11 全国农民合作社典型案例名单（第三批） ……… 293

第一章 绪论

一、乡村地域系统功能研究的时代背景

（一）乡村振兴战略背景下的乡村多元化发展

中国正处于全面深刻转型的关键期（陆大道，2020），"四化"协同驱动着区域格局演变和乡村转型发展（Liu et al.，2016；刘彦随，2007；樊杰等，2019）。作为国土空间的重要组成部分，乡村地域系统是多尺度、多层级、多类型的复杂体系，是在人文、经济、资源与环境等相互联系、相互作用下构成的具有一定结构、功能和区际联系的乡村空间体系（刘彦随，2019），拥有独特的经济、社会、生态等功能。以城乡二元结构模型为基础的城乡发展理论认为，广大发展中国家必将经历一个由落后到发达的城乡转型发展过程（Rostow，1990；龙花楼等，2019），涵盖人口、经济、社会、文化、环境、生态等方面，反映城市与乡村之间由相对割裂、对立转向相互融合、一体化的发展过程。传统的城乡关系认知忽略了城市与乡村之间的内在关系和多维联系，以及城乡融合系统这一重要地理综合体及其功能价值，成为乡村基础设施薄弱、城乡发展权能受损、城乡地域功能紊乱等突出问题的根源（刘彦随等，2021），而乡村传统功能转型缓慢、拓展功能培育不足等在一定程度上加剧了乡村地

域的功能供需错位和定位同化，乡村发展不充分甚至衰退等问题显化（谭雪兰等，2017）。为此，2017 年 10 月，十九大报告首次提出"实施乡村振兴战略"以促进农业农村充分发展。《中共中央 国务院关于实施乡村振兴战略的意见》（中发〔2018〕1 号）对实施乡村振兴战略进行全面部署，指出到 2050 年，乡村全面振兴，农业强、农村美、农民富全面实现。《中共中央 国务院关于全面推进乡村振兴加快农业农村现代化的意见》（中发〔2021〕1 号）进一步指出，把全面推进乡村振兴作为实现中华民族伟大复兴的一项重大任务，举全党全社会之力加快农业农村现代化，让广大农民过上更加美好的生活。政策驱动叠加上区域自然本底、社会经济差异的综合作用，乡村产业、文化等要素及其空间格局面临着重组和重构（杨忍，2019）。由于自然和非自然资本、经济需求、市场距离、劳动力供应和基础设施水平等差异，中国乡村在转型发展过程中分化成不同的地域类型（房艳刚等，2015；徐凯等，2019），其功能发展和产业结构亦随着区域资源禀赋、发展定位、文化政策、历史背景等要素的不同组合而呈现出不同的变化（周扬等，2019）。《乡村振兴战略规划（2018～2022 年）》提出，顺应村庄发展规律和演变趋势，根据不同村庄的发展现状、区位条件、资源禀赋等，……分类推进乡村振兴。鉴于此，广袤的乡村地区如何通过功能的优化组合和协同发展实现自身振兴，如何通过功能提升与拓展满足城市和居民的多元化需求，如何通过城乡融合实现人地系统协调与可持续发展，是乡村振兴实践中亟需解决的现实问题。

（二）城乡融合进程中的乡村多功能价值提升

城乡发展不平衡和乡村发展不充分是新时代面临的突出难题。

贯彻以人为核心的新型城镇化和建立健全城乡融合发展的体制机制，既是新时代的主要任务，也是破解城乡二元结构的重要路径（叶超，2021）。根据乡村发展的战略导向，在由解决温饱（1978～2004年）、小康建设（2005～2020 年）向实现富裕（2021～2050 年）的中国乡村发展过程中，乡村地域系统由单一型农业系统向多功能乡村系统，再向融合型城乡系统转变（郭远智、刘彦随，2021）。乡村地域系统拥有城市无法替代的功能，能通过不同途径满足城镇系统的多元化需求。随着社会经济的快速发展和新型城镇化的稳步推进，城乡居民的需求水平逐步提升，城镇居民对乡村的诱发性需求增加，社会发展需要乡村地域提供更加多元化的产品和服务；而乡村地区却因城市的"直接"占用而日趋萎缩，乡村地域在长期"城市优先发展"的战略导向下呈现出一系列的乡村地域价值塌陷问题（刘自强等，2008；李智等，2017）；此外，中国人多地少、生态环境相对脆弱等特殊国情，使得社会发展迈向高层次需求时，粮食生产等较低层次的需求仍是影响中国国家安全的关键问题，而区域发展水平的差异使全国的乡村地域空间同时面临多种功能需求。《中共中央国务院关于建立健全城乡融合发展体制机制和政策体系的意见》明确提出，坚持农业农村优先发展，以协调推进乡村振兴战略和新型城镇化战略为抓手，以缩小城乡发展差距和居民生活水平差距为目标，以完善产权制度和要素市场化配置为重点，坚决破除体制机制弊端，促进城乡要素自由流动、平等交换和公共资源合理配置，加快形成工农互促、城乡互补、全面融合、共同繁荣的新型工农城乡关系，加快推进农业农村现代化。城乡融合发展体现为乡村地域系统与城市地域系统的互动与交融（龙花楼、陈坤秋，2021），激活乡村发展活力是实现城乡融合发展的重要基础，而这需要对乡村多功能的准确识别及其提升路径的科学设计。为此，深入开展乡村地域系统功能研究，进而探寻城乡融合发展下的乡村地域多功能融合与提升路径，已成为转型期中国乡村地理学及乡村振兴实践亟待研究的科学命题。

（三）统筹区域发展中的乡村功能差异化布局

区域发展研究是地理科学、资源环境科学、经济科学、管理科学等学科间的一个重要的交叉研究领域（郑度等，2005；陆大道、樊杰，2009）。中国地域类型丰富，社会经济发展空间差异明显。促进社会经济协调发展、实现人与自然和谐共存等目标，都要求科学地选择国土开发和生态环境建设战略，明确不同地域在国家层面的功能定位（郑度，1998；樊杰等，2009）。在较长一段时期内，中国地域空间管制、规划的核心目标是构建与自然资源禀赋和区域环境承载力相适应的地域空间结构，这要求突破行政区谋发展、按照主体功能构建区域发展新格局（Lu，2009；戚伟、王开泳，2019；樊杰等，2019）。主体功能区已成为中国经济发展和生态环境保护的大战略，但当前实践中面临科学支撑不足、尺度深化不够、实施保障不强、调控优化能力偏弱等问题（吴桐等，2022）；加之国家行政执政的体制机制存在问题，中国国土空间开发保护有序性和有效性均较差，区域发展不平衡、不充分的问题以及资源环境问题依然突出（王亚飞等，2020）。发挥主体功能区在国土空间开发保护的战略性、基础性和约束性规划作用，已成为健全新时期国土空间规划体系的主题和主线（樊杰等，2021）。为此，立足资源环境承载能力，发挥各地区比较优势，健全区域协调发展体制机制，促进各类要素合理流动和高效集聚，推动形成主体功能明显、优势互补、高质量发展的国土空间开发保护新格局，满足高质量发展和高品质生活对国土空间的多样化需求。

十九大报告指出，"要坚持农业农村优先发展，按照产业兴旺、生态宜居、乡风文明、治理有效、生活富裕的总要求，建立健全城乡融合发展体制机制和政策体系，加快推进农业农村现代化"。《中华人民共和国国民经济和社会发展第十四个五年规划和2035年远景目标纲要》（以下简称"十四五"规划）进一步明确，"走中国特色社会主义乡村振兴道路，全面实施乡村振兴战略，强化以工补农、以城带乡，推动形成工农互促、城乡互补、协调发展、共同繁荣的新型工农城乡关系，加快农业农村现代化"。乡村发展"六地"（中华民族农耕文明的传承地、农业生产农民居住的集中地、工业化与城镇消费的原料地，以及保障生态粮食安全战略高地、现代城市健康发展重要腹地、创新创业康养文化兴盛之地）功能日益凸显，亟需通过科学实施乡村振兴战略，开启中国城乡融合和现代化建设新局面（刘彦随，2020）。因此，以人地关系地域系统为对象，在系统识别国家整体可持续发展的空间作用机制与规律的基础上，多情景分析国家的宏观发展战略格局和社会的多元化需求，客观评价、判断和确定乡村地域单元在上一层级功能区划系统中的地位；强化机制和政策创新，引导乡村功能与社会经济需求、地域资源禀赋相适应，实现社会、经济、环境间的协调发展。

二、乡村地域系统功能优化与乡村振兴研究的重要意义

（一）有助于丰富人地关系地域系统理论，发展新时代乡村地理学理论

人地关系地域系统，是以地球表层一定地域为基础的人地关系系统，是由人类社会和地理环境两个子系统在特定的地域中交错构成的一种动态结构。现代人地系统具有复杂性、地域性和动态性特征，人—地交互作用过程、格局及其综合效应正在发生深刻变化，地球表层人地系统成为现代地学综合研究的核心内容和重要主题（宋长青等，2018；刘彦随，2020）。乡村地理学是研究乡村地区经济、生态、社会和文化现象及其与外围城市相互作用的科学（金其铭，1988；石忆邵，1992）。中国农业生产的区域化、基地化与乡村发展的城镇化、产业化倾向日益明显，为适应国家破解"三农"问题和推进乡村振兴的重大战略需求，乡村地域空间分异及其功能扩展成为乡村地理学理论创新研究中亟待深入探讨的重要领域（Liu et al.，2016；刘彦随等，2019；樊杰，2019）。近年来，乡村地理学的研究主要集中在基础理论探讨等八个方面（周心琴等，2005；刘彦随，2018；杨忍等，2018），研究乡村地域多功能具有独特的学科优势（图1-1）。

综合运用地理学各分支学科尤其是乡村地理学的理论和方法，并与社会学、经济学、环境科学、管理科学等密切联系，着眼于乡村地域多功能形成与演进的规律性，深入研究其地理背景、动力机制与关联效应；深化研究城乡融合进程中乡村地域多功能间的权衡—协同特征和定量化表达，通过政策引导和市场驱动提升乡村地域功

能对需求升级的适应性，设计更具操作性的多功能协同发展路径；研究城乡转型发展过程中乡村地域多功能的拓展及其空间分异，探讨如何立足优势资源促进乡村地域功能的多样化发展，既是响应区域发展理论与实践向城乡并重转型、构建城乡融合发展机制的客观要求，也是深化地理学对乡村地域功能的认识、完善乡村地域系统理论亟待强化研究的理论命题，为乡村振兴发展提供理论支撑。

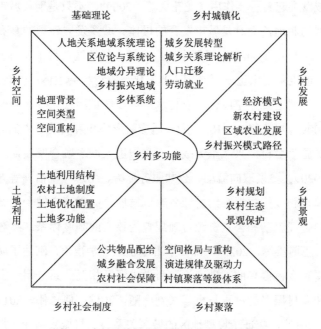

图 1-1　乡村地域多功能研究的乡村地理学命题

（二）有助于推进城乡融合发展，助力乡村振兴实践

乡村地域系统是中国区域系统的重要组成部分，乡村发展是世

界性的重大区域问题（吴传钧，2001）。过去一段时期内，全球化、信息化的快速发展使学术界和政界把更多的目光投向城市，相对忽视了对乡村发展的研究。然而，城市与乡村始终是一个不可分割的有机融合体，具有经济相依、资源互补、生态共生等特点（刘彦随，2018；阿布都瓦力·艾百等，2020），高质量的新型城镇化过程就是城乡融合发展与乡村振兴过程（方创琳，2022）。乡村地域对于城市和区域发展起着重要作用（龙花楼等，2009），不只是现代城市形成与发展的腹地，而且是城市发育的母体、城乡发展转型的基石（刘彦随，2021）。近年来，尽管中国广大的乡村地区获得了前所未有的发展，但也呈现出生产要素高速非农化、农村社会主体过快老弱化、村庄建设用地日益空废化、农村水土环境严重污损化等新问题（鲁奇，2009；刘彦随，2018）。为了适应新形势和解决发展中的问题，国家实施"乡村振兴"重大战略，我国进入城乡融合发展期（刘俊杰，2020）；要素双向流动、公共服务配给、生态环境治理等方面的制度弊端和政策短板制约着城乡融合发展，亟需建立健全以城乡要素双向合理流动和公共资源合理配置为核心的制度体系（蒿慧杰，2019；王博雅等，2020）。部分学者基于地理学视角，阐述了城乡融合发展和乡村振兴的基础理论、科学内涵及相互关系，揭示了城乡融合和乡村振兴的过程与机理（刘彦随，2018；何仁伟，2018；曹智等，2019），实证了典型地区的城乡关系与乡村振兴路径（张军以等，2019；张永强等，2019），并尝试从多功能视角探索乡村振兴策略（张利国等，2019）。

中国已经如期实现全面建成小康社会目标，历史性解决了绝对贫困问题，开启了全面建设社会主义现代化国家新征程。"三农"工作是全面建设社会主义现代化国家的重中之重，从容应对百年变局和世纪疫情，推动经济社会平稳健康发展，必须着眼国家重大战略需要，稳住农业基本盘、做好"三农"工作，接续全面推进乡村振兴，确保农业稳产增产、农民稳步增收、农村稳定安宁。我国地域辽阔、类型多样，自然条件、资源禀赋等呈现出明显的由南到北、由东到西、由东南沿海到西北内陆的地域分异规律，区位条件、经济基础以及历史文化等的差异性也决定着乡村地域类型的复杂多样，乡村综合发展水平也呈现由东向西的递减规律（刘彦随，2018；周扬等，2019）。一方面，大都市乡村地域作为城市地域结构的重要组成部分，是城市环境向乡村环境转化的过渡地带，是城乡统筹发展中最复杂、最富变化的地区，同时代表了较高的乡村发展阶段和城乡融合发展水平（谢晖等，2010；陈秧分等，2019）。大都市郊区乡村地域具备都市空间和乡村空间的双重功能与特征，"城—乡"两种力量的交互影响引发了乡村地域多功能更明显的空间分异与剧烈演化（谷晓坤等，2019；周小平等，2021），乡村地域多功能的转型发展具有引领性和典型性。特殊的市情农情、经济基础、交通区位和城市治理体系，使得北京城镇化与城乡关系演进更具综合性、复杂性。历经 70 年发展，北京市走过了一条从城乡二元结构到城乡融合发展之路，2018 年北京市常住人口城镇化率达到 86.5%，城乡融合发展进程综合实现程度达到 86.6%，在社会发展、生态文明、社会治理、公共服务和民生质量等方面均实现较高程度的融合发展（赵语涵，2019），远高于同期全国平均水平。在全面落实京津冀协同发展战略和乡村振兴战略的背景下，北京城乡一体化发展面临重大机遇，但同时也存在农业发展质量提升与农民收入增长难度加大、农村环境痼疾难除等问题（吴宝新等，2019）。2021 年 6 月，《北京市关于建立健全城乡融合发展体制机制和政策体系的若干措施》正式印发，强调以城带乡、城乡一体，通过完善体制机制和政策体系，促进城乡功能互促、优势互补。作为保障首都可持续发展的关键区域和实现城乡融合发展的攻坚区，在资源环境约束收紧和城市群竞争加剧的背景下，乡村地域如何立足"大城市小农业""大京郊小城区"的市情农情建立更加符合区域特点的功能类型和发展路径，这也是首都城乡融合发展和乡村振兴的现实要求。另一方面，在以农产品生产尤其是粮食生产为核心功能的广大传统农区，由于远离区域发展轴线，经济地位边缘化，政府行政组织力量过于强大，乡村功能未达到有效的自组织临界状态，从而使乡村功能优化格局相差甚远（朱纪广等，2019）。差异化的自然资源禀赋叠加上新型城镇化、工业化等的引致性需求，乡村地域由初始的居住和农业生产功能向工业生产、生活保障、生态旅游等功能延伸，乡村功能多样化、空间分异化特征日益显现（谭雪兰等，2021；戈大专等，2021）。因此，在乡村振兴发展、新型城镇化等的多轮驱动下，本书着眼于乡村地域的类型多样性、系统差异性及发展动态性，以大都市区和传统农区为主要研究对象，系统梳理区域乡村发展现状及其多功能演化特征，深入研究不同乡村地域系统的多体结构，甄别不同类型乡村振兴的多级目标，探寻乡村地域结构转型与功能提升的科学途径，为新时代中国乡村振兴实践提供参考（刘彦随，2018）。

本书通过构建乡村地域多功能评价模型和功能识别技术方法，充分发掘乡村独特的生态、文化、旅游等功能，为乡村特色功能培育提供依据；探讨乡村地域功能之间的权衡—协同关系以及权衡强度，进而提出乡村地域功能协同组合策略，为贯彻落实乡村振兴战略，高质量实施国土空间规划提供支撑；同时，研发乡村地域多功能评价与优化决策支持系统，实现农业农村数据管理、空间可视化展示、查询统计、辅助决策等应用功能，提高乡村地域多功能评价分析工作的便利性和规范化。

三、本书主要内容与章节安排

（一）主要内容与章节安排

我国已进入城乡融合发展阶段，城乡主体需求变化推动着乡村功能分异演化，系统开展乡村地域系统功能优化与乡村振兴研究是破解乡村功能供需错配和空间冲突问题进而实现乡村振兴发展的关键。本书基于地理学、系统论、协同论等多学科交叉的视角，以人地关系地域系统理论为指导，系统阐述乡村地域功能的分类、评价分区、交互关系以及协同发展路径等，研发了具有普适性的乡村地域多功能评价与优化决策支持系统，形成乡村地域系统功能优化与乡村振兴的研究思路和技术方法。本书在理论上深化乡村地域系统理论，从功能分异的视角创新城乡融合发展的机制与途径；在实践上为乡村规划与建设中的功能定位与发展路径设计提供科学依据。本书研究内容及其结构如图 1-2 所示，各章节主要内容如下。

第一章为绪论。本章主要阐述研究乡村发展及其多功能的现实背景及意义，提出拟解决的问题、研究思路与主要内容，最后提出本书的特色之处。

第二章为地域多功能研究主要进展。通过系统梳理乡村地域多功能以及与之紧密关联的农业多功能、城市多功能等的研究进展与实践，并对相关成果进行总体述评，进而确定本书的研究重点，同时也补充了当前学者们关注的热点内容，以便进一步拓宽读者视野。

第三章为乡村地域多功能的理论发展与创新。本章在借鉴相关研究的基础上（第二章），基于人地关系地域系统理论、地域分异理论、比较优势理论、生态位理论以及可持续发展理论等，着重开展了乡村地域多功能的概念内涵、功能分类、形成与演进机制等的理论解析；基于乡村振兴视角，解析了乡村地域多功能发展与乡村振兴之间的关联。

第四章为中国乡村地域多功能的时空特征。本章通过构建乡村地域多功能性评价指标体系与指数分析模型，开展县域尺度经济发展、粮食生产、社会保障、生态保育及综合功能的评价，揭示了2007～2018年间中国乡村地域多功能的时空特征，探讨了基于乡村地域主体功能导向的区域发展对策，为宏观尺度的评价研究提供技术方法参考。

第五章为大都市乡村地域多功能的时空特征与优化。本章首先通过横向对比大都市乡村地域功能的发展状态，总结大都市乡村地域功能发展演变规律，辨识大都市乡村地域功能发展的共性与差异；其次，以北京市为重点，探讨了城乡发展转型与乡村地域功能之间的时序特征与关联性，以区为单元揭示了北京市乡村地域单一与综合功能的时空分异特征，识别了乡村主导功能及其发展差异，进而提出乡村地域多功能未来定位的相关建议；最后，以村域为研究尺度，遵循"指标体系构建—功能评价与典型功能识别—功能格局与影响机理分析—功能优化"的思路，开展乡村地域多功能时空分异特征、乡村发展类型及其多功能性特征、典型功能评价与优化等研究，并提出相应的优化策略。

第六章为传统农区乡村地域多功能的分异与优化。传统农区乡村地域以农产品生产功能为主，为我国粮食安全和城镇化发展做出了巨大贡献，但也存在乡村地域功能发展缓慢等问题。本章选择齐齐哈尔市，以乡镇为评价单元，揭示乡村地域农产品生产功能、经济发展功能、社会保障功能和生态保育功能的空间特征及相互作用。在此基础上，结合区域实际和乡村振兴战略等，提出乡村地域多功能的优化目标与策略。

第七章为多功能视角下的乡村振兴路径与策略。本章以北京生态涵养区为例，首先结合多源数据分析镇域尺度下的乡村地域多功能空间特征与格局；其次，在理解权衡协同分析理论的基础上，基于经济学视角开展乡村地域多功能间的权衡—协同关系及定量化表达研究；最后，梳理特色小镇、现代农业产业园和新型经营主体引领乡村振兴发展的典型案例，为乡村地域多功能协同发展提供经验借鉴。

第八章为乡村地域多功能评价与优化决策支持。结合当前地理信息技术的发展，本章在前七章的研究基础上，开展用户需求调研，并设计一套集数据采集、分析、空间可视化和成果输出等于一体的乡村地域多功能评价与优化决策支持系统。

（二）本书的特色

乡村振兴战略自提出以来便深受学界关注，旨在通过对人口、土地、产业等发展要素的系统配置和有效管理推动乡村地域全面复兴（姜棪峰等，2021）。乡村地域多功能发展作为乡村地域功能价值拓展、乡村振兴的重要切入点，同样备受关注。通过登录当当、京东、淘宝、亚马逊、中国国家图书馆等在线图书平台，将"乡村地域功能""乡村功能""乡村多功能"作为检索关键词进行查询，截至 2021 年 7 月 28 日，仅有《县域乡村地域功能演化与发展模式

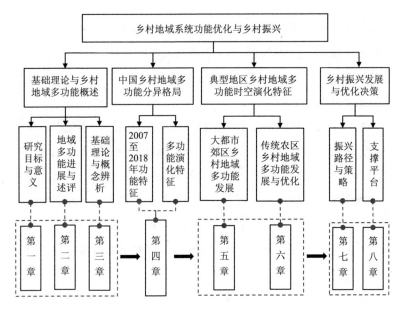

图1-2　本书的章节架构

研究——以河南省修武县为例》《乡村振兴与现代农业多功能战略》《乡村振兴战略下农村居民点用地功能分化与更新》《功能视角的乡村转型与优化调控》四本公开出版的著作，表明当前重点基于乡村地域多功能视角探讨乡村振兴发展的著作较少。在中国"三农"工作重心由"脱贫"向"乡村全面振兴"历史性转移之际，以振兴乡村、促进城乡融合发展为出发点和目标，形成一本系统阐述乡村地域多功能内涵、时空分异特征、多功能权衡—协同特征、振兴发展等内容的书籍，具有重要的理论和实践价值。主要特色与创新之处如下：

（1）主要内容方面：①系统梳理了乡村地域多功能的概念、内涵、特征、类型及相互关系等，从综合性视角评判乡村地域的经济、社会、生态等功能，将乡村地域单一的经济、生态功能评价拓展为乡村地域的多功能评价。②构建了中国县域尺度乡村地域多功能评价模型，揭示其时空分异格局和演化特征，提出了基于地域功能导向的发展策略。③对比分析了大都市乡村地域多功能的发展差异；以大都市——北京市为主要研究区，阐释了乡村地域功能与城乡转型之间的关系；构建乡村地域多功能评价模型，深入开展乡村地域多功能演化特征与主导功能识别、典型功能评价与优化、乡村地域功能权衡—协同关系量化与功能组合策略等研究，初步建立了"内涵表征—评价模型—类型差异识别—优化策略"的大都市区乡村发展及其多功能性研究范式。同时，以齐齐哈尔市为例，以乡镇为单元研究传统农区乡村地域多功能的分异特征及相互作用，并提出乡村地域多功能的优化目标与策略。④设计了一个具有普适性的乡村地域多功能评价与优化决策支持系统，服务于乡村地域多功能的规范化评价。

（2）研究视角方面：本书瞄准城乡融合发展和乡村振兴的宏观态势以及区域分异的现状特征，基于经济学理论、统计学、地理学、系统论、协同论等多学科交叉的视角，系统研究乡村地域功能的分类、评价分区、交互关系和协同发展路径等，形成乡村地域多功能演化与协同发展的研究构架，具有一定创新性。

（3）研究方法方面：集成地理学的"3S"技术、统计学中的计量方法、经济学分析等，开展乡村地域多功能的分类评价以及多功能间权衡—协同关系量化研究，并提出乡村发展振兴及其功能协同组合策略，研究成果具有较强的应用性。

第二章　地域多功能研究主要进展

　　地域多功能是指一定地域在更大的地域范围内，在自然资源和生态环境系统中，以及在人类生产和生活活动中所履行的职能和发挥的作用（樊杰，2007）。伴随着全球化、城市化的持续推进，地域类型和功能结构发生明显变化，地域多功能的分类评价、分异特征、演化机制与优化调控等引起广泛关注。基于"SCI 科学引文索引数据库"（http://www.webofknowledge.com）、"ScienceDirect（SD）"（https://www. sciencedirect. com）、"Science"（https://www.sciencemag.org/journals）、"SpringerLink"（https://link.springer.com）、"CNKI 系列全文数据库"（http://www.cnki.net）等中外文数据库，系统梳理乡村地域多功能、农业多功能、城市多功能等方向的研究进展，评述取得的突破性进展和存在问题，并展望未来重点研究方向。

一、乡村地域多功能研究进展

　　随着全球化、城市化的持续推进，乡村地域类型和功能结构发生明显变化，多数国家的乡村由"生产型"向"后生产型"或者"多功能型"转变（Bański and Stola，2002；Kizos et al.，2011；刘彦随等，2018），乡村地理学的研究对象逐步从产业、要素的单一分析转向地域层面的综合研究，研究内容由乡村发展格局向乡村地域类型及其功能多样化的方向发展（McCarthy，2005；Bañski and Mazur，2016；刘彦随，2018；安悦等，2018）。乡村地域要素的时空复杂性、要素相互作用的复杂性以及农本社会背景使中国乡村发展呈现多元差异格局，而新型城镇化和新型要素的整合利用推动着乡村地域类型的分异演化及功能组合模式的复杂化（Long et al.，2016；何仁伟，2018）。中国乡村差异显著，多样性分化的趋势仍将延续，乡村的独特价值和多元功能将进一步得到发掘与拓展。本节从乡村地域功能的分类评价、功能演化及其动力机制、功能间相互作用等方面梳理国内外乡村地域多功能的研究进展。

（一）乡村地域多功能的分类与评价研究

多功能性是乡村地域的本质特征（Milestad and Björklund，2008），乡村地域功能分类与评价是长期的关注对象。为了制定针对性的发展政策，国外多从土地利用结构、就业结构、产业结构等方面选取指标，将乡村功能划分为居住生活、农业生产、生态、文化遗产等类型（Stola，1984；Plieninger et al.，2007）。在乡村地域多功能评价方面，波兰的研究较为深入，W. Stola（1992）根据用地状况、就业结构等 8 个特征指标，综合考虑乡村地区的农业功能和非农业功能，将波兰苏瓦乌基省划分为六个功能类型；Bañski 和 Stola（2002）基于乡镇尺度研究波兰乡村地域功能结构的转型，认为新经济活动的发展促使西部地区和南部部分地区的非农业功能增强。Plieninger 等（2007）将德国的乡村地域功能划分为居住和生活空间功能、农业生产功能、承载功能、生态功能等五大功能。Willemen 等（2010）将荷兰乡村地域功能划分为居住、文化遗产等七大功能，并基于此研究了多功能间的相互作用。此外，美国、加拿大、日本等发达国家也开展了乡村地域功能评价分区研究（Serra，2014；Garbach et al.，2016）。国内主要依据乡村从业人员比重、产业产值比重和地理区位等指标，将乡村地域功能划分为一般功能和特殊功能、主导功能和辅助功能等类型（李同升，1998）。从属性和功能相结合的视角，乡村多功能可划分为经济、社会、生态等一级功能，粮食生产、旅游休闲、生态保育等二级功能（刘自强等，2012）。从生态学、农业生态学角度，除具有物质循环、能量流动、价值增值和信息传递等四大"内在"功能外，乡村生态系统具有改善环境、提供产品、增加收入、扩大就业等十种功能，可概括为生态功能、经济功能和社会功能三个方面（黄国勤，2019）。乡村特有的功能主要体现在保障国家粮食安全和重要农产品供给的功能，提供生态屏障和生态产品的功能，以及传承国家、民族、地方优秀传统文化的功能等三个方面，只有充分发挥好城镇和乡村各自的功能，整个国家才能持续健康地发展（陈锡文，2021）。

乡村地域多功能评价是对乡村地域所发挥的经济、社会和生态等功能进行合理评价，揭示现有乡村地域中存在的问题并确定其未来发展方向，推动乡村地域朝着商品化、专业化和现代化方向发展（石忆邵，1990）。随着乡村地理学的发展，国内关于乡村经济功能评价、农产品供给功能评价、社会功能评价、生态功能评价、旅游休闲功能评价以及乡村地域多功能评价与识别等的研究增多。

1. 经济功能评价

经济功能是以乡村地域的产业结构和就业结构为主要表现形式的乡村经济特征。乡村经济经历了土地制度从集体所有制的单一实现形式向多种实现形式演变、经营方式从自然经济向社会化生产演变、收入构成从单一经营收入向多元化收入演变、消费结构从传统温饱生存型向小康生活现代化演变的过程（陈文胜，2019）。在较长时期内，国内乡村地域功能的划分以经济功能划分为主，且侧重于以乡村农业、工业、旅游等产业组成的多功能空间为对象。曾尊国和陆诚（1989）应用模比系数法，将江苏省划分为 8 个类型、12 个亚类。张步艰（1990）基于土地生产率、劳动生产率、乡镇工业发展程度和人均纯收入 4 个指标，将浙江省划分为农村经济不发达区、次发达区、发达区和最发达区。但这些分类均是按经济发展水平来划分的，相对忽视了产业结构等因素的地域差异。随后，一些学者基于统计数据，在考虑功能类型、发展类型、区位特征等因素的基础上，综合评价分析典型区域的经济功能（石忆邵，1990；姚建衢，1993）。2000 年以来，主要从农村经济发展水平、产业结构、发展潜力等方面展开评价（龙花楼等，2009；谭雪兰等，2021）。

2. 农产品供给功能评价

农产品供给功能是指乡村地域为社会提供粮食、油料、棉花、畜产品等农产品，确保国家食物安全，并输送工业所需原材料的功能。食物安全是国家安全战略体系的基石，国内对农产品供给能力尤其是粮食供给能力的研究较多。近年来，学者对粮食综合生产能力、粮食生产地域格局、区域粮食供需态势及成因等展开大量研究（Yin et al., 2006；张利国等，2018；陈秋分等，2021）。随着农用地分等定级和粮食综合生产能力核算工作的深入推进，从农产品供给潜力和能力两方面评价农产品供给功能的研究增多（门明新等，2009；赵爱栋等，2017；陈丽等，2018），耕地资源禀赋、粮食生产能力、粮食商品化率、粮食生产能值等是表征乡村粮食生产功能强弱的重要指标（孔祥斌等，2008；李明杰等，2018；李政通等，2018）。

比较而言，全国和省区等宏观尺度的研究居多，市县及乡镇尺度农产品供给功能的定量分级研究较少；多关注粮食生产功能的评价分析，畜禽产品生产功能、林果生产功能等的研究不足，农产品供给功能的时空格局及多种生产功能间的耦合特征的研究亟待加强。

3. 社会功能评价

乡村社会功能主要包括区域人口承载、生活质量维持和社会保障三大功能。乡村社会稳定与乡村经济、政治、文化等交织在一起，在一定程度上制约甚至决定了国家由传统社会向现代社会转型的进程。农村社会稳定受到多种因素的综合影响，可以从农民人均纯收入、社会保障程度、农村公共服务水平、农村基础设施、养老医疗保险覆盖度等方面评价（陈世强等，2008；李树德等，2008；唐丽霞，2020）。农村公共服务水平是衡量乡村社会进步和城乡协调发展的重要标志，包括生活性、生产性、发展性、保障性和安全性五大服务支持体系（吕微等，2009；李燕凌、高猛，2021）；城乡居民储蓄存款余额是反映居民潜在购买力以及农民生活水平的重要指标；社会消费品零售总额是反映人民生活、社会消费品购买力以及衡量人民生活水平的重要指标（法利娜，2010）。对于农户而言，耕地资产的社会保障功能主要包括农民务农的生产资料、居民养老保障和金融抵押功能，但现阶段农户耕地资产的社会保障价值比较弱（王亚辉等，2020）。

4. 生态功能评价

乡村生态功能源于"生态系统服务"概念，侧重指由人类、资源和农村地区的各种环境因素形成的乡村自然、经济和社会生态网络综合体，利用农田、水系、林地等自然和人工条件创造并体现出景观、传统文化、维护生态环境、保护生物多样性等方面的功能

（Costanza et al.，1997；Laterra et al.，2012；李文华等，2009；席建超等，2016）。目前，乡村生态功能评价多从生态调节能力和生态稳定能力两方面展开。生态调节能力评价以彰显较高的生物多样性能力为主；生态稳定能力则以评判生态环境脆弱性为主。生态环境脆弱性是指生态环境受到外界干扰作用超出自身的调节范围，而表现出对干扰的敏感程度，可用生态敏感性、生态恢复力、生态稳定性等方面的指标量化（卢亚灵等，2010）。生态脆弱性评价主要基于遥感和 GIS 技术获取基础信息，参考相关调查数据，先建立指标体系，然后利用主成分分析法、灰色关联度分析法等进行评级（刘军会，2015；李玉平等，2019）。随着对生态文明建设以及国土空间协调平衡的重视，乡村生态功能价值凸显（唐秀美等，2018；欧名豪等，2019），GIS 技术与支持向量机（Support Vector Machine，简称 SVM）、自组织神经网络（Self-Organizing Feature Map，简称 SOFM）、最小累积阻力模型（Minimal Cumulative Resistance Model，简称 MCR）等方法集成的生态功能评价研究增多（毛祺等，2019；于超月等，2020）。在选择指标时，通常包括地形地貌、土壤、干湿状况、热量、初级生产力等成因指标（邱彭华等，2007；范业婷等，2019）和经济社会发展水平的结果指标（彭建等，2015；徐凯等，2019）。

5. 旅游休闲功能评价

乡村旅游是现代旅游业向传统农业延伸的新尝试，具体指以乡村地区的自然风光、田园景观、民俗风情、村镇聚落、农家生活和乡村环境为旅游吸引物，以城市居民为目标市场，满足旅游者观光、休闲、度假、娱乐、健身等需要的旅游活动（郑健雄等，2009；黄震方等，2011），是促进乡村振兴的重要载体（于法稳等，2020）。从旅游资源开发的地域模式来看，主要有都市依托型和景区依托型两种类型（丁鼎等，2018）。随着生活节奏的加快和居民消费结构升级，农事体验、康养等形式的旅游休闲需求明显增加，观光休闲、民俗旅游等乡村新业态快速发展，为乡村全面振兴注入新动能，乡村旅游休闲功能评价研究增多。潘顺安（2007）指出旅游资源的丰富性、组合状况、独特性以及当地的城市化水平构成了乡村旅游休闲的供求子系统，而基础设施条件、服务设施状况、旅游地环境和政府政策的引导扶持等组成了乡村旅游的支持系统。匡丽红（2007）从乡村景观的有序性、自然性、环境状况、奇特性和视觉多样性等方面评价乡村景观的美学功能。石磊等（2018）从区域旅游主体功能适宜性出发，选择沙丘相对高度、坡度、日平均气温≥10℃的持续时间、与水体距离、与沙漠距离和与居民点（公路）距离等指标进行沙漠旅游功能分区。蒋婷（2019）结合特色小镇旅游本质以及浙江省实际，从价值层面构建了包括生态、观赏、社会和经济价值共 4 个层次 17 项指标的特色小镇旅游功能评价体系，揭示了浙江省特色小镇旅游功能的特征。刘玉等（2020）结合基础地理信息、兴趣点等多源数据，从交通区位、资源禀赋和服务设施配置三个维度评价村域尺度的乡村旅游休闲功能，并利用三维魔方法划分旅游休闲功能发展类型。总体而言，学者们对旅游景观的康养、美学等不同功能价值的评价研究增加，研究范围也由某类旅游资源向全域旅游资源的功能评价转变。综合来看，可以从乡村旅游休闲资源的丰富性、组合状况及独特性、区位条件、基础设施状况、服务设施水平、旅游地环境和政府引导扶持等方面评价乡村旅游休闲功能。

6. 乡村地域多功能评价与识别

地域功能识别是基于生态环境本底和社会经济发展状况对地域单元所承载功能的科学认知，是设计功能组合模式及确定提升路径的关键（虞孝感、王磊，2011；李广东、方创琳，2016）。目前，乡村地域多功能的供需矛盾加剧。解决问题的关键是正确划定地域功能区，深刻识别地域空间的多功能性及其各项功能在区域层面的功能定位，促进社会需求与相应地域功能的吻合，实现区域空间功能价值的最大化并满足社会的多元化需求（King et al.，2003；Wiggering et al.，2006；Stürck et al.，2017）。乡村地域不同功能的表现形式与作用强度存在差异，在城镇化的不同阶段，某种功能体现地域特色并对区域发展起着决定作用，其他功能处于从属地位，识别地域功能时要有"时空尺度"概念（陈睿山等，2011）。地域功能类型包括主体功能和具体功能两种划分方式（陈小良等，2013）。樊杰（2015）构建了由现有发展基础、资源环境承载力和未来发展潜力组成的地域功能识别指标体系，并基于地域功能适宜程度指数识别出以县级行政区划为单元的优化、重点、限制和禁止开发 4 类主体功能区。根据乡村生产、消费与保护等功能的优先程度，乡村地域可划分为农业生产型、乡村休闲型、多元经营活动型等乡村类型（Holmes，2006）；基于用地视角，农村居民点可识别为 5 类实质性功能和若干潜在功能（Ma et al.，2019）；基于功能状态和功能间的交互作用，乡村地域可划分为农业生产型、居住生活型等乡村功能类型（徐凯等，2019）；以主导功能为划分原则，都市边缘区乡村可划分为经济发展功能主导型、社会保障功能主导型、农业生产功能主导型、生态保育功能主导型、均衡发展型和综合发展型等（杨忍等，2021）。此外，部分学者构建了"多功能性定位—主副功能定位—障碍功能定位"的景观多功能定位方法（任国平等，2018）；王凯歌等（2021）采用多因子综合分析法测算乡村要素配置优势度指数，运用基于竞争学习规则的非监督算法——自组织竞争网络算法划分出乡村要素类型，通过"要素—功能"衔接矩阵识别出乡村功能类型；陈瑞嫒等（2021）以滇西边境山区脱贫县——镇沅县为例，构建了以经济功能、生态环境功能、社会文化功能为核心的乡村地域多功能评价指标体系，基于村域尺度识别乡村地域功能的空间格局和功能类型。随着中国国土空间开发"经济建设优先"向"生产、生活、生态统筹发展"的理念转变，"三生"空间识别优化与"三生"功能评价等研究迅速成为土地科学、地理学与城市规划学关注的热点（段亚明等，2021）。基于三生功能视角开展的乡村地域多功能评价与分区、评价与优化等研究逐渐增多（唐林楠等，2016；田亚亚等，2019；刘玉等，2019），乡村地域功能统筹发展逐渐成为研究主流。

总体上看，在较长一段时期内，乡村地域多功能评价以统计数据为主，且多以行政单元为测度单元，数据结构不一致、空间单元不匹配和难以体现内部差异性等导致统计数据在评价应用中受限。近年来，GIS 和 RS 技术的综合运用促进了统计数据格网化发展（Sigura，2010；Kroll et al.，2012；Dulal and Thomas，2014），地块尺度的功能评价研究增多（吴兆娟等，2015）。而且，在主体功能区的研究推动下，地域功能的综合研究明显加强（Berkel et al.，2011；甄霖等，2010；徐凯等，2019），基于指标量化体系的乡村多功能定量表达逐步被认可。与此同时，随着统计学和计算机技术的发展，以神经网络、支持向量机、随机森林等为代表的机器学习、深度学习等智能计算方法在多功能评价中取得一定进展，推动着乡村地域多功能评价朝着综合化、精确化和动态化的方向发展；而定位自动观测、网络技术和位置服务技术等大数据技术的发展，高质量的农业与乡村监测调查数据快速增长，遥感影像数据、GPS 轨迹数据、手机信令数据、电子地图兴趣点、地理国情监测数据、土地利用调查数据、社会经济统计数据等与实地调查相结合的研究增多，指标来源日趋丰富，评价的客观性和可操作性显著提高（Kroll et al.，2012；Peng et al.，2015），村域等微观尺度多功能性评价研究增多，有助于更加深入地分析不同村庄的发展现状、资源禀赋和主导功能（袁源等，2021）。

（二）乡村地域多功能演化及其动力机制研究

地理要素的异质性、地理系统的等级性及主观认知的差异等使乡村地域多功能空间分异显著（de Groot et al.，2002；Aizaki et al.，2006；李平星等，2014），乡村要素的不同组合使某些乡村地域提供的功能类型和功能强度优于其他乡村（Milestad and Björklund，2008）。而社会、经济、自然等因素综合作用推动着乡村空间重构和功能演化，并表现出非线性、异质性、复杂性和不一致性等特征。人类社会对休闲空间、生物多样性和农产品的需求增加，需要乡村地域功能的多样化发展（Renting et al.，2009；Knickel and Renting，2010）。而"多功能路径依赖"和"多功能决策走廊"概念的提出，进一步明晰了地块尺度的功能演化特征与路径（Wilson，2008）。乡村地域多功能演化是乡村生产、生活和生态功能不断分化与重新整合的过程，在城镇化、工业化、市场化等力量的共同驱动下，乡村地域经历了弱功能低水平—功能分化发展—功能冲突—多功能高水平协同发展等四个阶段（周国华等，2020）。中国农业农村发展历来以粮食与食品安全、生态环境保护、社会保障公平、发展空间供给等为首要目标，这与乡村发展"多功能性"相一致。人类需求的多样化推动农用地主导功能沿着"生产功能—生产与旅游休闲功能—多功能利用"的方向演进（赵华甫等，2007）；新中国成立以来，农

业生产功能波动性提高，经济功能弱化，文化传承功能衰落，旅游
功能则增强，就业和社会保障功能始终处于重要位置（李俊岭，2009；
孙新章，2010）；尤其在 1985～2005 年间，土地多功能呈现出良性
提高、合理衰退、维持不变和恶性退化等四种不同的演进方向（甄
霖等，2009）。作为中国现代化农业功能发展的典型代表，北京市农
业存在明显的圈层结构，各圈层内农业主导功能及其演化模式各异
（宋志军等，2011）。中国快速城镇化背景下，城乡接合部农业地域
功能受到忽视与低估，农产品供给功能，满足城镇居民休闲、娱乐、
文化等需求的功能，促进城乡产业交融、资源互用的功能，以及促
进新增城镇化就业与收入的功能均未实现应有的水平，并出现不同
程度的衰退（刘玉、冯健，2017）。朱纪广等（2019）采用典型案例
调研法、空间分析方法和图谱法，剖析了以西华县为代表的传统农
区乡村功能演变情况（1975～2017），并划分为工业主导型乡村、现
代农业主导型乡村和新型社区三种类型。2009～2017 年间，湖北省
乡村地域功能呈现出传统农业生产功能弱化、生活功能提升的趋势
（李亚静等，2021）。皖南旅游区的研究表明，旅游休闲功能比重不
断增长，农业生产和生态服务功能比重下降；乡村地域多功能由重
点开发区向重点生态功能区和农产品主产区梯级递减且差距不断扩
大，不同主体功能区乡村多功能扩散收敛和功能强度格局基本吻合
（朱跃等，2021）。1979 年以来，山地旅游小镇——汤口镇生活功能
由传统型向现代型转变，生产功能由农业主导型过渡到农旅融合型
再向旅游主导型转变，生态功能由单一型向多元复合型转变（杨周
等，2020）。在城乡融合和乡村振兴背景下，乡村将承载更多生态、
文化、生产和生活的复合功能，并将生态与文化资源的比较优势转
变为生态价值与文化价值，进一步创造经济价值，在"以城带乡，

以乡促城"的语境下构建复合的乡村功能（叶红等，2021）。

深入剖析乡村地域功能分异的形成机理与演化的动力机制，有助于揭示乡村发展的影响因素及其作用路径，为多功能的拓展调控提供支撑。自然资源禀赋、区位因素、社会经济基础、生态环境状况、市场化程度、宏观政策等共同决定了乡村地域功能的演化趋势（李小建等，2008；乔家君，2008；盛科荣、樊杰，2018），而经济全球化、地缘政治格局变化，以及新技术、新手段的应用引发新功能出现，或者诱发隐性功能转化为显性功能（鲁莎莎等，2019）。总体而言，地理环境在功能演化中起到基础性作用，但乡村外部社会经济变化是现阶段的核心驱动力。动力机制的研究从自然、政治领域（Meeus et al.，1990），逐步向经济、社会等领域扩展（Kim et al.，2009）。近年来，欧盟共同农业政策转变、食品市场竞争全球化、技术革新和城市影响增加驱动着乡村地域功能多样化发展（Tzanopoulos et al.，2012）；农业生产能力过剩、舒适环境的价值化和公众对可持续性认知的增强推动着澳大利亚乡村由生产功能转向消费和保护功能（Holmes，2006）。国外学者在市场、产业、技术、资金等外部因素对乡村地域功能的推动研究也得到了国内学者的认同（吴文恒等，2012；李平星等，2015；张英男等，2018）。总体上看，乡镇及村等微观尺度的动力机制研究逐渐增多；乡村地域多功能演化的内部驱动力、外部驱动力，不同因素间的相互作用，以及不同类型区、不同发展阶段功能演化的动力机制与作用路径也逐渐成为新的研究热点。

（三）乡村地域多功能间相互作用的研究

乡村地域功能在城乡发展转型进程中存在着复杂的相互关系

（Berkel et al.，2011）。尤其在大都市郊区，资源要素的稀缺性与多元化需求激化了多功能间的权衡，对制定乡村发展决策形成挑战（DeRosa et al.，2019）。深入理解各类功能间的作用方向与形式，是科学设计乡村发展路径的基础。功能间的相互作用可以解释为一种功能对另一种功能的影响，主要有拮抗作用、协同作用和兼容性三类形式（Willemen et al.，2010）。多功能性受到地域功能间相互作用的影响，协同性是多功能发展的重要前提，使相互促进的功能更协调（Huylenbroeck et al.，2007）；当一种功能阻碍另一种功能发生时，便产生了权衡（冲突）。地域功能间的相互作用已有所研究（de Groot，2006），但集中在功能相互作用的定性描述，对功能协调的定量评价研究尚处少数。部分学者采用统计学、空间分析、模型模拟等方法定量分析了典型地区乡村景观（或乡村空间）多功能的权衡—协同关系（Egoh et al.，2008；Andersen et al.，2013；王成等，2018；任国平等，2019；张静静等，2020），并识别了主要的冲突类型，但未深入分析多因素影响下权衡—协同关系的动态变化。Fleischer 等（2005）通过对以色列 197 个乡村旅馆的调研，揭示了合作农场生产功能与旅游休闲功能的相互促进关系。Willemen 等（2010）研究表明：地域多功能不是均等的发生相互作用，当某些功能从多功能性中受益时，一些功能却因其他功能的出现而减弱；功能总量随着功能类型的增加而增长，但平均功能量下降。Van Berkel 等（2011）研究发现，乡村旅游功能较强的地区，生态功能也较强，但集约化生产功能和非农就业功能较弱。提升生计维持型功能、整合产业发展型功能和植入品质提升型功能是多功能整合的有效途径（唐承丽等，2014），地方协调、适宜的补贴措施、自下而上的倡议等是多功能协调发展的重要保障（Boron et al.，2016；Koopmans et al.，2018）。

合理利用并规划保护优势生计资本，积极关注并优化引导劣势生计资本，是促进乡村可持续生计和乡村旅游多功能发展的有效途径（史玉丁、李建军，2018）。新形势下，深化研究城乡融合进程中乡村地域多功能间的权衡—协同特征和定量化表达，通过政策引导和市场驱动提升乡村地域功能对需求升级的适应性，将能设计更具操作性的多功能协同发展路径，是服务乡村振兴发展有待探究的重要方向。

（四）乡村地域多功能研究评述

国外乡村地域多功能研究工作开展较早，已初步形成了一套系统的理论体系和研究方法，积累了丰富经验，以下几个方面值得借鉴（刘玉、刘彦随，2012）：①国外对乡村地域功能类型的划分侧重于经济、生态、文化、旅游等多功能的划分，研究内容丰富；②研究基本上是针对特定国家、特定地区的乡村经济发展及其存在问题展开的，具有极强的政策导向和问题导向；③类型划分以多项指标评判为主，数据来源涵盖统计调查数据和遥感影像数据，通过构建和修正有关数学模型对其进行定量评价。国内乡村地域多功能的研究多基于典型案例区的实际情况，构建指标体系进行评价，为指导乡村发展发挥了重要作用，但以下方向尚待拓展研究：①乡村地域多功能评价的客观性和可操作性较差，亟需构建基于多源数据融合的功能评价模型与指标值获取方法，进而强化乡村地域多功能演化过程及其与城乡发展转型、资源环境等耦合关系的研究；②对社会、生态及旅游休闲等功能的关注较少，且注重乡村地域功能现状的空间分异而相对忽视了功能的演进规律，难以有效满足新时代对乡村多元功能和价值的充分挖掘需求，亟需开展差异化乡村发展背景下的多尺度功能综合评价与乡村地域多功能定量识别模型研究；③对乡村地域多功能间相互作用的系统研究尚未深入开展，在功能配置时主要关注单一主导功能而对区域次优势功能的配置研究不足，乡村地域功能整合配置的基础研究及其成果储备不足。

二、农业多功能研究进展

农业是人类赖以生存的基础产业，具有生产、社会、文化、生态和政治等多种功能（John，2006；Râmniceanu et al.，2007；Marsden et al.，2008；罗其友等，2009）。随着人类社会实践和认识水平的不断提高，农业功能向更广泛的休闲观光、文化传承、生态景观等领域扩展，农业的整体功能也在不断变化，农业多功能性日益凸显（江泽林，2006）。农业供给侧结构性改革与乡村振兴背景下，深入挖掘各地区农业多种功能，统筹不同农业功能特征地域的协调发展，成为促进农业增收、实现农业可持续发展、保障食物安全的关键（刘建志等，2020）。

（一）农业多功能性的提出

近年来，农业生产功能在支撑乡村发展中的作用逐渐弱化，区域农业生产呈现出集约化和粗放化两种不同倾向（Milestad and Björklund，2008）。在一些粮食生产劣势区，农业生产所提供的生态服务、美学、休闲等功能超越了产品生产本身（Slee，2005）。作为生产型乡村向功能型乡村转型的主要特征，农业生产具有景观价值、食物安全、保护乡村生活方式等外部性和公共物品的特性（OECD，2001；Brunstad et al.，2005）。20 世纪 80 年代末，日本最先在其"稻米文化"理念中提出农业多功能性的概念。此后，多功能农业的概念已在多种情境下使用，并成为一个重要的科学问题（Zander et al.，

2007；Helming et al.，2008；Pérez-Soba et al.，2008）。

　　农业多功能自提出后迅速成为世界上一个比较有争议的话题。西欧、日本、韩国等国家特别强调农业具有多重功能，认为加强农业多功能研究并用来指导农业实践有助于实现农业可持续发展。美国和凯恩斯集团国家认为"农业多功能性"这一新概念没有任何理论和实践意义。这场争论一直持续到现在，在一定程度上促进了农业多功能的研究。目前，农业多功能性研究集中在生态系统产品与服务（de Groot et al.，2002）、环境和社会文化（Slee，2007；Kim，2020；Jung，2020）、景观功能（King et al.，2003；Mander et al.，2007；Huang et al.，2015）、休闲旅游功能（Ivolga and Zawadka，2016）、农业多功能政策演化（Chen et al.，2009）以及增加农民收入和农村发展适应能力（Milestad and Björklund，2008；Mi et al.，2019）等方面。Potter 和 Burney（2002）总结为："农业具有生产食物、维持乡村景观、保护生物多样性、提供就业和维持乡村地域活力等多项功能。"农业多功能性在一定的地域空间内实现，其空间性表现为多尺度嵌套层级结构的特点（Wilson，2008）。在快速城镇化背景下，都市区农业一方面受到城镇建设的持续挤占，另一方面依托城市的科技资源和市场需求，表现出更强的农业多功能性，总体趋于经济功能、社会功能和生态功能兼具的综合性多功能农业系统（黄姣等，2018；朱蕾、王克强，2019）。农业的多种功能具有联合生产和外部性特征，经济社会发展阶段、农业资源禀赋以及两者的组合作用是导致农业多种功能时空差异的关键因素（房艳刚等，2019）。

　　（二）农业多功能评价与分类

　　由于研究视角、学科背景和研究目的的差异，学者们对农业多

功能的分类标准存在分歧，划分出的功能类型也有所差异。OECD
（2001）将农业功能划分为农业景观和文化遗产价值、环境产出、
乡村活力和提供就业岗位、食物安全、保护动物多样性等五大职能。
Aizaki（2006）将农业与农村地区的功能划分为八大类，并采用意愿
支付法计算功能价值。目前，国外研究集中在基于模型量化分析农
业多功能性的单个因素、比较分析农业多功能性与农业环境计划、
分析农业多功能性中商品产出和非商品产出之间的关系、运用环境
经济学的评估方法估算农业多功能性价值、基于农业多功能性的相
应政策讨论等。

　　农业多功能性是近期农业地理与乡村发展领域的研究热点之
一，农业功能的地域分异与区域统筹定位、都市农业多功能发展等
日益成为农业多功能性研究的重要方向（罗其友等，2009；黄姣等，
2019；刘晓琼等，2021）。中国正处于向现代农业转型的重要时期，
农业功能从食物保障、原料供给和就业增收等传统功能，向更广泛
的生态保护、休闲观光、文化传承等领域扩展。吕耀（2008）应用
三维评价模型对中国农业的食物生产、经济和生态功能进行定量评
价，用分层聚类法将全国农业分为九类情景模式。顾晓君（2007）
把农业和农村的诸多功能归纳为经济功能、生态环境功能和社会文
化功能三大类，细化为 12 种 64 个，并将都市农业多功能划分为基
础性、拓展性和主导性三个功能层次。尹成杰（2007）把农业多功
能归纳为食品保障、原材料供给、劳动力输出等功能，并根据功能
产生的原因划分为基础性功能和非基础性功能，根据性质的差异划
分为经济性功能和社会性功能。唐华俊等（2008）将农业多功能划
分为农产品供给、就业和生存保障、文化传承和观光休闲以及生态
调节 4 类基本功能。李俊岭（2009）将农业功能划分为 5 类一级功

能和 8 类二级功能，并分析了农业产业融合对多功能农业的影响。刘建志等（2020）从农产品供给功能、经济发展功能、社会保障功能、生态服务功能等四个方面，分析了山东省农业多功能的时空演化特征与驱动机制。朱蕾和王克强（2019）将上海市农业多种功能确定为农产品供给、社会保障、文化和休闲以及生态调节 4 种功能，运用聚类分析法将各街道划分为生态结构型、传统农业型、农耕文化型、文化休闲型和均衡发展型等 5 种模式。北京农业地域功能呈现出自城乡接合部核心区、拓展区到远郊区的圈层递增态势，城乡接合部拓展区农业地域功能衰退明显，远郊区农产品供给、生态保护和就业安置等基本和传统功能较强而产业融合、新业态等高级与现代功能较弱，农业地域功能仍有较大提升空间（刘玉等，2020）。

（三）农地利用多功能研究

土地具有多种功能，土地系统研究的热点正由结构变化转向对土地利用多功能的研究，即系统研究土地为人类提供产品和服务的功能及其可持续性（蔡运龙、陈睿山，2010）。一个健康的土地系统必须同时具有结构上的完整性和功能上的连续性，其中功能优化为核心和最终目标（陈婧、史培军，2005）。2010～2018 年间，生态功能始终为广东省县域乡村发展主因子，非农生产功能凸显，农业生产功能、生活功能仍是乡村重要组成（朱孟珏等，2021）。耕地功能内涵不断丰富，逐步从基础性的生产功能转向集生产、生活、生态、阻隔、文化功能于一身的多种功能（范业婷等，2018）。

农地的生态服务功能逐渐引起国外学者和政府的广泛关注，并结合典型地区的实证研究构建了一系列的生态服务价值定量评估方法和模型。大都市区和城市近郊区的人地关系日趋紧张，农地多功能利用已成为资源约束下创造更多财富、提高农民生活水平的最佳途径。北京市农用地的社会保障、景观文化、游憩服务等功能将在未来的都市农业发展中得到强化（袁弘等，2007）；耕地的社会承载功能增强，经济产出功能弱化，在现行的家庭联产承包责任制下，耕地的经济功能有待强化（霍雅勤等，2004）。关小克等（2010）通过构建耕地自然适宜性、经济适宜性和生态适宜性评价指标体系进行北京市耕地多目标适宜性评价，结果表明耕地利用具有明显的生产功能、生态服务功能和社会保障功能。针对耕地多功能评价供需混淆的问题，周丁扬等（2020）提出了耕地多功能供需理论框架，从供给和需求两个角度构建耕地多功能评价体系，根据国家战略规划与耕地多功能供需差异，将耕地优化路径分为功能转化、供给提升和耕地储备三种类型。范业婷等（2018）构建了耕地多功能解析框架和功能分类评价体系，采用模糊优选模型定量评价苏南地区耕地多功能并分析其空间特征。殷如梦等（2020）构建多组态指标体系定量识别耕地多功能，探析江苏省县域耕地生产、社会、生态功能的空间竞合优劣状态，借助空间自相关和相关系数法定量测算 55 个县域耕地多功能的权衡—协同关系。2000～2015 年，各省份间的耕地多功能水平差距有扩大趋势；除东部地区耕地的农业经济贡献功能外，全国及东、中、西、东北地区的耕地多功能均存在显著的绝对 β 收敛特征，表明在假设其他条件相同的情况下，各区域耕地多功能呈现趋同发展态势（向敬伟等，2019）。2000～2015 年浙江省耕地多功能总价值下降，地均耕地多功能价值呈现先下降后上升的趋势；耕地多功能之间主要表现为协同关系但总体减弱（朱从谋等，2020）。陈丽等（2018）采用能值分析法构建耕地多功能运行效应综合评估框架，证实大都市区耕地功能逐渐向调节和文化服务功能需求倾斜。2006～2019 年间,贵州省惠水县好花红村经历了单一农业生产功能阶段、多元功能转型过渡阶段、多功能复合转型阶段;自然条件是土地利用功能变化的基础动力,经营主体变化是土地利用功能转型的内在动力,区域发展政策是驱动土地利用功能多元化的根本动力(张涵、李阳兵,2020)。推动农地的多功能利用是顺应"功能拓展"这一现代农业发展的客观规律,社会化小农阶段农户渐趋分化,其意愿行为的复杂性直接影响到农地功能供给的多样性(单玉红、王琳娜,2020)。

综上,国外对农业多功能性的研究起步较早,对农业多功能性的概念、内涵、分类及其农业多功能化经营模式等研究相对成熟,基于参与式评估技术等对农业多功能价值的量化研究也较多,但由于缺乏有关农业多功能的可获取信息,农业联合生产的本质和关于农业生产的负外部性等问题尚未解决,功能分类、指标构建、评估方法、主导功能识别等的研究有待加强。随着可持续发展、消费者需求变化以及全球化对中国农业的挑战升级,国内日益重视农业的多功能性,并通过政策促进其发展(房艳刚等,2019)。农业多功能的时空格局和影响因素研究已经取得不少成果(鲁莎莎等,2014;谭雪兰等,2018;房艳刚等,2019),但农业多功能的量化研究薄弱,很少运用环境经济学价值评估方法来估算农业多功能的价值(陈秋珍、John Sumelius,2007;彭建等,2014;钟源,2017);多数研究重点关注多功能农业的供给,忽视了农业多功能需求的研究;农业多功能模式研究尚处于初级探索阶段,所得出的结论局限于具体研究对象,尚未上升到理论层次。

三、城市多功能研究进展

城市是经济社会活动开展的载体和区域经济发展的增长极，在推动区域空间结构形成、功能演进方面意义重大。在城市化快速推进过程中，城市功能分类及其转型日益成为地理学、经济学、管理学等学科研究的重要内容（Velapurkar et al.，2009；于涛方等，2006；杨振山等，2021），城市形态与功能在城市规划和地理信息科学中也得到了广泛的研究（Crooks et al.，2015）。自 1930 年以来，国内外学者围绕城市功能的概念、属性特征、分类测度、演化过程及优化调控做了大量工作，形成了较系统的研究框架和实证范式（Velapurkar et al.，2009；周一星等，1988；浩飞龙等，2019），相关成果为乡村地域多功能的研究提供思路借鉴和方法启示。当前，城市功能在城市扩展过程中发生深刻变化，而中国城镇化和智慧城市建设的推进对城市精细化规划与管理提出新挑战，正确识别城市功能及其转型规律有助于城市化战略制定和区域协调发展，对城镇化建设具有重要意义。

（一）城市功能的基础理论研究

功能，即事功、效用。基于研究视角的差异，城市功能内涵的表述不尽相同（表 2-1）。概括起来大致有两种理解：①城市功能，又称城市职能，是指城市在一个国家或地区中所承担的政治、经济、文化等方面的任务和作用，以及由这些作用的发挥所产生的效能（石正方，2002）。②城市对整个人类社会发展进程的各种影响和作用称为城市功能或城市职能，这一定义的范围更广（李冰，2008）。

表 2-1　国内有关城市功能的主要观点

研究视角	代表学者	主要观点
城市地理学	孙盘寿、杨廷秀（1984）周一星等（1988）	城市功能是指城市对城市本身以外的区域在经济、政治、文化等方面所起的作用，城市经济发展是城市功能形成的基础
城市经济学	李耀武（1997）	城市功能是指城市在国家或者地区的政治、经济、文化生活中所承担的任务和所起的作用，以及由这种作用所产生的效能
产业经济学	陈柳钦（2009）	城市功能是指城市作用于外围经济地域系统的能力，是城市内部关系和外部关系中所表现出来的特性和能力
哲学	陈玉英（2009）	城市功能是指具有特定结构的城市系统在内部和外部的物质、信息、能量相互作用的关系或联系中，所表现出来的属性、能力和效用，包括对内和对外功能两部分
房地产经济辞典	叶天泉、刘莹、郭勇等主编（2005）	城市对内对外在政治、经济、文化等方面承担的任务和所起的作用。具体包括载体功能、聚集和辐射功能、导向带动功能及其特有功能等

　　在经济发展导向下，城市经济功能一直是城市功能研究的主导方向（潘承仕，2004）。目前，城市功能的基础理论主要来自国外，韩延星等（2005）将其归纳为经济基础理论、区域发展优势理论、空间结构理论和区位论四大类。孙志刚（1999）在《城市功能论》一书中系统地阐述了城市功能的系统、类型以及城市功能优化等；在"城市功能类型研究"部分，创造性提出了"能性""能级""能位"三个概念，从不同的视角研究城市功能。

（二）城市功能分类与定位研究

城市由不同的部分组成，各自承担着复杂的功能（Nelson，1955）。现代城市功能是综合性、多元化的，一座城市同时具有多种功能，并存在主导功能与辅助功能之分、内部功能与外部功能之别（李耀武，1997）。城市的一般功能、次要功能、非基本功能是城市发展的必要条件；城市的特殊功能、基本功能、主导功能的规模、能量和等级决定了城市的性质、发展潜力与方向。城市功能具有结构、空间和时间三大基本属性，具备复合性、等级性、动态性、内部复杂性和空间具体性等特征（高宜程等，2008；冯建超，2009）。随着城市空间结构的构成要素、影响因素的剧烈变化，新的空间组织方式开始浮现，全球化、柔性化、复合化、差异化已成为信息时代城市功能的主要特征（魏宗财等，2013），功能复合开发是新形势下实现高质量城市化的一种普遍选择（黄莉，2012）。

城市功能分类方法经历了"一般描述—统计描述—统计分析—城市经济基础分析—多变量分析"的发展历程。国外学者侧重功能类型与要素的研究，除了经济职能外，更强调协调发展与生态服务，使其内涵不断扩展（Lebel et al.，2007；Tao et al.，2019）。受数据资料限制，国内城市功能分类长期以定性分析为主，传统的城市功能区识别大多采用土地利用现状图、问卷调查等数据，数据的获取耗时耗力，功能区划分结果的准确性也受到主观因素影响（谷岩岩等，2018；李苗裔等，2018）。1988年，周一星发表了全国城市工业功能分类的研究成果，在理论上提出了"城市职能三要素"，推动了城市功能的定量研究。随后，一些学者基于统计资料，通过选取主导行业产值比重、特殊地理区位等指标，运用多变量聚类、统计分析等方法定量划分城市功能类型（李耀武，1997；潘乐，1999）。近年来，随着遥感和地理信息技术的发展，以及智慧化、精细化城市管理和建设的需求增加，从时间、空间和属性等维度来深入揭示城市功能区的构成与特征变得非常必要（Xing and Meng，2020；杨振山等，2021），基于遥感影像数据的场景分类和基于地理时空大数据的社会感知已广泛应用于城市功能识别中（陈世莉等，2016；王俊珏等，2019）。此外，Shen 和 Karimi（2016）提出基于位置的社交媒体登记数据来推断位置重要性和计算功能连通性，根据不同土地利用类型中的功能接近度来进行以街道为单元的功能分区。

城市功能定位是在深入分析城市的优劣势、区位条件等的基础上，通过确定城市在区域中的主要功能，使城市在区域发展中占据独特位置、获得更大竞争力的过程（孙久文、肖春梅，2009）。20 世纪 90 年代以来，城市功能定位的研究向模型化、定量化方向发展，B/N 率、区位商、纳尔逊等模型和公式不断涌现。Batty 和 Longley（1994）引入"分形理论"探讨城市密度、城市规模与城市职能的关系；Berköz（1996）建立了城市动态学模型，分析城市副中心的规划建设与城市功能区结构完善的关系；高凌等（2007）通过统计分析和 AHP 决策分析相结合的方法全面判断省会城市的主要功能；张莉敏（2009）采用城市竞争力评价法和灰色关联度分析法揭示城市群内重点城市的功能差异，采用城市流强度模型评估重点城市的功能联系。许锋和周一星（2010）综合采用聚类分析和判别分析等方法，将我国 649 个县级以上城市的功能类型划分为 3 个大类、15 个亚类和 37 个职能组。于璐等（2019）提出了一种基于时空语义挖掘的城市功能区识别方案，将案例区识别为居民区、科教区、工作区、商业区、生活设施区和混合区等功能区。李娅等（2019）基于遥感图像数据、兴趣点（Point of Interest，简称 POI）数据及路网数据，使用遥感信息提取技术和语义信息挖掘方法，实现城市功能区的语义分类。姚尧等（2019）基于时序出租车出行数据和兴趣点数据描述居民出行模式，结合动态时间规整和 *K*-MEDOIDS 聚类算法识别城市的功能属性和空间结构。王俊珏等（2019）基于 2015 年上海市15.4 万条有效 POI 数据与道路网数据，结合地理学第一定律，构建了基于核密度分析技术的城市功能区自动化分析模型。杨振山等（2021）通过融合 2017 年北京市 14 400 个栅格区域的手机信令数据和 2016 年高德地图 380 975 条 POI 数据，量化区域功能使用强度的日夜差异和内部功能混杂程度，实现区域主导功能类型判定及功能混合度评价。在实践方面，一些地区陆续开展了城市发展规划或区域规划，对城市功能结构及功能定位进行了专项研究。例如，《北京城市总体规划（2016 年～2035 年）》第二章"有序疏解非首都功能，优化提升首都功能"，提出建设政务环境优良、文化魅力彰显和人居环境一流的首都功能核心区；推进中心城区功能疏解提升，增强服务保障能力；高水平规划建设北京城市副中心，示范带动非首都功能疏解；以两轴为统领，完善城市空间和功能组织秩序；推进生态涵养区保护与绿色发展，建设北京的后花园等。

（三）城市多功能的演进特征

城市发展品质的提升表现为城市功能的持续优化（Mekdjian，2018）。伴随中国城市发展方式正由外延扩张型向内涵发展型迭代，优化城市功能结构，提高城市品质成为新时期城市高质量发展的重要途径（Holtslag-Broekhof，2018；隋洪鑫等，2020）。社会发展和人类需求的变化引致城市功能的不断累积、叠加和优化，城市功能经历了从简单到复杂、从低级到高级的功能叠加性发展趋势（孙志刚，1999），不同时期城市的功能组合及其空间布局存在显著差异。城市功能的演进是多因素综合作用的结果，并在一定时期表现为城市功能的转型（王磊，2010）。在信息化、全球化、去工业化等新动力的推动下，城市功能呈现出明显的全球化倾向（顾朝林，2006）。城市区位条件、经济发展水平、区域发展政策与定位、经济全球化及新一轮技术革命等综合作用，驱动着粤港澳地区、京津冀等跨区域合作的城市功能转变（方远平等，2019；阎东彬等，2019）。

　　城市主导功能以城市主导产业为依托，主导产业的性质决定了城市的功能性质。主导产业的不断更迭导致城市产业结构中主导产业的演替，进而使城市功能演进呈现出一定规律（图2-1）：①在产

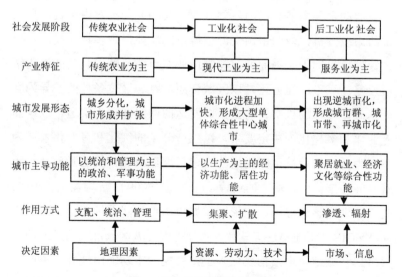

图2-1　城市功能演进的一般规律

注：据王晶（2002）绘制

业结构高级化的影响下，城市主导功能呈现出"简单服务性—生产性—综合性—专业型综合服务性"演进的序列性；②资源优势变迁引致主导产业演化，使城市功能演进呈现出跳跃性特征（赵栋，2010）；③交通区位优势的衰变导致城市主导产业变异，使城市主导功能呈现突变性特征（石正方，2002）；④在信息时代，信息流和接入信息的能力尤为重要，并成为与交通可达性并重的要素，重塑城市传统的空间功能布局（魏宗财等，2013）。

　　基于统计数据和典型区域调查，一些学者系统分析了城市功能的空间格局及其动态特征。许锋和周一星（2008）揭示了1990～2000年中国城市功能的主要动态变化特征，认为各规模级城市工业、矿业职能的比例呈现下降趋势，第三产业正成为促进中国城市发展的主要职能和动力。刘云刚（2009）通过对中国资源型城市的系统分析，表明中国资源型城市的功能呈现多样化趋向，但多数城市仍囿于采掘业城市和制造业城市的范畴，且功能演化缓慢反复。城市功能分化是以区域资源禀赋和区位条件的差异为客观基础，以市场机制为前提，以发达的网络通道为渠道，以产业专业化和多样化为决定要素，以生产分工的细化和多元化发展为驱动力量，依赖城市间通道的完善程度以及城市间的开放性，随着时间的推移逐渐演变的过程（冯建超，2009）。周国磊等（2015）基于四期遥感影像图、地形图及城市用地现状图等数据资源，借助 ArcGIS、AutoCAD 等软件，从分析中心城区城市空间扩展的总体格局及城市用地结构变化入手，发现城市功能用地外部扩展与内部更替并存，阐释了城市空间扩展及城市功能集聚与扩散的内在特征。2005～2016年间，中国再生性资源型城市功能整体持续完善，呈现由以生态保障为优势功能向"生态保障—工业制造"

引领下的多元化发展的演化趋势，但不同类型城市功能演化路径各异（郑紫颜等，2020）。2005～2015年间京津冀城市群的研究表明，自然条件和人口因素是城市功能形成的基础因素，技术是城市功能调整的根本动力，交通和信息水平提高促进城市联系和分工，经济全球化是城市功能调整重要的外生力量，政府引导城市功能调整方向；产业分工机制促进城市群城市分工进而形成主导城市功能，产业升级机制推动主导城市功能更替，产业转移机制直接引起城市功能调整（曾春水等，2020）。

城市功能研究取得丰硕成果：对城市经济功能的研究较为深入，且已转向对社会、文化等综合功能的研究；城市功能的理论基础、分类方法与评价模型等不断发展，定量评价和实证分析日趋成熟。然而，城市功能的研究以横向比较的静态分析为主，城市功能结构的动态研究较少；忽视了经济全球化背景下的诸多偶然因素，难以把握迅速变化的外部环境。与欧美国家相比，国内对城市功能的研究起步较晚，主要是对西方研究方法的引进和实证；研究区域主要集中在大都市区和省会城市，多尺度的综合研究仍显不足，微观视域下精细功能演替的多时相认知与客观评价亟待加强；系统性的城市综合功能研究有待强化。国内在开展城市功能研究时应突出以下方面：构建完善的城市功能结构调整优化的理论和方法；注重城市功能的动态性、体系性以及研究成果的原创性和应用性，充分发挥城市功能在城市建设发展中的作用。

四、乡村地域多功能的拓展研究方向

国内外学者基于不同研究视角与时空尺度开展多功能研究，得出了大量富有启迪性的研究结论与成果，为本书的内容设计奠定了坚实基础。由于乡村地域的多功能性、社会需求的多元化以及学者研究视角的差异性，在已有的研究基础上尚需补充和完善以下内容。

（1）构建并完善乡村地域多功能评价分区的理论构架。当前，乡村地域多功能的综合研究比较薄弱，乡村地域多功能与主体功能之间的区别与联系是什么？在支撑高质量区域经济布局起到什么作用？如何构建合理的乡村地域多功能评价模型？对于不同的乡村地域功能类型，其作用规律是否一致？如何优化调控？这些都是有待深入研究的课题。

（2）科学评判乡村地域多功能的空间格局及演进特征。既有研究对特定乡村地域功能的强弱及其空间格局进行了较为深入的研究，但将乡村多功能置于统一框架揭示多功能演进特征与规律的研究较少。因此，以典型区为研究对象，建立乡村地域多功能分级评价指标体系，揭示不同时期乡村地域多功能的时空动态特征，是乡村地域多功能研究的重要内容。

（3）充分挖掘乡村旅游休闲等功能在乡村振兴实践中的价值。乡村旅游休闲功能研究起步较晚，在内涵界定及功能识别、空间分异格局及影响因素、布局适宜性评价等方面虽取得一定进展，但尚难以有效满足新时代对乡村地域多功能的充分挖掘需求。因此，充分借鉴既有成果，明确乡村旅游休闲功能的内涵，结合兴趣点、土地利用等多源数据构建一套合理的评价指标体系，开展乡村旅游休闲功能的评价分区研究，以指导村庄规划与精细化治理。

（4）探讨乡村地域多功能间相互作用的定量化方法与模型。既有研究对乡村地域多功能的相互作用关系缺乏深入探讨。结合当前大都市城乡融合发展、乡村振兴等多元需求，开展乡村地域多功能权衡—协同关系及定量化表达研究，分析乡村地域多功能间权衡—协同关系的空间分异特征和演化趋势，探讨资源约束条件下乡村地域多功能整合配置思路与协同发展路径，将是服务乡村振兴发展有待探究的重要方向。

第三章　乡村地域多功能理论发展与创新

一、乡村地域功能的理论基础

（一）人地关系地域系统理论

20世纪90年代，中国著名人文地理学家吴传钧院士（1981，1991）提出了人地关系地域系统理论。人地系统是由地理环境和人类社会两个子系统交错构成的复杂的开放巨系统，其内部具有一定的结构和功能。在这个巨系统中，人类社会和地理环境两个子系统之间的物质循环和能量转化相结合，形成了人地关系地域系统发展变化的机制。人地关系地域系统理论着重研究人地之间相互作用的机理、结构、功能以及整体调控的途径和对策，其中心目标是协调人地关系，重点研究人地关系地域系统的优化（吴传钧，2007）。作为人地关系地域系统的重要组成部分，基于距离衰减规律和扩散原理，乡村系统、城镇系统和其他乡村系统相互作用、相互联系，并向城镇系统输出人力、食物、原材料等资源（毛汉英，1995）。地域功能性、系统结构化、时空变异有序过程，以及人地系统效应的差异性及可调控性，是该理论的精髓，这与"未来地球"研究计划的前沿思想完全契合（樊杰，2018）。人地关系地域系统是地理学研究的核心理论，依据该理论延展而来的城乡融合系统、乡村地域系统，是全新认知现代城乡关系、透视乡村发展问题的基本依据（刘彦随，2018）。
"人地关系地域系统理论"具有很强的结构完整性与内在逻辑性，
通过 20 多年的学习和领悟，刘彦随（2020）进一步梳理了人地关系
地域系统理论模式（图3-1），该模式包括人地关系认知、人地系统理
论、人地系统协调等循序渐进的三个有机组成部分。科学表征中国现
代人地关系的状态，是精准认知现代人地关系进而寻求协调人地矛盾路
径的基础（杨宇等，2019）。人地关系地域系统理论从空间结构、时间
过程、组织序变、整体效应、协同互补等方面，认识和寻求全球的、全
国的或区域的人地关系系统的整体优化、综合平衡及有效调控的机理，
为区域开发和区域管理提供理论依据（樊杰，2019）。

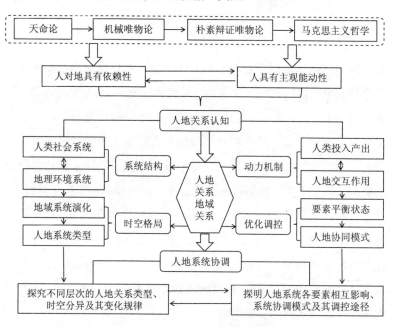

图 3-1 人地关系地域系统理论模式

注：引自刘彦随（2020）

现代人地系统具有复杂性、地域性和动态性特征，人—地交互作用机理、过程、格局及其综合效应正在发生深刻变化，在构建以国内大循环为主体、国内国际双循环相互促进的新发展格局进程中，重视强化人地关系地域系统研究的全球性、地域性与地方性，具有重要的科学价值和现实意义（陆大道，2020；刘彦随，2020）。乡村地域多功能研究需要在尊重各地独特的人地关系状况的基础上，有效整合乡村地域资源，实现区域功能与区域资源环境的吻合；重视特定地域系统对周围系统的外部影响和诱发作用；从区域协调的角度把各地域单元作为一个整体，打破区域间相互隔离的发展状态。

（二）地域分异理论

由于地球各圈层在地球表面交互作用的强度和主次位置存在差异，因而在地球表面存在着不均一性，使地表自然地理各要素及其组合呈现出明显的地域分异规律（郑度，1998）。人类生产活动与具体地域有着必然的联系，自然地理环境的地域分异是乡村地域多功能分异的自然基础，特定的自然环境必有特定适生的乡村地域功能组合。地域功能的形成体现了自然系统对人类活动的承载功能和反馈机制，以及人类活动对自然系统的空间占用和适应依赖（盛科荣、樊杰，2018）。根据这一规律，乡村地域的功能定位与功能组合必须按照因地制宜、地尽其用的原则来进行，使其与地域要素组合相一致。同时，地域分异理论也是空间管制和区域协调政策制定的理论依据（贾卉，2009）。只有按照地域分异规律进行区划研究，才能制定出符合区域实际的发展策略。

地域空间功能区的合理组织是实现区域有序发展的重要途径。樊杰（2007）在分析地域功能基本属性的基础上提出了区域发展空间均衡模型，认为标识任何区域综合发展状态的人均水平值是趋于大体相等的，即一个经济发展水平低的区域，可以通过更好的社会发展状态和生态环境状态提高综合发展水平。影响区域发展状态的各种要素在区域间最大限度的自由流动和合理配置是实现区域发展空间均衡的必备条件。特定地域应优先发展具有比较优势的功能，通过区域间的协作与交换弥补弱势功能，最终实现区域综合发展状态的均衡。区域均衡模型一方面为研究地域功能形成过程和分类体系以及功能区划和调控方式奠定理论基础，也为以地域功能为主体组织有序空间的规划提供科学依据（盛科荣等，2016）。区域发展空间均衡模型可以较好地阐释乡村地域多功能评价与分区的关键问题。

（三）比较优势理论

绝对优势理论是英国古典政治经济学奠基人亚当·斯密在 1776 年出版的《国民财富的性质及其增长的原因》中提出的一种国际贸易理论；比较优势理论是英国古典政治经济学家大卫·李嘉图在绝对优势理论的基础上提出的国际贸易理论；后来，瑞典著名经济学家赫克歇尔及其学生俄林进一步修正和扩展了比较优势理论，提出了要素禀赋理论（或资源禀赋理论）。

绝对差异理论、相对差异理论和要素禀赋理论等不断演化发展而来的劳动地域分工理论具有深刻的区域内涵。区域资源禀赋、劳动力状况、历史基础及经济发展水平等的差异是劳动地域分工的前提。地域分工决定着区域生产专门化的发育程度、区域产业结构和空间结构的特征，以及区域经济联系的内容、性质和规模等（孙海燕、王富喜，2008）。劳动地域分工是社会分工在地域空间上的反映，必然形成区域生产专业化，促进区域间商品交换的进一步发展。因此，客观上要求区域间组成一个开放系统，以加强区域间的分工与协作。认识的深入与理论的发展使地域分工从经济功能扩展到经济、社会和生态三大功能，区域间比较优势的存在是效益产生的基础，合理的地域分工格局通过区域产业结构效益、空间结构效益、规模经济效益等促进区域的协调发展。乡村地域功能因类型和强度的差异，在特定地域表现出具有相对优势的功能。对具有相对优势的功能，应进一步优化，打造出地域品牌，增强地域竞争力。如山水资源和民俗资源丰富的乡村地域，其旅游休闲功能处于相对优势，可以对其进行系统规划并借助媒体传播的力量扩大宣传和影响，将比较优势转化为竞争优势，进而促进该地域发展（龚迎春，2014）。

（四）可持续发展理论

《增长的极限》《世界保护策略》和《我们共同的未来》是可持续发展理论的三个标志性文献。在《我们共同的未来》一书中，可持续发展定义为"既满足当代人需要，又不对后代人满足其需要的能力构成危害的发展"，这一权威定义成为可持续发展理论的基石。可持续发展的内涵包括：共同发展、协调发展、公平发展和高效发展；具体内容涉及经济、生态和社会三方面的协调统一，已经成为一个有关社会经济发展的全面性战略（Tuazon et al.，2012）。2015年，联合国在可持续发展峰会上正式通过《2030年可持续发展议程》（The United Nations 2030 Agenda for Sustainable Development），旨在有效应对社会、经济和环境方面的问题，兼顾人类、地球、繁荣、和平、伙伴关系的总体要求，并提出了17项可持续发展目标（图3-2），该议程已经成为指导国际社会发展的纲领性文件（Yang et al.，2021；

汪万发、许勤华，2021）。我国大力推进自身和全球生态文明建设，相继提出了"生态文明建设""美丽中国建设"等一系列与可持续发展相关的战略，旨在推进人与自然和谐共生，实现经济、社会、环境的可持续发展和人的全面发展。"十四五"规划指出，全面提高资源利用效率，推进资源总量管理、科学配置、全面节约、循环利用。可持续发展理论体现了当代经济社会发展的基本趋势，区域乡村地域功能定位必须符合这一基本趋势和要求，将当前利益和长远利益正确结合起来，在保护环境、资源永续利用的前提下实现经济社会发展。

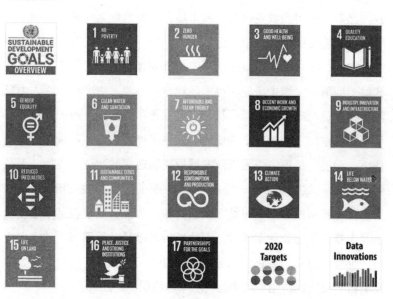

图3-2　《2030年可持续发展议程》中设定的17个可持续发展目标

资料来源：https://unstats.un.org/sdgs/report/2020/

（五）生态位相关理论

1917 年，生态学家 Grinnel 第一次使用"生态位"一词；随后，Grinnel（1924，1928）、Charles Elton（1927）和 Hutchinson（1957）等人扩展了生态位的概念，但包含的基本思想是：生态位是生物单元在特定的生态系统中，与环境及其他生物单元相互作用的过程中所形成的特定时间位置、相对空间位置和功能地位（王刚等，1984）。随着生态位概念的发展与理论研究工作的深入，生态位理论包括生态位宽度、生态位重叠、生态位分离、生态位扩充与压缩等基本内容，已广泛运用到农业区划、城市规划、土地规划与管理、国土空间综合功能分区等领域中（念沛豪等，2014；刘春艳等，2018；蔡海生等，2020）。城市生态位是指在城市群的背景下，城市生命体从其城市群所在区域中所能获得的各种自然资源、生产资本、人力资源和社会资源等各种资源的综合，包括各种资本或资源的数量和类型及其在空间上和时间上的变化，反映了城市生命体在城市群中的性质、功能、地位、作用以及发展规模和速度的定位（肖杨、毛显强，2008）。城市竞争生态位具有多维的特征，其重叠是指城市竞争生态位在某些维度上的重叠。当弱势城市与强势城市在某个维度发生城市竞争生态位的重叠时，弱势城市可以且必须积极主动地促成另一维度城市竞争生态位的分离，通过"局部成长、部分消亡、自我更新"来实现与强势城市的共生（陈绍愿等，2006）。

生态位分离理论认为，如果生态位重叠越多，竞争就会越激烈，为了避免因为过度竞争而遭到淘汰，物种通常采用生态位分离策略来适应生态环境（邹仁爱等，2006）。生态位态势理论认为，生物单元都具有态和势两方面的属性，"态"是指生物单元的状态，"势"

是指生物单元对环境的现实影响力或支配力，由于生物单元无限增长的潜力所引起的态和势的增加称为生态位的扩充，生态位的扩充是生物圈演变的动力，是生命发展的本能属性（朱春全，1997）。一般而言，生态位扩充是在资源有限或竞争条件下发生的，某一物种生态位的扩充构成了对另一物种的生态位入侵，最终导致某些个体的生态位被压缩而一些优势个体的生态位得到扩充。如果新出现的物种与原来的物种占据相同的生态位，并能够更有效地利用资源，新物种则会通过竞争最终取代原有物种。生物生态位的扩充过程实质上是生物的进化过程，是推动生态系统由低级向高级、由简单到复杂演进的动力机制（王勇、李广斌，2002）。

乡村地域功能位理论主要包括乡村地域功能位态势、乡村地域功能位重叠和分离、乡村地域功能位扩充和压缩等要点。功能位态势变化反映了乡村发展的一般规律和演进特征，功能"态"可为乡村发展方式的选择和功能定位提供依据，功能"势"有助于揭示乡村地域功能演进的动力机制。因此，在乡村地域多功能评价与区划研究中，应借鉴生态位的相关理论成果与实践，根据乡村资源组合实施"功能位错位发展""功能位拓展"和"虚拟生态位"等策略，促使各乡村地域形成具有一定差异的"功能位"，从而保持整个地域系统的稳定、协调发展。

二、乡村地域多功能的研究框架

（一）乡村地域多功能的概念内涵

1. 乡村

乡村（又称农村），主要有两种理解：一种是指乡村居民点，另一种是指乡村区域。作为一个空间地域系统，乡村是指城市以外的广大地区，也称非城市化地区。乡村是人类为适应最基本的生存条件，进行各种生产、生活活动而形成的人类聚居地的一种最基本形态，是社会生产力发展到一定阶段产生的、相互独立的、具有特定经济社会和自然景观特点的地域综合体（郭焕成、李晶宜，1999；孙艺惠等，2008）。世界各国对乡村概念的理解和划分标准不尽相同，一般认为乡村具有人口密度低，以农业生产为主要经济基础，传统的生活习惯和居住方式，土地利用粗放，建筑用地较少、居住分散，具有特定的社会文化形式，处于区域经济、政治、社会系统的边缘等特征（Cloke，2000），并且随着待解决问题的不同而有所变化（Bollman，2010）。作为一个特殊的复合生态系统，乡村也是一个具有可辨识边界的空间地域单元，乡村概念的认识应该是一个历史的、动态的过程。张小林（1998）认为，由于乡村本身的动态性、不整合性及相对性，在当今世界城乡连续体这一背景下，乡村的定义应让位于乡村性这一概念。由于要素流动的空间动态性、乡村空间系统的不整合性、乡村概念自身的相对性以及乡村振兴、城乡融合为政策导向的新时代背景等，乡村概念的界定比较困难（胡晓亮等，2020）。

在中国，乡村的范围一般是指县城以外的广大地区，包括乡镇、村体，也称乡村地域系统。根据《中华人民共和国乡村振兴促进法》，乡村是指城市建成区以外具有自然、社会、经济特征和生产、生活、生态、文化等多重功能的地域综合体，包括乡镇和村庄等。作为一个县的政治、经济中心，县城具有乡村的某些特点，如果考虑到县城对乡村的引领及县城直接或间接为乡村提供服务，县城也应该划在乡村范围之内（郭焕成等，1991；龙花楼等，2009；陈秋分，2010）。

本书所指的乡村是指城市建成区以外的广大地区，包括都市区以外的县域，涵盖生态、经济、社会等众多方面，乡村性是其主要特征。在具体分析时，为了保持地域空间的延续性，将市辖区作为独立的研究单元进行评价。

2. 乡村地域多功能

功能是指"有特定结构的事物或系统在内部和外部的联系与关系中表现出来的特性和能力"（夏征农等，2009）。任何有人类活动的地域空间都同时发挥着社会、经济和生态环境功能（刘彦随、陈百明，2002）。姚建衢等（1993）认为功能是与系统相联系的，乡村经济功能指的是以乡村产业结构为主要外部表现形式的乡村经济特征。De Groot（2002）认为地域功能是特定地域为社会提供商品和服务的能力。由于乡村地域包含农业生产、乡村文化等功能，因此乡村地域具有多功能性（OECD，2001）。Barkmann（2004）等将地域多功能定义为地域系统实际或潜在的为满足社会需求而提供的物质与非物质产品。在开展主体功能区划研究时，樊杰（2007）将地域功能定义为一定地域在更大的地域范围内，在自然资源和生态环境系统中，以及在人类生产和生活活动中所履行的职能和发挥的作用。随着行政区间的利益冲突升级，主体功能区划编制部门多、成果协调与多尺度衔接匹配不足等问题产生，为进一步实现中国区域协调发展、强化不同县域功能和提升县域竞争力等，刘彦随等（2011）认为宜将功能区划的理论、理念进一步提升到县域尺度的多功能性诊断和测度，创新强化县域主导功能与优化生产要素配置的机制和政策。当前，涵盖地域功能生成机理、空间结构、区域均衡等为主的理论研究和以地域功能识别、现代区域治理体系构建等应用研究为主体的现代地域功能学术框架正在形成并逐渐完善（盛科荣等，

2016），实现了从核心概念构建到系统学术思想探索的转变。

结合上述分析，将乡村地域多功能定义为一定发展阶段的特定乡村地域系统在更大的地域空间内，通过发挥自身属性及其与其他系统共同作用所产生的对自然界或人类发展有益作用的综合特性，既包括对乡村自身需求的保障功能，也包括对城镇系统的支撑作用和与其他乡村系统的协作功能（甄霖等，2009；刘玉等，2010）。作为地域系统的重要组成部分，乡村地域多功能具备五大基本属性（樊杰，2007；刘彦随等，2010；刘玉等，2011）：

（1）空间异质性。资源禀赋、经济基础、生态状况和政策环境等的差异使乡村地域多功能格局呈现出显著的空间异质性，加之乡村地域的层次性，不同空间尺度所界定的地域主导功能有所差异。

（2）时间变异性。乡村组成要素的整合、社会需求的变化以及系统外部环境的变迁等都将引致乡村地域多功能的改变，动态性是其基本属性。既包括乡村地域自身功能类型的变化，又包含因其他地域功能变化而引致的乡村自身功能位的改变。

（3）主观认知性。由于人类对乡村系统的价值取向不同，社会发展的目标定位不同，基于不同视角得出的对同一地域的功能识别是有差异的。功能确定与人类的追求目标和价值取向密切相关，有着人为主观认知的属性。

（4）多样构成性。乡村地域具有多功能性，即特定乡村地域可以提供多种商品和服务；加之乡村系统本身是一个极其复杂的等级体系，进一步增强了乡村地域功能的多样性。

（5）相互作用性。不同地域各种功能之间具有强烈的相互影响，表现为乡村地域内部、乡村地域间以及城乡地域系统间的相互影响和制约。乡村地域空间的多宜性和有限性决定了社会主体对乡村空间的利用存在竞争，当利益竞争达到一定程度时就产生功能冲突，从而形成了具有结构差异的资本要素和功能，并不断发生演化和变异（李玉恒等，2019）。

（二）乡村地域多功能分类与评价

1. 乡村地域多功能分类

分类视角不同，功能类型划分存在明显差异（表 3-1）。国内主要根据乡村从业人员比重、三次产业产值比重以及特殊地理区位等指标，将乡村地域功能划分为一般功能和特殊功能、主导功能和辅助功能、显性功能和隐性功能等类型。一般功能是指任何乡村都具有的功能，集中表现在满足农产品需求、保障生态平衡等功能，是区分乡村和城镇的标志。特殊功能是某一个或某一类乡村所特有的，是区分乡村功能区的标志。乡村地域多功能的表现形式与作用强度存在差异，即一种功能起着主导作用，其他功能处于从属地位。乡村功能定位主要是乡村外部功能即一般功能和主导功能的定位。根据乡村地域功能的呈现形式，可以划分为显性功能和隐性功能。其中，显性功能是指明晰的、外显的和易于察觉的功能，与预期的社会效果紧密相关；隐性功能是指复杂的、内涵的、不易察觉或者尚不被人们所认知的功能，这种功能仅是一种未被预期的社会效果。显性功能与隐性功能的区分是相对的，一旦隐性的潜在功能被认知且被有意识地开发、利用，隐性功能就能变为显性功能。相反，如果显性功能不再被社会关注或者认知，显性功能也可转化为隐性功能。此外，结合乡村地域功能的现状特征和未来的发展趋势，乡村地域多功能可以划分为需优化的功能、需强化的功能、需弱化的功能、需转化的功能等类型。例如，某类功能符合社会发展趋势且当前发展尚不足于满足社会需求，则需要强化发展；而当某类功能发展超过社会需求且未来需求仍不会大幅增加时，或者因技术进步或者工艺调整对其需求减弱时，或者因其他乡村发展导致其比较优势降低时，则需要弱化发展或者转化发展。

表 3-1   乡村地域多功能的分类依据及主要类型

分类依据	功能类型
按功能的共通性分	一般功能（生存功能）和特殊功能（发展功能）
按功能的作用强度分	主导功能（主要功能）和辅助功能（次要功能）
按功能的表现形式分	显性功能和隐性功能
按功能服务对象分	基本功能（满足乡村地域以外的区域功能需求）和非基本功能
按服务地域空间范围分	国际性、全国性、大区级、省区级、区域性和地方性乡村功能
按功能和属性分	经济、社会、生态等一级功能，粮食生产、旅游休闲度假、生态保育、资源能源供给等二级功能
按未来变化分	需优化的功能、需强化的功能、需弱化的功能、需转化的功能等

资料来源：刘玉等，2011。

结合已有研究成果，并充分体现乡村的特征，从功能和属性相结合的视角进行乡村地域功能的综合分类（表 3-2）。

表 3-2   乡村地域多功能分类及其表征指标

一级功能	二级功能	核心指标层
生态环境功能	承载功能	水土资源禀赋、地形地貌特征、生物多样性指数
	生态保育功能	固定 CO_2、释放 O_2、水源涵养、涵蓄降水
	环境维护功能	农业化肥、农药施用量，工业"三废"排放总量等

续表

一级功能	二级功能	核心指标层
经济功能	经济发展功能	地区生产总值、地均生产总值、产业结构、就业结构、城镇化率、区位等
	农业生产功能	农用地禀赋、粮食产出水平、粮食生产稳定性、非粮农作物产量等
	资源能源供给功能	能矿资源赋存、现有经济技术水平、能源资源需求状况等
社会文化功能	人口承载功能	区域人口数量、劳动力数量等
	乡村旅游功能	旅游资源禀赋、服务配套设施状况、与大城市的最近距离等
	社会保障功能	交通、教育等基础设施状况，人均储蓄存款与消费水平，农民人均纯收入

资料来源：刘玉等，2011。

城乡融合背景下乡村地域功能的有效发挥，应主要依靠先进的科学技术和日益完善的交通通信设施，通过要素的不断流动和功能的相互耦合形成结构有序、空间均衡、综合功能最大化的动态发展格局。

（1）生态环境功能是乡村地域其他功能以及城镇功能发挥和存在的前提，对其他功能起着重要的支撑和制约作用。只有在一定的生态环境条件下，社会经济才能持续发展。因此，优化乡村地域功能必须正确处理社会经济发展和生态环境保护之间的辩证关系，实现多功能的协同发展。

（2）农业生产功能是乡村地域功能的主导。乡村的主导功能集中体现在满足社会对农产品的需求，而这一功能是在对土地、水、生物和气候等资源合理利用的基础上实现的。长期以来，农业在乡村社会经济中占据主导地位，乡村农业生产功能的发挥和提升支持并促进了城镇的形成和发展。"重工业优先发展"和"城市发展工业、乡村发展农业"的战略导向使农业生产功能在中国广大农村地区日益强化。

（3）社会功能是乡村地域其他功能实现的目标，是人类实现自身生存和可持续发展的主要功能。因此，乡村地域其他功能以及城镇的部分功能是为乡村社会功能服务的。

（4）乡村地域功能统筹系统是乡村地域其他功能实现的保证。当前，社会生产要素流动加速，区域联系与交往日益频繁，大区域的社会经济活动给乡村发展带来前所未有的冲击，单靠乡村地域的自我调节难以实现多功能耦合。因此，政府应该通过各种手段调节不同利益主体的行为和区域功能冲突，平衡各种乡村地域功能以及城乡功能间的关系，实现区域整体功能最大化。

2. 乡村地域多功能评价模型构建

由于资源环境和社会经济发展状况的显著差异，同一地域的多种功能以及众多地域的同一功能具有不同的发展态势，具有显著的功能差异（Lu，2009）。在经济社会发展的不同阶段，区域发展战略目标不一，对特定地域所赋予的功能也不尽相同。因此，从乡村地域要素的差异性和乡村地域空间的有限性出发，综合考虑社会主体需求的多样性和无限性，结合区域特征、发展阶段和区域发展战略定位等，科学界定、合理培育并充分发挥特定地域单元的主导功能，是乡村地域多功能评价分区的主要内容。

（1）区域层面的乡村地域多功能类型划分。梳理区域及乡村发展情况，研判特定区域乡村地域多功能的演化过程、整体变化轨迹与规律；结合区域特征和发展战略定位，确定乡村地域多功能类型

的划分原则与标准，从功能和属性相结合的视角系统划分乡村地域
多功能类型。

（2）乡村地域多功能评价指标体系构建。梳理乡村地域多功能
与表征指标之间的多对多网络关系，从交通区位、资源禀赋、基础
设施等方面筛选关键表征指标，初步制定乡村地域多功能评价指标
体系；开展实地调查与专家咨询，进一步修改完善评价指标体系。

（3）乡村地域多功能评价指标值获取。整理研究区地理国情监
测、农业普查、土地利用调查、泛在数据（兴趣点、轨迹分析数据
等）、社会经济统计、遥感影像等数据资料，对数据进行预处理；研
究遥感影像信息快速提取、统计数据空间化和空间抽样调查等技术
相结合的评价指标值获取方法，获取评价指标值；根据指标性质及
表现形式的不同，并选用合适的方法对评价指标进行无量纲化处理。

（4）评价模型甄选与指标权重确定。结合评价目的和评价指标
特点来甄选评价模型。通常，基于加权求和法构建乡村多功能评价
模型，其关键环节是根据评价指标的信息量和对评价目的的影响程
度来确定指标权重（杨勇等，2014）。指标权重的确定过程就是从空
间、时间和关系的角度挖掘主观和客观信息的过程。目前，多指标
权重确定的单一方法大致包括基于决策者给出偏好信息的主观赋权
法和基于决策矩阵信息的客观赋权法。多指标权重确定的综合方法
是指将不同权重赋值方法或结果相结合得到最终权重，包括程序上
的综合和数值上的综合。考虑到乡村振兴的阶段性和乡村地域多功
能评价的政策导向性，通常采用主观赋权法或者主客观相结合的赋
权方法确定指标权重进而构建乡村地域多功能评价模型。随着大数
据、云计算和人工智能等信息技术的发展，以及农业农村调查监测
数据的日益丰富和多样化，乡村地域多功能综合评价将向着多属性、

多主体、动态化、复杂化、智能化方向发展，乡村地域多功能智能化评价模型将不断涌现。

（5）评价结果的实现与检验。乡村地域多功能综合评价值的确定，包括综合评价模型的确定和综合评价结果形式的确定，其实质是如何对多个指标进行集成。综合评价模型种类繁多，使用不同的评价方法往往会得到不同的结论，如何选择评价方法？如何评判评价模型的有效性？这就需要对综合评价结果进行检验。在乡村地域多功能综合评价的过程中，决策者往往面临着大量的不确定性，在数据质量、尺度选择、单元划分及权重赋值等多个环节上存在的问题均可导致评价结果的不确定性。目前对不确定性的研究十分薄弱，尤其对于权重赋值不确定性研究的不充分在一定程度上降低了综合评价结果的可靠性。亟需研究丰富不确定性分析方法，注重各个环节的不确定性分析，提高模型的稳健性和评价结果的可信度（王洁等，2020；岳立柱等，2021）。

（三）乡村地域功能位

与生态元在生态系统中的地位相似，乡村地域在区域系统中也具有一定的结构与功能，具有相应的功能位。借鉴 Grinnell（1924、1928）和 Hutchison（1957）对生态位以及杨春玲（2009）对城市土地集约利用生态位的定义，将乡村地域功能位定义为"在特定时段特定区域中，某乡村地域在能动地与城镇系统以及其他乡村地域系统相互作用的过程中所形成的相对地位、功能与价值"，是特定地域单元在国家或区域宏观格局中所处的地位、影响和作用的综合反映，包含态和势两方面的基本属性。功能位的"态"是指乡村地域多功能的状态，是过去自身发展变化及其与周边环境相互作用积累的结果，态值越高则表明该项功能在区域中越重要；功能位的"势"是乡村地域多功能变化的能力，势值表示乡村地域多功能的发展趋势。"态"是"势"发展变化的基础，"势"是促使乡村地域多功能"态"发生转化变迁的能力。

乡村地域功能位是一个相对概念，反映了乡村运动状态和发展变化的属性。乡村地域功能位是在乡村地域资源环境的基础上，在人类长期的生产生活活动以及城乡间、区域之间的相互作用中发展演化而形成的。（1）从生态学角度看，乡村地域单元同自然生态系统一样，存在着形成、发展、兴盛、衰退等动态演替过程。基于不同的研究尺度，将乡村地域单元比拟为功能元，将它在大尺度地域范围内所处的位置比拟为乡村的功能位，运用生态位理论对单个乡村地域单元的某项功能进行评估，在此基础上对乡村地域功能位进行横向和纵向的对比研究。（2）乡村地域功能位不是一个静态的终极目标，而是一个乡村地域要素不断整合的动态演化过程。在特定的发展阶段，在"态"和"势"的交互作用下，乡村地域多功能将呈现出良性提高、合理衰退、维持不变、恶性退化等不同的演进态势；在空间上则呈现出不同地域单元同一功能的高低错位分布，差异化的演进态势和非均衡的空间功能格局将形成多样化的农村多功能区。

（四）乡村地域多功能分异的影响因素

开展系统要素之间相互作用机理的研究是揭示区域系统形成与演变规律的重要前提（陆大道，1995）。乡村地域系统的基本属性决定了乡村地域多功能处于动态变化中，深入剖析乡村地域多功能分异的形成机理与演进的动力机制，有助于揭示乡村发展的影响因素及其在不同经济社会背景下的作用模式，为优化社会经济空间布局和有效提升乡村地域价值提供依据。自然资源禀赋、区位因素、社会经济基础、生态环境状况、区域文化环境、制度变革、市场化程度与政府宏观调控等因素综合作用，共同决定了乡村地域多功能的空间格局和演进趋势。与此同时，经济全球化与信息化、地缘政治与经济环境的变化，以及新技术、新手段的应用可能引发乡村地域新功能的出现，或者诱发隐性功能转化为显性功能，进而促使乡村地域主导功能的演进。

依据系统论原理，区域系统是由城镇和乡村两大子系统构成（张富刚，2008）。乡村系统包括乡村发展内核系统和乡村发展外缘系统，其中，由乡村本体系统和乡村主体系统耦合而成的乡村发展内核系统是乡村系统的核心，两者之间相互耦合作用的效果直接决定着乡村系统能否可持续发展；乡村发展外缘系统是由影响和制约乡村发展的诸多外部性因素组成的复杂系统，在系统开放程度逐步提高的背景下，日益成为影响和制约乡村发展的主要因素（张富刚、刘彦随，2008）。鉴于乡村地域系统要素组成的复杂性，基于系统论的基本观点将研究区视为一个有机整体，着重分析乡村地域多功能形成与演进的内部要素，筛选出空间功能分异的基础性因素；遵循系统的等级性和开放性，在更大的地域范围内揭示功能分异与演进的主导因素。

1. 自然资源禀赋

以三大自然区和地势的三大阶梯为特征的自然基础和自然地理的空间格局从根本上决定了中国区域经济发展的宏观框架和社会活动的地域差异（陆大道、樊杰，2009）。人类文明的历史表明，人类社会需求的变化始终主导着区域人地关系的演进，而资源环境则以自身的产出能力和服务水平决定着人地关系演进的空间平台（张雷、刘毅，2004；张雷等，2018）。作为人类生存的基本保障和乡村发展的物质基础，区域自然资源的数量、质量及其空间组合决定乡村地域功能发展的广度和深度，是乡村地域多功能分异的基础条件。以农业生产为例，经济再生产同自然再生产过程的统一是农业生产的显著特征，因此影响动植物生长的光、热、水、土等自然资源的分布与组合决定着农业的生产布局与地域分工。自然资源丰富且匹配良好的地区，乡村地域的基本功能需求更容易满足，并为乡村地域多功能向高层次演进奠定基础；在资源贫瘠地区，人类活动所能依托的资源有限，容易形成"人口增加—掠夺开发—生态恶化—社会贫困"的恶性循环（罗翔等，2020）。基于异质性资源禀赋，村庄可分为资源禀赋优势型、平庸型和劣势型，且不同类型村庄的内生发展动力及其振兴模式存在较大的差异，需制定分类治理的靶向振兴计划（于水等，2019）。然而，部分自然资源丰富的地区面临着更为严重的资源和环境问题，即乡村发展面临一定程度的"自然资源诅咒"问题（孟望生、张扬，2020）。随着科学技术的持续进步和工业化进程的不断加深，资源型产业逐步让位于知识、技术、劳动力和管理为基本要素的加工制造业和服务业（陆大道、刘卫东，2000），自然资源对乡村优势功能形成的约束作用在减弱，但仍是区域功能分异的重要基础。

2. 区位因素

区位综合反映了一个地区同其他地区的空间联系，而区域城镇化、工业化发展和交通运输条件的改善等影响着区位状况，对促进各类生产要素集聚和地方经济发展、重塑区域空间结构具有重要作用（王姣娥等，2018）。良好的区位条件有助于乡村产业的培育、发展和集聚，促进乡村社会经济发展；区域社会经济发展又将改善乡村区位条件，形成良性循环。对乡村地域而言，与城镇地域系统的空间关系和交通运输干线的相对位置决定着其接受资金、技术、信息等生产要素辐射的便捷程度。在距离衰减效应的影响下，城镇规模、城镇化速度、城乡作用方式等的差异使不同区域接收到的辐射不同；工业化发展需要大量农产品作为原料，提升了农产品的商品率并提供了较多的就业岗位，进而推动着乡村生产的专业化发展和乡村生产要素的非农化转移；对外交通的便捷度极大影响着乡村地域功能的演进和复合功能的提升。例如，凭借近邻京津大都市的区位优势和便利的交通运输条件，北京近郊区大力发展农业观光园和民俗旅游业，旅游休闲功能快速发展，并促进了社会经济功能的提升（刘玉等，2020）。随着城镇化和工业化的快速推进，农村宅基地的多功能价值在不同地域的空间分异愈加明显，浙北经济发达地区单位宅基地价值较高，而城中村单位宅基地价值明显高于郊区和偏远地区（苑韶峰等，2021）。

3. 社会经济基础

原有社会经济基础是区域长期发展的产物，区域发展的现状特征是对以往社会经济的继承和发展。在路径依赖规律与循环累积因果效应的综合影响下，前期的社会经济基础决定着后期经济发展可能达到的高度与深度（李敏纳等，2019；张荣天等，2021），是乡村地域功能组合类型分异与功能强度现实差异的决定性因素之一。例如，东南沿海地区利用有利的地理条件和制度环境率先进行制度转型，社会经济在报酬递增和自我强化的机制下迅速进入良性循环状态，使东南沿海地区形成了先入为主的市场地位和社会经济发展的"累积效应"（赵佩佩等，2019）。而内陆地区在地理和历史条件的限制下，社会经济发展在市场化进程中逐渐处于不利位置，形成了对社会经济的路径依赖惰性特征，造成中国东中西经济发展差异的持续扩大（李小建、乔家君，2001）。

4. 生态环境状况

生态环境是指影响人类与生物生存和发展的一切外界条件的总称（夏征农等，2009），主要包括各种自然要素以及人类与自然要素间相互作用形成的各种生态关系两部分。生态环境是乡村地域多功能形成与演进的基础保障，良好的生态条件和合理的资源环境组合有助于乡村地域多功能的提升，是实现环境、经济、社会系统健康发展的基础（石丹等，2021）。在人类改造自然的过程中，一些不合理的开发活动破坏生态环境，制约着区域社会经济的可持续发展。出于对人类自身环境的重视，生态环境问题逐渐成为学者们的研究热点。但是，生态与环境实属两个有区别的问题，明确区分生态状况和环境问题关系到各地区的比较优势（陆大道、刘卫东，2000）。在中国发展实践和学术研究的综合推动下，习近平总书记关于"绿水青山就是金山银山"的理论体系逐步完善，并成为中国新时代发展的根本遵循（徐祥民，2019）。"两山理论"体现了人类对生态价值认识的回归，如何在保持自然资源生态状况的前提下，将自然资源转化为生态资产进而发挥其经济价值，是践行"两山理论"的核心所在（崔莉等，2019），而这需要厘清"绿水青山"成为"金山银山"的内在逻辑、转换机制和实现路径（黄祖辉等，2017）。

5. 区域文化环境

区域文化是指生活在特定区域的人群在从事物质生产、精神生产和社会生活中所形成的具有浓厚地域特色的价值观念、思维方式、风俗习惯、道德规范等的总和（张凤琦，2008），是人类与特定地域的地理环境相互作用的产物（孙艺惠等，2008；杨兴柱、王群，2013）。
乡村地域文化通过促进或制约两种方式影响着区域内行为主体的价
值取向、思维方式和行为倾向，进而影响着乡村地域多功能的成长
方向与结构等。例如，地理上远离北方政治中心的浙江，在历史时
期形成了义利兼容、义利互补的商业价值观，浙江人浓厚的注重功
利、讲究实际、重视工商、不尚空谈的思维方式与行为倾向，促进
了浙江私营工商业的发展乃至乡村经济功能的提升（严北战，2007）。
此外，人类价值观念的改变也将导致对地域功能的重新认识，进而
赋予其不同的发展机遇。例如，随着城镇居民生活消费观念的改变，
以乡村地域环境及其资源为依托，以乡村性和乡村意象为核心，强
调休闲、回归自然的乡村旅游逐渐风行，为拥有独特的自然环境、
田园景观、乡风民俗等资源的地域发展乡村旅游业提供了机遇（张
成君、陈忠萍，2001；何佳，2011）。

6. 制度变革、市场化程度与政府宏观调控

市场的基本功能是在区域经济发展过程中对资源配置起基础性
调节作用，市场化程度与制度创新能力的差异决定了乡村主体参与
分配市场资源的机会以及区域之间分工协作的水平，并最终影响了
乡村的功能定位与发展水平。制度和区域发展定位通过要素投入约
束和要素配置效率来影响乡村地域多功能的演进，在社会经济转型
期内特别是制度不完善的地区，社会经济进步更是取决于制度发展。
通常，制度越完善、市场化程度越高，技术进步和人力资本对经济
发展的促进作用越明显；制度越不完善和市场化进程缓慢，经济增
长就越受限于制度的发展（李富强等，2008）。政府政策是调控要素
市场与产品市场"失灵"的重要手段，具有偏向性的政策将改变区
域生产要素的流动方向与速度，促进或约束乡村地域多功能的发展。

1978 年以来，中国农村经历了制度改革推动的减贫、以区域发展瞄准为主的开发式扶贫、整村推进中的扶贫开发、以"精准扶贫"战略为核心消除极端贫困的扶贫攻坚阶段（李实、沈扬扬，2021），特别是对贫困户、贫困县、贫困片区的精准扶贫，显著改善了乡村地区的生产、生活和生态条件，促进乡村向高质量、多功能方向发展（刘彦随、曹智，2017；周扬等，2018；王永生等，2020）。为了严控非首都功能增量、治理"大城市病"、助力构建高精尖经济结构等，北京市于 2014 年制定并实施了《北京市新增产业的禁止和限制目录》，并于 2015 年、2018 年进行修订完善，明确了新增产业和功能底线，实施"1+4"的分区域差别化禁限管理（"1"指适用于全市范围；"4"指在执行全市层面措施基础上，分别适用于中心城区，北京城市副中心，北京城市副中心以外的平原地区，生态涵养区），从源头上严控非首都功能增量，与有序疏解非首都功能存量政策形成"组合拳"，以减量倒逼集约高效发展，优化提升首都功能，对北京市乡村产业结构调整与功能布局产生重大影响。面对农业供给侧结构性改革和绿色发展的新形势硬任务，北京从"大城市小农业""大京郊小城区"的实际出发，大力发展都市型现代农业，着力推进农业高质量发展，探索走出一条农业高质量发展的转型升级之路（高杨等，2020）。在我国生态文明建设进入以降碳为重点战略方向、促进经济社会发展全面绿色转型的关键时期，乡村地域节能减排与低碳功能、碳平衡与碳收支以及产业绿色发展等应引起重视。

7. 信息、科技等新因素

自 20 世纪 90 年代初期起，信息、科技等成为影响全国区域发展的新因素（陆大道，2000），并与传统因素相互交织，共同决定了乡村地域多功能的空间格局和演进趋势。区位条件优越、经济实力强的地区，有利于信息的接受、传播和技术的推广，在路径依赖规律下形成乡村地域多功能强势区。例如，随着电子商务技术发展而涌现的"淘宝村"，本质上是"时空压缩"效应下零售商根据信息网络需求进行区位选择，并进行调整和不断集聚的空间产物，其形成与发展需要各种要素流动的支撑（张英男等，2019）。自 2009 年首次出现以来，"淘宝村"在全国迅速发展，并呈现"由东部沿海向西部内陆梯度锐减"的空间分布特征，"长三角""珠三角""京津冀"等物流便利、经济基础良好、消费市场成熟的发达地区分布较密集。互联网消费市场的繁荣，电子商务技术、快递、互联网金融、通信网络等相关行业的快速发展，政府引导调控和电商平台企业战略投入的共同推动以及"邻里效应"与"商业文化传统"等社会因素的共同驱动使得淘宝村向更深层次发展（曾亿武等，2015；徐智邦等，2017），成为乡村产业融合发展的典型。而一些条件较差的地域在新因素作用下，逐渐处于劣势，形成乡村地域多功能弱势区。与此同时，新技术、新手段的引进带来乡村生产生活方式的重大转变，可能引发乡村新功能的出现，或者诱发隐性功能转化为显性功能，进而促使乡村主导功能的演进，这也对乡村价值重塑带来重大影响（叶红等，2021）。

8. 社会需求

乡村地域功能的发展演化是以城乡居民需求为导向的。随着社会经济水平和文化生活水平的不断提升，城乡居民需求向多样化和高层次发展，需求内容日渐丰富，需求质量也不断提升。"社会需求—乡村供给"是供给侧改革在乡村的具体体现，也是遵循客观经济规律的体现。随着农业科技的推动与农业市场的开发，功能农业逐渐成为乡村产业中兼具产品功能与竞争优势的特色产业，如油茶产业的定位随着市场对健康食用油的需求快速增加，不断向高端化、健康化迈进（陈永忠等，2020）。而后疫情时代城乡居民对健康生活和生产方式的追求也将对乡村地域多功能演化产生深刻影响（成素梅，2021；唐魁玉、梁宏姣，2021）。为此，以需求侧为导向，研究城镇发展和市民生活对乡村的外源型功能需求；对标"农业强、农村美、农民富"的乡村振兴目标，明确内生型功能需求，通过乡村地域功能拓展升级满足城市和居民的多元化需求，通过功能的优化组合和协同发展实现自身振兴。

此外，经济全球化与信息化、地缘政治与经济环境的变化等因素也影响着乡村地域功能的发展方向（向玉琼、张健培，2020；周国华等，2020）。地理环境在乡村地域多功能的形成与演变过程中起到了基础性作用，但乡村内部自我发展能力的提升和乡村外部社会经济的变化是乡村地域功能演替的主要驱动力。乡村地域系统应着眼于区域、城乡、乡村内部等多重维度，寻求自身的功能定位，推动乡村地域多功能的演进与乡村系统的发展。

（五）乡村地域多功能的演化路径

1. 乡村地域多功能间的相互作用

乡村地域多功能之间存在着相互作用，通常有拮抗作用、协同作用和兼容性三种形式。拮抗作用（冲突）影响着乡村发展，甚至阻碍乡村地域多功能的发挥。乡村地域多功能冲突是由不同利益主体对乡村地域有限资源的不同价值或相同价值的竞相追求，是多样化的社会需求在乡村地域上的利益重叠，其根源是由乡村地域要素的特征、利益主体的特点和解决冲突的高效机制的缺失造成的（于伯华，2006）。在乡村承载力范围内，乡村地域功能间沿着"兼容性—

拮抗作用—兼容性—协同作用—兼容性—拮抗作用"的路径循环往
复。在此过程中，技术进步使人类改造自然界的能力增强，功能间
的作用强度及其变化速率也在增强（图3-3）。

（1）在前工业化阶段，社会生产力水平较低，特定乡村系统的
功能总量小，生态功能和生产功能较强，经济功能整体较弱，社会
功能主要是为人类提供生活居住空间。功能之间的作用方式以兼容
性为主，乡村地域多功能呈现出一种自然主导的、和谐共存的关系，
系统具有较强的可持续发展能力。社会生产提供的剩余产品有限，
乡村社会长期处于自给自足状态，人类的生活水平长期在温饱线以
下。此时，由于区域之间联系较少，加之城镇系统对区域发展的引
领和带动能力弱，需要乡村地域供给的物品较少。因此，乡村地域
内部的功能冲突（尤其是粮食生产功能与生态功能之间的冲突）是
功能冲突的主要形式。

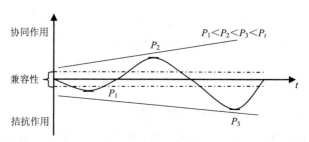

图 3-3 乡村地域多功能间作用方式的演进

资料来源：刘玉等，2011。

（2）在工业化时期，不同利益主体为了满足自身需求，通过调
整乡村要素的利用方式、投入比例等，在充分挖掘特定功能时造成
其他功能被压缩，观念和认识的局限使得区域需求难以得到全面均
衡的满足。一旦乡村地域的功能值低于功能保障最低临界点时，便

引发功能退化问题。该阶段区域人地矛盾加剧，满足人类生活需求成为社会发展的主要驱动力。乡村地域多功能间表现出更多的拮抗作用，由城镇系统引致的对乡村地域多功能的需求冲突是拮抗作用的重要形式。

（3）在后工业化时期，人类更加关注自己的生存环境，政府相关部门通过空间规划和管理模式创新等引导各区域的生态、生产和生活活动，规范利益主体的开发利用行为，乡村地域多功能日趋协调。随着国家经济实力的增强，科学引导地区分工、强化主导功能、凸显地域价值，进而形成特色乡村社会经济发展的新格局，乡村社会发展功能显著提升（图 3-4）。从区域整体看，区域 A+B+C 的功能组合，以及实现社会功能的最大化，是实现区域发展高层次均衡化

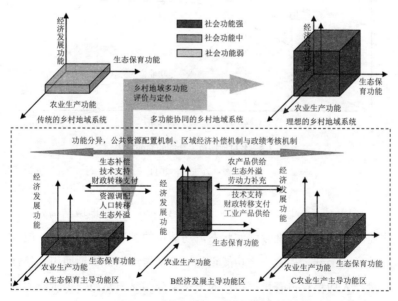

图 3-4　乡村地域多功能的良性演进

资料来源：刘玉等，2011。

的重要途径。区际合作、功能协调，以及发达地区对欠发达地区按照一定的利益关联采取多方式、多途径的补偿，是实现这一状态的重要前提。

2. 乡村地域多功能的演进趋势及其效应

在城乡系统的综合作用下，乡村系统要素不断优化重组，乡村地域多功能处于动态演进中。本书以粮食生产功能为例，分析乡村地域功能的演进趋势（图3-5）。因内外部因素的作用差异，不同地区各阶段出现的时间、持续的时期不一，还可能出现一些波动起伏。

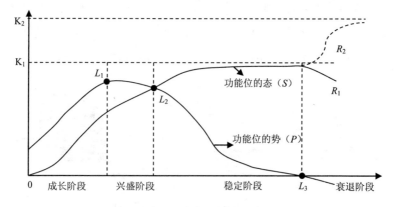

图 3-5 乡村地域单一功能的演变过程

资料来源：刘玉等，2011。

（1）成长阶段。位于"钟"型曲线左侧，乡村地域结构处于分化速度缓慢、同质性较强的状态，功能位的扩展潜力很大，一般以指数形式上升。粮食生产功能正处于演替青年期，耕地面积、粮食产量、人均粮食占有量等指标的增长十分明显。然而，该阶段的乡村地域在农业基础设施建设、利益协调机制构建等方面尚不成熟，粮食生产波动幅度较大。

（2）兴盛阶段。乡村地域功能位处于功能演替的兴盛期，粮食总产量、人均粮食占有量等均快速增长，粮食生产功能位扩展速度最快，同时对耕地资源、农业基础设施等的利用量与利用率也迅速提升。在此阶段，乡村组成要素处于优化调整期，乡村粮食生产功能的"势"一直维持在较高水平，粮食生产功能位的"态"得到快速积累。

（3）稳定阶段。在兴盛阶段的功能"势"的强力驱动下，乡村地域功能的"态"迅速积累并达到较高水平，使乡村地域功能步入"稳定期"。在生态空间容纳量的限制下，各项指标接近某个阈值水平，增长速度放慢。通常，这一阶段乡村之间功能位重叠现象严重，容易出现农产品特色不明显、粮食结构性过剩、农民收入增长缓慢等问题。如果没有种植技术或农业生产制度的重大突破，将难以维持粮食产量的大幅度增长。因此，该阶段的粮食生产要注意积极开拓新功能位，实施农业结构调整战略，保持粮食生产持续增长的动力。

（4）衰退阶段。在快速城镇化、工业化进程中，外部环境的剧烈变化极大地冲击着高度整合的农村地域结构，地域要素之间的恒定关系发生分化。局部乡村的粮食生产功能位处于演替的老年期，由于受到地域空间容纳量的限制和其他功能的挤压，特定功能的部分甚至全部指示指标呈现下降趋势，原有的功能位宽度变小，表现出衰落、退化甚至消亡的趋势（R_1）。此时，需要政府主管部门的介入，通过政策强制等手段减缓、扼制粮食生产功能的快速衰退并积极培育新的粮食生产主导功能区，以保障大区域的农产品供需总体平衡。

随着科学发展和技术进步，具有主观能动性和自主选择权的利益主体又具有不断扩充功能位、占据更大地域空间的本能属性。因此，在发展过程中，部分乡村地域能够扩充其功能容量，突破发展瓶颈，最终形成一个波浪式上升的持续发展过程（R_2）。例如，在大城市周边地区及经济快速发展区，耕地等农业生产要素的非农化与非粮化速度加快，而人口的急剧增长使粮食自给率持续下降，部分县市由传统的粮食调出区转为粮食调入区，粮食生产功能逐渐衰落甚至消亡；而与此同时，一些粮食主产区突破发展瓶颈，粮食生产功能进一步强化。

三、乡村振兴战略实施与乡村地域多功能发展

国际经验表明，在工业化、城镇化推进过程中，农业生产要素不断非农化导致的乡村衰落是一个全球性的普遍现象（Liu et al.，2017；龙花楼等，2010）。经济社会发展到一定阶段后，无论是发达国家还是较为发达的发展中国家，都经过乡村振兴与重构来发展乡村经济。比如，英国、法国、韩国、日本等相继提出了中心村建设、农村振兴计划和新农村运动（汤爽爽，2012；陈秧分等，2018）。新中国成立以来，全国经济高速增长，正逐步向高质量发展方向迈进，但农业大国与农民大国的基本国情并未改变（陈锡文，2018）。为此，实施乡村振兴战略，深入解决"三农"问题，不仅仅是农业的全面升级，也是农村的全面进步和农民的全面发展。

（一）全国正在全面实施乡村振兴战略

乡村地域系统是乡村振兴的对象及其空间载体（郭远智、刘彦随，2021）。自2004年以来，中共中央连续发布了18个一号文件，对"三农"问题予以高度关注，并出台相关政策和措施以补齐农业

农村发展短板，促进农业农村现代化。以 2004 年以来中央"一号文件"所列的主要关键词为例（表 3-3），中央政策大致划分为要素、结构、功能与体制机制等四大类。其中，农业多功能、农业绿色发展、乡村治理、小农与现代农业连接等日益受到国家层面的重视，基础设施与公共服务、科技创新推广、资金投入、劳动力培训与转移、销售与流通、体制机制等工作，在多年的中央"一号文件"均有提及，意味着这些领域的重要性以及解决这些问题的长期性与艰巨性，需要反思如何通过市场规律切实推进农业与农村发展（陈秧分等，2018）。2017 年十九大会议上，中国首次提出了"乡村振兴"战略，与科教兴国、人才强国、创新发展、区域协调发展、可持续发展和军民融合发展等战略，共同作为指导中国建设成为社会主义现代化强国的国家战略，并在 2018 年中央一号文件《中共中央 国务院关于实施乡村振兴战略的意见》中作出全面阐述。同年，中共中央、国务院印发了《乡村振兴战略规划（2018～2022 年）》，对实施乡村振兴战略作出阶段性谋划。此后发布的四个中央一号文件中，乡村振兴作为关键字分别出现了 78 次、16 次、7 次和 37 次，充分体现了党中央和国家对乡村振兴的高度重视。

为了贯彻落实党中央、国务院的有关决策部署，加快推进乡村振兴工作，中共北京市委、市政府已印发多个文件，对涉农的重点任务进行梳理与分解，从地方实际出发，强化与落实耕地保护、农业高质量发展、乡村地域功能拓展、农村集体经济发展、民生保障、生态保护、绿色发展等关键内容（表 3-4），切实推进城乡融合发展与乡村振兴进程。

表3-3　2004年以来中央"一号文件"的主要关键词

年份	要素					结构						功能				机制
	基础设施与公共服务	新型主体培育	科技创新推广	劳动力培训与转移	资金投入	农产品质量	农业结构	农业多功能	农产品加工	销售与流通	农业国际合作	农业绿色发展	乡村文化	乡村治理	小农与现代农业	体制机制
2004	√	√	√	√	√	√	√	-	√	√	√	-	-	-	-	√
2005	√	-	√	√	√	○	√	-	√	√	○	-	√	○	-	○
2006	√	○	√	√	○	○	√	-	√	√	○	-	√	√	-	√
2007	√	√	√	√	√	√	√	√	√	√	○	√	√	○	-	√
2008	√	√	√	√	√	√	○	-	○	√	○	○	√	√	-	√
2009	√	√	√	○	√	√	-	-	○	√	√	√	-	-	-	√
2010	√	○	√	-	√	-	-	○	-	-	√	-	-	√	-	√
2011	√	-	-	○	√	-	-	-	-	√	-	-	-	-	-	√
2012	√	√	√	○	√	○	-	○	○	√	-	-	○	-	-	√
2013	√	√	○	√	√	√	-	-	○	√	-	-	○	√	-	√
2014	√	√	√	√	√	√	√	○	-	√	-	√	-	-	-	√
2015	√	-	√	○	√	√	√	○	○	√	√	√	-	√	-	√

续表

年份	要素					结构						功能				机制
	基础设施与公共服务	新型主体培育	科技创新推广	劳动力培训与转移	资金投入	农产品质量	农业结构	农业多功能	农产品加工	销售与流通	农业国际合作	农业绿色发展	乡村文化	乡村治理	小农与现代农业	体制机制
2016	√	√	√	√	√	√	√	√	√	√	√	√	○	√	-	√
2017	√	√	√	○	√	√	√	√	√	√	√	√	○	○	-	√
2018	√	√	○	√	√	√	√	√	○	○	√	√	√	√	√	√
2019	√	○	√	√	○	○	√	-	√	-	○	○	√	√	○	√
2020	√	√	√	○	√	○	○	-	○	○	-	○	√	√	√	○
2021	√	○	√	○	√	○	○	√	○	√	-	√	√	√	√	√

注：该表在陈秧分等（2019）的研究基础上，根据历年中央"一号文件"整理，其中"√"指一级、二级标题中直接体现，"○"指文本中重点提及或较少提及，"-"表示未直接提及或较少提及。其中，2018年以后的中央一号文件中，乡村振兴作为关键字，在一二级标题以及文中均有体现。

表3-4　2018年以来北京市乡村发展相关政策

发布年份	政策名称	关键词	响应文件
2018	《北京市人民政府关于印发2018年市政府工作报告重点工作分工方案的通知》(京政发(2018)1号)	乡村振兴;"三块地"改革;农民就业;山区林业发展;精准扶贫;节水农业;农用地土壤污染详查;城市南部地区发展三年行动计划;小城镇建设	《2018年北京市政府工作报告》;《中共中央国务院关于实施乡村振兴战略的意见》(中发(2018)1号)
2018	《北京市农村工作委员会关于印发〈2018年北京市农业农村信息化重点工作〉的通知》(京政农发(2018)12号)	农业农村信息化;数字乡村建设;农业农村电子商务;体制机制;信息化应用;技术保障	《乡村振兴战略规划(2018~2022年)》
2018	《北京市农村工作委员会关于印发〈北京市新型职业农民培育三年行动计划(2018~2020年)〉的通知》(京政农函(2018)38号)	新型职业农民;人才培育;体制机制;现代农业;乡村振兴;管理	《"十三五"全国新型职业农民培育发展规划》(农科教发(2017)2号);市委市政府《关于实施乡村振兴战略的措施》(京发(2018)10号);市新农办《关于实施北京市新型职业农民激励计划的若干意见》(京新农办函(2017)14号)

续表

发布年份	政策名称	关键词	响应文件
2018	《中共北京市委 北京市人民政府印发〈关于推动生态涵养区生态保护和绿色发展的实施意见〉的通知》	生态涵养区;生态保护;绿色发展;高质量发展;绿色发展示范区;生态文明建设的引领区;培育壮大主导功能和产业	《北京城市总体规划(2016年~2035年)》
2018	《中共北京市委 北京市人民政府关于印发〈北京市乡村振兴战略规划(2018~2022年)〉的通知》	乡村振兴;城乡融合;乡村发展;美丽乡村;产业高质量发展;民生保障;乡村文化;乡村治理;政策机制;乡村功能;集体建设用地减量腾退;村庄分类与疏解整治;农村人居环境整治;基础设施建设提档升级;生态保护与修复	《乡村振兴战略规划(2018~2022年)》
2019	《北京市人民政府关于印发2019年市政府工作报告重点工作分工方案的通知》(京政发(2019)1号)	城乡居民增收;农用地土壤环境质量分级;乡村全面振兴;城乡协调发展;村庄规划;乡村人居环境治理;"三块地"改革;产业融合;农业高质量发展;人才培育;遏制耕地"非农化";山区违法占地整治;山区农民搬迁;城市南部地区发展行动计划;精准扶贫;城乡减量发展路径探索;生态涵养区生态保护与绿色发展	《2019年北京市政府工作报告》;《中共中央 国务院关于坚持农业农村优先发展做好"三农"工作的若干意见》(中发(2019)1号)

续表

发布年份	政策名称	关键词	响应文件
2019	《中共北京市委 北京市人民政府印发〈关于落实农业农村优先发展扎实推进乡村振兴战略实施的工作方案〉的通知》	农村人居环境；乡村振兴；村庄清洁；"厕所革命"；农村生活垃圾与污水治理；乡村绿化美化；农业供给侧结构性改革；农业"调转节"；农业科技创新；农产品质量安全；乡村流通现代化建设；农业废弃物资源化利用；农户增收；农村集体经济发展；全域旅游；人才培育；农村土地制度改革；新型农业经营主体；体制机制；乡村治理；村庄分类与整治	《中共中央 国务院关于坚持农业农村优先发展做好"三农"工作的若干意见》
2019	《中共北京市委办公厅 北京市人民政府办公厅关于印发〈实施乡村振兴战略扎实推进美丽乡村建设专项行动计划（2018～2020年）〉的通知》	美丽乡村建设；村庄规划编制；农村环境整治；长效管护机制；农民增收；农村饮用水质提升和污水治理；农村基础设施和公共服务设施建设；"厕所革命"	《农村人居环境整治三年行动方案》；《中共北京市委 北京市人民政府关于印发〈北京市乡村振兴战略规划（2018～2022年）〉的通知》
2020	《北京市人民政府工作报告关于重点工作分工方案的通知》（京政发〔2020〕1号）	国土空间全域管控；土地用途管制；城乡建设用地减量与结构调整；城乡融合；城乡建设用地腾退；违法用地腾退；留白增绿；农村人居环境治理；城镇建设与管护；"三块地"改革；集体资产管理；基础设施建设与管护；都市型现代农业高质量发展；重要农产品稳产供给；林下经济；人才培育；新型城镇体系；休闲建设；生态涵养区考评；脱贫攻坚规划建设	《2020年北京市政府工作报告》；《关于抓好"三农"领域重点工作确保如期实现全面小康的意见》（中发〔2020〕1号）

续表

发布年份	政策名称	关键词	响应文件
2020	《北京市人民政府关于印发〈北京市战略留白用地管理办法〉的通知》（京政发〔2020〕10号）	战略留白用地；乡镇域规划；村庄规划；减量腾退管控	《北京城市总体规划（2016年～2035年）》
2021	《北京市人民政府关于印发进"疏解整治促提升"专项行动的实施意见》的通知》（京政发〔2021〕1号）	疏解整治促提升；违法建设治理与腾退土地利用；城乡结合部重点村整治；重点区域环境提升；治理类街乡镇整治提升；体制机制	
2021	《北京市人民政府关于印发〈2021年市政府工作报告重点任务清单〉的通知》（京政发〔2021〕2号）	城乡融合；乡村振兴；农业农村现代化；高效设施农业；种业发展；体制机制；林下经济；数字农业；休闲农业；农产品质量；农村电子商务；农产品现代流通体系；遏制耕地"非农化"；重要农产品稳产保供；美丽乡村建设；农村人居环境提升；村庄规划与整治；山区农民搬迁；农民增收；职业农民培育；农民就业；扶贫拓展与巩固；"三块地"改革	《2021年北京市政府工作报告》；《中共中央 国务院关于农村全面推进乡村振兴加快农业农村现代化的意见》（中发〔2021〕1号）

续表

发布年份	政策名称	关键词	响应文件
2021	《中共北京市委 北京市人民政府印发〈关于全面推进乡村振兴加快农业农村现代化的实施方案〉的通知》(京发〔2021〕9号)	农业供给侧结构性改革;农业农村高质量发展;农业农村现代化;城乡融合;耕地保护;遏制耕地"非农化";"田长制";重要农产品稳产保供;农业科技;现代种业发展;农药绿色发展;农产品质量安全;乡村产业融合;新型农林复合体;农村电子商务;农产品现代流通体系;休闲农业;乡村文化旅游融合;现代农业经营体系;城乡融合发展;村庄整治;乡村公共基础设施建设;美丽乡村;农村公共服务完善;农村土地改革;农民就业;乡村治理	《中共中央 国务院关于全面推进乡村振兴加快农业农村现代化的意见》(中发〔2021〕1号);北京市人民政府关于印发《2021年市政府工作报告重点任务清单》的通知(京政发〔2021〕2号)
2021	《北京市关于建立健全城乡融合发展体制机制和政策体系的若干措施》	乡村振兴;城乡融合;"三农";体制机制;平原区与生态涵养区结对协作机制;功能融合;要素融合;产业融合;服务融合;收入提升;乡村治理;集体经济增长	《中共中央 国务院关于建立健全城乡融合发展体制机制和政策体系的意见》;《国家发展改革委关于印发〈2021年新型城镇化和城乡融合发展重点任务〉的通知》(发改规划〔2021〕493号)

续表

发布年份	政策名称	关键词	响应文件
2021	《北京市关于全面推行"田长制"的实施意见》（京农组发〔2021〕1号）	山水林田湖草生命共同体；干部自然资源资产离任审计；农业现代化；耕地保护；农田保护"田长制"；高标准农田建设；农田管理；农田污染预防和环境保护	中共北京市委 北京市人民政府印发《关于全面推进乡村振兴加快农业农村现代化的实施方案》的通知（京政发〔2021〕9号）
2021	《2021年北京市"田长制"任务清单》(北京市总田长令2021年第1号)	乡村振兴；复耕复垦 耕地"非农化"；"大棚房"问题专项整治；农业生产；高标准农田建设	中共北京市委 北京市人民政府印发《关于全面推进乡村振兴加快农业农村现代化的实施方案》的通知（京政发〔2021〕9号）；《中共北京市委农村工作领导小组关于印发《北京市关于全面推行"田长制"的实施意见》的通知》（京农组发〔2021〕1号）
2021	《北京市生态涵养区生态保护和绿色发展条例》	生态涵养区；生态保护；绿色发展；高质量发展；绿色发展示范区；生态文明建设的引领区；新兴业态发展；一二三产业融合发展；绿色发展产业体系	

注：资料根据北京市人民政府官方网站整理。

乡村价值具有丰富性、乡村主体具有多样性与乡村发展具有灵活性，乡村振兴应遵循经济价值、社会价值与生态价值的有机统一（向玉琼、张健培，2020）。在实现城乡融合发展的大背景下，乡村振兴战略着眼于农业农村发展，通过激发乡村的内生动力，盘活人口、土地、产业和资金等关键要素，重构并优化乡村经济、社会和空间，从内部激发乡村发展活力，补齐城乡融合发展的短板。与此同时，在相关政策的引导下，一方面城市向乡村输送资金、专业化人才等要素，配合乡村振兴的内生动力激活，外在推动乡村经济、社会和环境发展，逐步缩小城乡差距；另一方面，实施新型城镇化政策，促进城镇高质量发展，系统推进城乡一体化和融合发展。因此，乡村振兴是增强乡村发展活力和生命力、缩小城乡差距以及促进城乡社会、经济、生态等空间动态均衡的过程。在城乡融合进程中，随着乡村振兴战略的稳步推进，城乡总体生活质量和生活品质有"等值化"的趋势（Liu et al.，2013；Liu et al.，2015）（图3-6）。

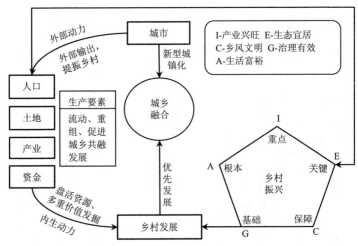

图3-6 城乡融合背景下乡村振兴与乡村发展的关系与作用

注：根据何仁伟（2018）改绘

（二）基于"生产—生活—生态"视角的乡村振兴战略解析

从土地利用的多功能性来看，任何人类生存的国土空间都具有生产、生活和生态功能，"三生"空间功能存在交织和重叠，形成单一、复合两类不同的功能类型。根据《全国主体功能区规划方案》和《全国国土规划纲要（2016～2030）》，国土空间发展要求生产空间集约高效、生活空间宜居适度、生态空间山清水秀。生产空间与产业有关，凸显乡村农产品、工业产品的生产及服务能力，随着产业发展，智慧农业、订单农业、休闲农业、现代旅游业等新业态的发展及服务活力也备受关注；生活空间侧重满足人类生活居住、消费和休闲娱乐等基本需求，凸显其公共服务的便利及人居环境的适宜；生态空间依托区域本底，向居民提供生态产品及服务，具有一定的生态调节、稳定及修复能力。

乡村振兴的内涵非常丰富，涉及农村的经济、文化、社会、生态和党的建设等方方面面，以"产业兴旺、生态宜居、乡风文明、治理有效、生活富裕"的总体要求，旨在解决乡村发展不平衡不充分问题，最终实现城乡融合发展。其中，"产业兴旺"是重点，"生活富裕"是根本，"生态宜居"是关键，"乡风文明"是保障，"治理有效"是基础。从"三生"空间视角看，产业兴旺意味着乡村产业蓬勃发展、具有活力，生产功能发展稳健；生活富裕是农民生活质量改善的重要体现，也是乡村产业兴旺的间接表征；生态宜居既要求生活空间宜居适度，也要求生态空间山清水秀；乡风文明注重对乡村良好风俗及文化的传承；治理有效是指对乡村的社会化治理，体现为组织、行为主体的协调有序。在乡村振兴战略背景下，以村域为空间载体，有机整合乡村资源，最终实现"三生"空间平衡协调和乡村健康持续发展（图 3-7）。

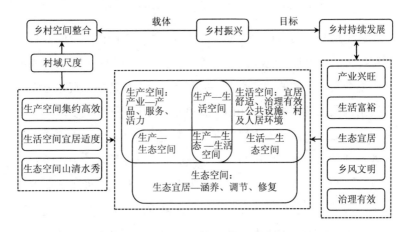

图 3-7　基于"三生"空间视角的乡村振兴战略解构

资料来源：刘玉等，2019。

（三）基于"要素—结构—功能"视角的乡村发展路径

从经济学视角来看，乡村发展是指在特定的自然地理与社会经济环境下，依赖于一定的生产要素投入、表现出相应的产业部门结构、进而实现相应的功能产出。在要素层面，生产要素按照市场规律在农业与非农产业、城市与乡村之间流动，既包括土地、劳动力、资本等传统生产要素，也包括技术、创新、制度等现代生产要素；在结构层面，主要指农业生产结构、经营结构、产业结构；在功能层面，既包括农产品等农业直接产出，也包括工业原料、社会稳定、生态涵养等诸多功能。在这些功能中，工业原料等具有相对清晰的市场边界，可以通过市场机制来实现优化配置；生态涵养、社会稳定等功能则表现出明显的外部性，存在市场失灵，需要通过政府加以调控。由此，基于比较优势进行分工、通过产品差异化以提高农业附加值、加强政府支持以化解市场失灵，成为经济学指导农业发展的主要选项（图3-8）。

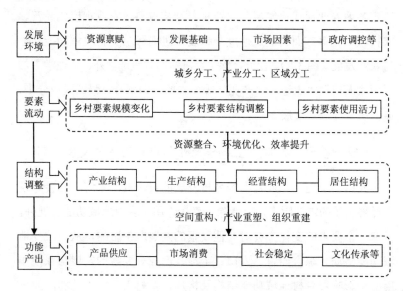

图3-8　基于要素—结构—功能的乡村发展机理

注：根据陈秋分等（2019）绘制

从地理学视角看，乡村发展依托于特定的人地关系地域系统，是由若干相互联系、相互作用的要素构成的具有一定结构和功能的有机整体。乡村发展同样包括要素、结构和功能三个层次。一方面，发展是地区产出的增加过程，这依赖于生产要素存量增加、要素配置结构优化与要素使用效率提升；另一方面，从人地关系地域系统切入，可以更综合、更形象地描绘乡村的发展机理，即在特定的资源禀赋、发展基础、市场因素与政府调控作用（压力）下，各地农村着眼于区域、城乡、产业等多重维度，立足区域比较优势与要素边际报酬规律寻求自身的功能定位，推动乡村生产要素存量、结构与效率的相应变化（状态），经由资源整合、环境优化与效率提升，决定各地农业现代化发展、农业种养结构调整、农业规模化经营、农村城镇化等方面的响应速度与幅度，进而影响乡村地域功能演进与农业发展（图 3-8）。由此，除了经济学的政策选项外，地理学更加强调"人口""土地""产业"等要素的协调耦合，强调区域分工、城乡统筹与综合发展。

（四）基于"人口—土地—产业"视角的乡村发展机制

人口、土地、产业是影响乡村发展的自然资源系统、社会系统和经济系统的重要因素，三者除了直接作用于乡村地域功能发展外，任意一个要素的变化都会对其他要素的发展产生影响，从而改变地域功能格局。综合而言，人口、土地、产业等要素的发展与互馈作用密切影响着乡村地域功能结构及格局，乡村人口、土地和产业三个系统之间的协调发展是实现乡村地域功能布局合理和健康发展的基础（图 3-9）。

1. 人口变化与乡村地域功能发展

"人地关系"始终是地理学研究的重要议题。人类是乡村振兴和治理的实施主体，通过对土地资源的开发利用和产业的经营管理，在乡村生产生活并创造经济、社会、文化等乡村价值，人口规模、密度、迁移变化以及教育程度等都会对乡村地域功能产生重要影响（吕晨，2016；陈坤秋等，2018）。乡村拥有数量巨大且成本相对较低的劳动力资源，是促进地域功能尤其是经济功能发展的关键。近

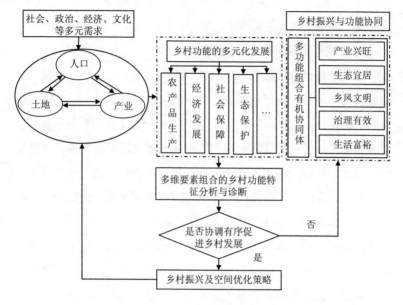

图 3-9 "土地—人口—产业"视角下的乡村发展提升路径

年来，随着城镇化进程的加快，中国乡村出现明显的人口流失现象（陈涛等，2017），某种程度上意味着乡村发展主体的缺失，从而制约部分乡村地域功能发展。一方面，农村人口尤其是青壮年劳动人口外流、劳动力非农化和兼业化现象频发，诱发农村空心化等问题，加之农村留守人员以老人、妇女和儿童为主，易诱发耕地抛荒撂荒等，乡村社会秩序失能，一定程度上使某类地域功能尤其是经济功能发展受损（刘彦随等，2010；陈涛等，2017），对乡村振兴战略实施形成严峻考验；另一方面，由于乡村资源禀赋的差异性，部分经济实力较强的村落吸引农村劳动力流入，同时配合政策对新型农业经营主体的培育支持，驱使区域经济功能或其他功能的提升。因此，梳理人口变化规律，明晰人口变化作用于乡村地域功能发展的机制，将有利于促进地域功能的有序转型。

2. 土地资源与乡村地域功能发展

土地是指地球陆地表面由气候、土壤、水文、地形、地质、生物及人类活动结果所组成的一个复杂的自然经济综合体,其性质随时间不断变化(王秋兵,2011)。作为人类赖以生存的物质基础和乡村人口的直接劳动对象,土地与人们的生产生活息息相关。土地资源的种类、规模、利用方式的差异直接影响乡村居民生活模式和乡村产业的发展模式,进而影响乡村地域多功能的变化。由表 3-5 可知,耕地、园地等因自身内涵的不同,往往呈现出不同的功能特征属性。以耕地资源为例,其为居民提供粮食、蔬菜等满足居民生活的物质保障以及产业所需的原材料,对应农产品生产功能;同时,绵延已久的耕种文化以及耕地独特的景观和生态价值也衍生出文化传承、观光休闲、生态保护以及环境调节等功能。随着城镇化进程加速,耕地数量减少,农业用地空间压缩,非农用地增加,倒逼产业结构转型升级,发展较好的区域现代农业与集约化发展的非农产业并存,形成对农村剩余劳动力的"虹吸效应",乡村经济功能激活并提升,

表 3-5 土地资源的多功能属性

资源类型	对应功能类型
耕地	农产品生产、文化传承、观光休闲、生态保护功能等
园地	农产品生产、观光休闲、生态保护功能等
林地	农产品生产、观光休闲、生态保护功能等
草地	生态保护、环境调节、休闲功能等
水域	水源涵养、观光休闲功能等
建设用地	经济、居住生活、社会保障功能等

农产品生产等其他功能结构也发生变化；而发展相对较差的区域则面临土地利用结构混乱无序，产业粗放发展或因土地供应不足而受限，剩余劳动力无较多就业机会而外流，导致出现农村空心化问题。因此，对土地利用的结构、数量、形态及空间分布等方面的合理调控有助于乡村地域功能的协调发展。

3. 产业与乡村地域功能发展

产业发展是乡村振兴的关键。长期以来，农林牧渔业作为乡村的主要产业，承担了吸纳区域劳动力、提供农产品和行业生产资料等职能。随着社会的进步，以耕作为代表的传统农业不再是乡村的唯一产业，工业和以服务业为特征的第三产业逐渐渗透到乡村地域，使区域经济活力得到有效释放（龚迎春，2014）。乡村经济功能又随着乡村产业类型的多样化及结构的合理化不断增强，并衍生出新的功能类型。一方面，产业结构优化升级促进农村劳动力就业结构的转变。依据库兹涅茨法则，人口随着产业结构的优化升级而在不同产业部门间流动（李婷婷等，2015；程明洋等，2019）。在农村则具体表现为农业劳动力减少和非农劳动力的增加。随着乡镇工业规模的扩大和技术水平的提高，会对农村劳动力数量和质量提出新诉求。另一方面，产业结构的质态转变通过相应的土地利用变化得到反映。随着产业结构的调整，土地资源的数量、质量以及生态属性需要重新配置以适应新的生产关系。当乡村地区由传统农业向现代工业和服务业过渡时，耕地资源不可避免地向其他地类转变，同时也会出现低效污染产业遗留的土壤污染问题，从而导致区域总体功能的结构及格局发生变化，影响乡村发展方向（王传荣、冯秀菊，2021）。由此可见，作为乡村经济系统的重要组成要素，产业兴衰直接影响了乡村振兴或凋敝。振兴产业，是解决农村问题的前提。

（五）乡村振兴与乡村地域多功能发展

随着城镇化与工业化的快速推进，中国城乡关系发生深刻转型，农村要素生产效率显著提高，农村剩余劳动力大量流向城市与非农产业，农村产业结构、农民就业结构、居民收入结构以及城乡空间关系发生深刻变化（陈秧分等，2017；龙花楼等，2018）。与此同时，农村人口大量外出，乡村内生发展能力相对不足。城乡收入差距由1978年的2.57∶1持续拉大至2009年的3.33∶1，之后才呈现下降趋势，2018年城乡收入差距为2.69∶1。城乡基础设施与公共服务领域的差距更明显，农村教育、医疗、养老、文化等基础设施与公共服务设施都相对薄弱。农业与农村发展相对落后，城市与非农产业更具吸引力，两者形成鲜明对比（Liu et al.，2017；Tu et al.，2018；文琦等，2018）。

中国城乡差距符合理论预期。在传统技术条件下，城市具有吸纳非农产业的区位条件与市场优势，并因产业集聚与人口集中而产生规模经济和先发优势，乡村则以农业产业为主，农业生产周期长、风险高、回报率低，因人多地少、技术落后而存在"零值劳动力"。随着农业剩余劳动力的持续减少以及转移支付能力的不断提升，城乡收入差距将趋于下降，呈现先扩大再缩小的演变规律。事实上，中国就曾长期实施城市与工业优先发展的战略思路，农业与农村对工业化、城市化的哺育和贡献呈现出"涌入"效应，而工业和城市对农业与农村的反哺则基本上只属于"收入滴落"效应（Zhang et al.，2019；陈秧分等，2017；涂丽等，2018）。进入21世纪，全国迈入"以工促农、以城带乡"的发展阶段，相继启动了新农村建设与乡村振兴战略，由城乡统筹走向城乡融合。对农业和乡村地域多功能性的认识，特别是对景观休闲功能、科研功能、教育功能、文化功能和新鲜优质食物供给功能的重视，为协调都市区耕地保护、农业转型和城市建设三大目标提供了可行路径（黄姣等，2019）。

中国地域辽阔，区域发展差距较大，既有北京、上海、广州、深圳等发达城市，也有甘肃、广西等落后省区，乡村发展水平与区域发展阶段高度相关。大都市区域多为紧密型城乡关系，一方面，由于城市发展需要汲取郊区乡村的土地资源，城市对乡村的控制需求强烈，乡村发展自主性较弱；另一方面，城市对乡村的反哺能力也处于强劲状态，体现为对乡村基础设施建设和公共服务的保障能力，农业生产、居住生活与经济发展多功能性显著（叶敏、张海晨，2019）。大都市近郊的乡村地域历经剧烈的转型重构过程，乡村空间呈现物质空间、产业结构、社会网络和居住景观等的混杂性和空间镶嵌性特征，经济结构、空间结构、社会结构三者之间相互强化、相互制约的关系，共同推动了"自然—生态—经济—社会"系统的发展和"生产—生活—生态—文化"功能的全面提升；与传统农区的乡村相比，大都市乡村地域更强调生态环境功能和休闲文化功能（屠爽爽等，2019；谷晓坤等，2019）。

第四章 中国乡村地域多功能的时空特征

"十四五"规划提出,立足资源环境承载能力,发挥各地区比较优势,促进各类要素合理流动和高效集聚,推动形成主体功能明显、优势互补、高质量发展的国土空间开发保护新格局。为此,本章基于功能区划的理论、理念,基于县域尺度开展乡村地域功能类型的评价与识别,揭示 2007 年和 2018 年中国乡村地域多功能的分异格局及演进特征,并梳理优势功能区的重点发展方向,以期为构建高质量发展的区域经济布局和国土空间支撑体系提供依据。

一、基本思路与研究方法

(一)基本思路

一定时期内的不同地域单元,在国土资源开发、社会经济发展中发挥的主导功能不同,即特定尺度的地域类型都有其特定的功能和用地需求。地域多功能评价是一项涉及经济、社会、资源、生态等方面的复杂系统工程。在区域空间有限的情况下,只有将自上而下和自下而上的规划结合,从外部性视角综合考虑具体国家的社会、文化与政治背景,才能全面识别地域空间的主导功能,进而构建不同功能指向下的高质量发展模式（King et al.，2003；丁四保，2009；樊杰等，2021）。作为主体功能区划的基本空间单元，县域尺度的乡村地域多功能与主体功能发展目标联系紧密，是主体功能落地与城乡融合的新范式（房艳刚、刘继生，2015）。因此，从社会需求角度界定地区主导功能，通过构建乡村地域多功能评价模型，以县域为单元开展经济发展、粮食生产、社会保障、生态保育及综合功能的分级评价，确定不同县域的主导功能及功能定位，进一步探讨强化县域主导功能的发展策略（图4-1）。需要指出的是，本章虽然以县为研究对象，但重在揭示乡村地域多功能的空间格局，侧重选择体现乡村性的指标。

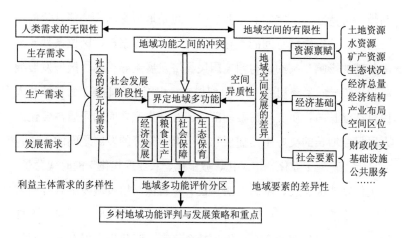

图4-1 乡村地域多功能评价的技术路线

注：引自刘彦随等（2011）

1. 乡村地域主导功能的界定

一定地域的各种功能并不是等量齐观的，特定地域在一定时期内有一个主导功能和多个辅助功能。地域主导功能具有两大特性：

①对区域发展的决定性，即对区域发展、演化具有支配作用。主导功能决定着区域发展性质，进而决定着其发展方向、功能的培育和布局。②对区域作用的外向性，即地域主导功能是以满足自身以外区域的需要而发挥作用的。确定主导功能和辅助功能的方法主要是考虑它在区域系统中的基本功能及其功能定位，即在不同的功能属性之间进行重要程度的比较和博弈。根据地域功能位的分析，综合考虑区域乃至国家整体的战略布局，确定特定地域的主导功能。

　　总体而言，区域差异性是地域空间多功能性形成的基础，而经济社会发展阶段和水平影响并制约着地域多功能的实现程度。科学界定地域复合功能，培育并充分发挥其主导功能，既是构建安全、高效、可持续国土空间的重要前提，也是地域空间多功能评价的核心内容。特定地域空间的主导功能受区域资源禀赋、区位条件、经济基础的影响和制约，与同期国民经济发展主导目标、区域发展战略和政策导向紧密相关。21 世纪以来，中国社会主要矛盾已经从人民日益增长的物质文化需要同落后的社会生产之间的矛盾，转化为人民日益增长的美好生活需要和不平衡不充分的发展之间的矛盾。立足于"新型工业化、信息化、城镇化、农业现代化"的时代背景，在主体功能区建设、生态文明建设、乡村振兴以及城乡融合等国家宏观战略的驱动下，中国乡村地域空间的主导功能应主要包括保持经济发展、保障粮食安全、维护社会稳定、强化生态保育和资源能源持续供给等方面。

　　由于数据资料的限制，本章侧重对县域经济发展、粮食生产、社会保障和生态保育等四项功能进行评价。①保障经济发展是区域要素利用的根本属性，区域经济增长、城市发展、乡村繁荣等均离不开地域经济功能的发挥。②粮食安全始终是关系我国国民经济发展、社会稳定和国家自立的全局性重大战略问题。确保国家粮食安全仍是"三农"工作的首要任务，粮食生产功能的稳步提升是保障国家粮食安全的关键。评价粮食生产功能，并制定相应的生产要素优化政策和公共资源配置机制，有助于强化县域主导功能和保障国家食物安全。③社会经济发展的最终目的是为全体公民提供均等的社会化服务，使其具有较高的生活水平，维护社会公平并促进社会协调发展。通过评价不同地域单元的社会发展状况，划分社会保障级别，找出社会安全敏感区域，并制定相应措施促进社会生活水平的均等化发展，是实现社会安全的重要保障。④生态安全是区域资源持续利用和社会经济协调发展的基础。在全方位、全地域、全过程开展生态文明建设的时代背景下，必须凸显区域生态保育功能，按照生态功能分区的要求和特点重视生态脆弱区、生态敏感区和生态功能重要区的保护，提高土地生态服务价值与效益；同时强化区间生态补偿，促进不同区域居民生活服务的均等化。

2. 乡村地域多功能评价指标体系构建

（1）评价指标体系的构建原则

地域性原则。资源环境基础、社会文化背景、经济发展水平等决定着地域空间的综合作用，进而影响着地域主导功能。在设置评价指标时，既要选择普适性指标，又要选择反映地域差异的特殊指标，使评价结果具有针对性。

综合考虑自然因素与社会经济条件的原则。自然条件是乡村地域多功能形成的基础，而社会经济状况在很大程度上制约或促进自然条件的开发利用，并影响到乡村地域功能类型和发展方向。因此，在评价过程中综合考虑区域自然因素和社会经济条件，才能更好地发挥区域比较优势，使社会福利达到帕累托最优。

相对完整性与稳定性原则。指标体系作为一个有机整体，应该能较全面地反映基本单元在区划体系中的地位和作用；作为一个相对概念，评价指标应在一定社会生产技术水平下保持相对稳定。

科学性和可操作性兼顾原则。选择的指标能够科学表达地域多功能的内涵、本质、规律和机制，指标的物理意义明确、测定方法标准、统计计算方法规范；指标的设置要兼顾数据的客观性、可获得性、可测性和可比性；要尽量采用现有的统计数据、图件，并通过典型调查获取针对性较强的数据；同时也要充分考虑发展中的偶然性，利用政策、专家经验等手段来定性预测未来方向。

（2）地域多功能评价指标体系

依据上述原则，具体咨询了从事区域发展与规划、土地利用、自然地理、管理科学等领域的 19 位专家，经过三轮征询、筛选最终确定评价指标体系（表 4-1）。

3. 乡村地域多功能指数计算

乡村地域多功能指数的计算包括指标值获取与标准化、权重确定以及综合计算等过程。评价指标权重的确定方法有层次分析法、专家调查法、模糊分析法、主成分分析法、多目标规划法等。其中，熵权法作为确定指标权重的一种客观方法，具有较强的数学理论依据，广泛应用于社会经济研究各领域（贾艳红等，2007；欧向军等，2008）。由于评价对象涉及不同年度与多个维度，根据研究分析的需要，采用加入时间变量的改进熵权法评价模型（陈秧分等，2019），以实现年度数据的可比性。该方法具有高于层次分析法和专家经验评估法的可信度，适宜于对多元指标体系的综合评价，具体步骤如下：

表 4-1　中国乡村地域多功能评价指标体系

目标层	指标层	指标值来源与计算方法	正逆	权重
经济发展功能	地区生产总值/万元	来自年度统计年鉴	+	0.061
	全社会固定资产投资额/万元	来自年度统计年鉴	+	0.062
	财政贡献率/万元	地方一般预算财政收入	+	0.062
	产业结构/%	二、三产业产值/地区生产总值	+	0.063
粮食生产功能	常用耕地面积/km²	基于土地利用遥感监测数据计算	+	0.063
	粮食总产量/万吨	来自年度统计年鉴	+	0.063
	粮食供需常比率	粮食总产量/（区域常住人口总量×0.4）	+	0.063
	农村居民人均纯收入/元/人	来自年度统计年鉴	+	0.062
	人均城乡居民储蓄存款余额/元/人	城乡居民储蓄存款总额/区域常住人口	+	0.063
社会保障功能	人口城镇化率/%	区域城镇人口/区域常住人口	+	0.063
	城乡收入比	城镇居民人均可支配收入/农村居民纯收入	-	0.062
	人均社会消费品额/元/人	社会消费品零售总额/区域常住人口	+	0.063
	万人拥有的卫生机构床位数/张/万人	医院、卫生院床位数/区域常住人口	+	0.063
生态保育功能	地区生态服务价值总量/万元	Costanza（1997）和谢高地等（2003）提出的方法	+	0.062
	地均生态服务价值总量/元/hm²	生态服务价值总量/区域土地面积	+	0.062
	NDVI	来自中国年度植被指数（NDVI）空间分布数据集（https://www.resdc.cn/DOI/doi.aspx?DOIid=49）	+	0.063

第一步，数据标准化。乡村地域多功能性指数计算，主要涉及地区生产总值、固定资产投资额、财政贡献率、城镇化率、粮食总产量等 16 项指标，为消除量纲的影响，采用极值法对各指标进行归一化处理。由于各指标的区域和年度差异较大，将各项指标进行对数变换后，再进行归一化计算。

对于正向指标：

$$\overline{X}_{aij} = \left(\ln X_{aij} - \ln X_{\min ij} \right) / \left(\ln X_{\max ij} - \ln X_{\min ij} \right) \qquad 式4.1$$

对于负向指标：

$$\overline{X}_{aij} = \left(\ln X_{aij} - \ln X_{\min ij} \right) / \left(\ln X_{\max ij} - \ln X_{\min ij} \right) \qquad 式4.2$$

其中，$\overline{x}_{aij}$、x_{aij} 分别为第 a 年 i 县第 j 个指标的标准化值、实际值，$x_{\max ij}$、$x_{\min ij}$ 分别为 i 县第 j 个指标的最大值、最小值。

第二步，确定综合标准化值 y_{aij}：

$$y_{aij} = \overline{x}_{aij} / \sum_a \sum_i \overline{x}_{aij} \qquad 式4.3$$

第三步，测算指标熵值 e_j：

$$e_j = -k \sum_a \sum_i y_{ij} \ln \left(y_{aij} \right) \qquad 式4.4$$

其中，$k>0$，$k=\ln(rn)$，n 为单元个数，r 为时期，此处取 2。

第四步，计算各项评价指标的权重：

$$w_j = g_j / \sum_j g_j \qquad 式4.5$$

其中，g_j 为信息有用值，$g_j=1-e_j$。

第五步，根据指标权重及各指标值，运用综合指数法计算各县经济发展（EFI_i）、粮食生产（GFI_i）、社会保障（SFI_i）、生态保育（$ECFI_i$）以及综合功能指数（MFI_i）。

$$EFI_i = \sum \overline{X}_{aij} \times w_j \qquad\qquad 式\ 4.6$$

$$MFI_i = EFI_i + GFI_i + SFI_i + ECFI_i \qquad\qquad 式\ 4.7$$

式中，EFI_i 表示 i 县的经济发展功能指数，其他功能指数的计算方法与此相同。基于此，通过计算中国分县的地域多功能指数。各功能指数值介于 0～1 之间，越接近于 1，说明功能越强，反之越弱。在 ArcGIS 的支持下，采用分位数分类方法将不同县域各项功能分级，并计算指数的 1 倍标准差，以便进行分析。

（二）数据来源与处理

社会经济数据主要来自《中国区域经济统计年鉴 2008》《中国（县）市社会经济统计年鉴》（2008、2017～2019）、《中华人民共和国全国分县市人口统计资料（2007 年）》、各省和直辖市的统计年鉴以及统计公报资料；土地利用数据来源于中国土地利用现状遥感监测数据集（https://www.resdc.cn/Datalist1.aspx?FieldTyepID=1,3；分辨率为 1km），其中 2007 年数据用 2005 年的替代。由于部分区县全社会固定资产投资额数据暂未发布，具体处理时，用 2017 年数值乘以 2018 年社会固定资产投资额的增长率计算，未提供增长率和 2017 年数据的单元用 2016 年的固定资产投资额代替；计算人口城镇化率时，因部分单元无城乡人口统计口径数据，计算时用非农人口所占比重替代，没有非农人口数据的单元用所在市的人口城镇化率代替；2018 年生态系统服务价值用 2015 年中国陆地生态系统服务价值替代，数据来源于中国陆地生态系统服务价值空间分布数据集（https://www.resdc.cn/DOI/DOI.aspx?DOIid=48；分辨率为 1km）。

综合考虑统计口径差异、数据的可获得性和研究需要，将研究单元进行相应处理：①将市辖区进行归并，如北京市东城区、西城区均划入北京市辖区，指标值由全市数据扣减其他单元数据得来；②对从原有区（县）分离出来或因数据影响无法单独评价的单元，将其归并到相邻单元中；③对行政区划调整以及名称变更的单元，统一以 2007 年为基准进行修正；④对当年缺失数据的单元，以邻近年份进行替代。经处理，最终确定了全国 2 295 个单元（未包括台湾、香港和澳门相关数据）。

二、中国乡村地域多功能分异格局

（一）乡村地域多功能指数的统计分析

借助 SPSS 软件对中国乡村地域多功能指数进行描述性统计分析和直方图绘制。由表 4-2 和图 4-2 可知：①2018 年粮食生产功能指数（GFI）和生态保育功能指数（ECFI）的频率分布呈现明显的偏态，形态也缺乏对称性，说明粮食生产功能和生态保育功能对中国县域发展的贡献和结构合理性都存在较大的地域差异。②子功能区间值差异方面，经济发展功能指数（EFI）和粮食生产功能指数（SFI）的区间值高于其他功能，说明这两项功能的分异程度大于其他两项功能。③除经济发展功能外，其他 3 项子功能指数的偏离系数<0，其中，粮食生产功能指数和生态保育功能指数的中位数大于平均值，说明有较多的高值数据集簇分布，而低值数据离散分布。④粮食生产功能指数（GFI）和生态保育功能指数（ECFI）的峰度系数远大于其他 2 项子功能，说明少数县域的粮食生产功能/生态保育功能变异程度较大，但大多数单元呈集簇式分布。⑤通过 4 项功能指数频率分布特征的横向比较，可以发现粮食生产功能指数（GFI）和生态保

表 4-2 2018 年中国乡村地域多功能指数的频率分布特征

统计指标	经济发展 /EFI	粮食生产 /GFI	社会保障 /SFI	生态保育 /ECFI	综合功能 /MFI
平均值	0.153	0.162	0.272	0.143	0.730
中位数	0.154	0.165	0.272	0.147	0.737
极小值	0.060	0.000	0.205	0.021	0.392
极大值	0.241	0.182	0.344	0.175	0.863
区间值	0.181	0.182	0.138	0.154	0.471
标准差	0.024	0.018	0.019	0.019	0.055
峰度系数	0.459	50.249	0.090	10.387	5.637
偏离系数	0.050	-6.566	-0.103	-2.793	-1.562

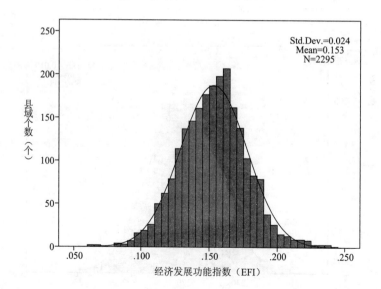

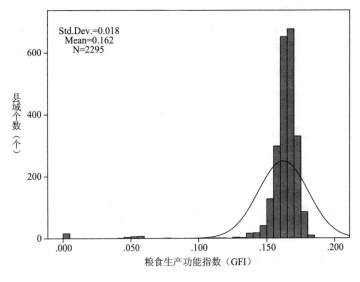

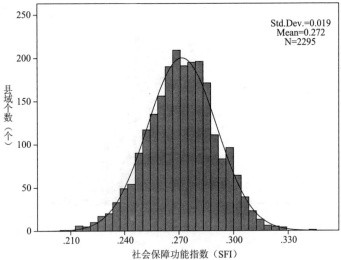

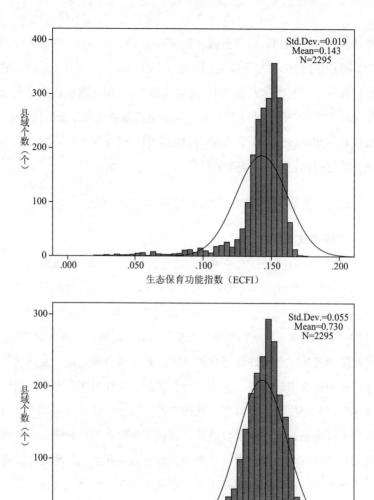

图 4-2　2018 年中国乡村地域多功能指数的频率直方图

育功能指数（ECFI）的分布偏态程度高于 EFI 和 SFI，县域之间的 GFI 和 ECFI 的空间差异较大。⑥就综合功能而言，在各项子功能的叠加作用下，其偏度系数＜0、峰度系数＞0，综合功能指数呈左长尾尖峰分布，中位数大于平均值，部分县域低值离散分布趋势明显，高值数据集集簇分布。分布偏态程度方面，受粮食生产功能和生态保育功能的影响，空间差异较大。

（二）乡村地域多功能空间格局与演化特征

1. 经济发展功能

2007 年，中国分县的经济发展功能指数介于 0.031～0.232 之间，均值为 0.12，标准差为 0.029，总体呈正态分布，空间格局呈现"东南＞西北"的特征。其中，经济发展优势功能区（EFI＞0.137，即 EFI＞0.12+0.5 Std.Dev.）集中分布在区位条件优越、经济基础较好、产业配套设施完善的珠江三角洲地区、长江三角洲地区、京津唐地区、辽中南都市经济区、成渝都市经济区、福建沿海、山东半岛经济区、河南中原城市群以及各地级市的市辖区，这些区域以大城市或城市群为依托，建立了较成熟的城镇等级体系和产业体系，正逐渐成长为具有全球影响力、引领全国自主创新和产业结构升级、辐射带动全国经济发展的核心区域；青藏经济区、新疆、云南、四川西部、甘肃、宁夏、陕西以及黑龙江北部的大部分县域经济发展功能弱（EFI＜0.109，即 EFI＜0.12-0.5 Std.Dev.）。

2018 年，全国分县经济发展功能指数介于 0.060～0.241 之间，均值由 0.12 增至 0.15，标准差由 0.029 减至 0.024，空间格局与 2007 年基本一致。其中，以湖北、湖南、江西为代表的长江中下游城市群以及成渝都市群等优势功能区经济发展的空间集聚特征增强，指

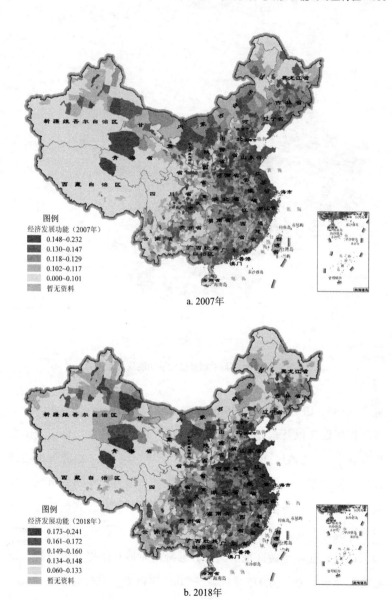

图例
经济发展功能（2007年）
■ 0.148~0.232
■ 0.130~0.147
■ 0.118~0.129
□ 0.102~0.117
□ 0.000~0.101
□ 暂无资料

a. 2007年

图例
经济发展功能（2018年）
■ 0.173~0.241
■ 0.161~0.172
■ 0.149~0.160
□ 0.134~0.148
□ 0.060~0.133
□ 暂无资料

b. 2018年

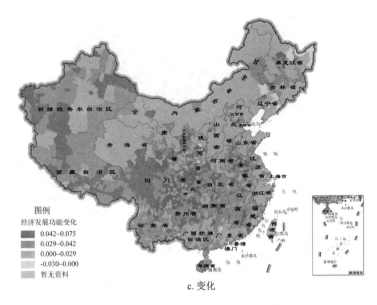

图例
经济发展功能变化
0.042~0.075
0.029~0.042
0.000~0.029
-0.030~0.000
暂无资料

c. 变化

图4-3 中国不同县域经济发展功能及其变化

数在 0.165（EFI＞0.15+0.5 Std.Dev.）以上。相较于其他省市，青海省、四川西部以及东北地区多数县域的发展差距拉大，低于全国平均发展水平。2007～2018 年间，2 295 个县中约 1%（23 个）的经济发展功能减弱，主要位于东北区，这主要与地方产业结构单一、全社会固定资产投资额减少以及体制改革缓慢等有关。其他县域经济发展功能均提升，并且新疆、西藏、四川西部、重庆、云南、贵州、陕西以及长江中下游区域的大部分县经济发展功能提升最明显，指数增长介于 0.029～0.075 之间，与 2007 年以来中央与地方政府对区域持续的财政投入和项目投资有关。

2. 粮食生产功能

2007 年全国各县域单元的粮食生产功能指数（GFI）介于 0～0.174 之间，粮食生产功能差距悬殊，平均值为 0.156，标准差为 0.015。粮食生产优势功能区（GFI＞0.160）分布在农业生产条件优越、耕地资源丰富的东北平原、黄淮海平原、长江中游平原等平原集中分布区，且东北平原粮食生产优势最明显，平均 GFI 指数＞0.166，而人少地多的区情进一步凸显了东北平原的粮食主产功能。粮食生产功能较低的县（市）可划分为两类：一类分布在地形复杂、干旱少雨的西藏、青海、新疆东南部、四川西部等地，农业生产的自然条件恶劣，粮食生产功能较弱；另一类主要分布在东南沿海以及大城市周边的部分县市，城市化、工业化的持续推进占用大量良田，耕地资源持续快速减少，而人口的快速增长使粮食自给率持续下降，部分市县由传统的粮食调出区转为粮食调入区，有的甚至丧失了粮食功能。

2018 年全国各县的粮食生产功能指数（GFI）介于 0～0.183 之间，指数均值增长至 0.162，标准差增至 0.018，粮食生产功能优势明显的区域（GFI＞0.166）在空间上更集聚。其中，随着农业技术条件的持续改善以及宜农荒地资源的开发，北疆地区粮食生产能力得到有效提升。2007～2018 年间，67 个（2.9%）县的粮食生产功能指数降低，主要分布在青藏区和东南沿海城市辖区，因农业生产条件限制以及城镇化扩展引致的耕地"非粮化"与"非农化"，粮食生产功能持续弱化。其他县的功能指数呈增长态势，增长范围介于 0～0.162 之间，以黑龙江、内蒙古、河北、山西、陕西、四川、云南等邻近胡焕庸线的县域，西藏南部、新疆多数县域，以及河南、湖南、安徽等的平原县域增长最明显。这些县域属于各省主要的农作区，近年来通过增加耕地面积、配套农田水利设施，县域粮食生产功能明显提升。

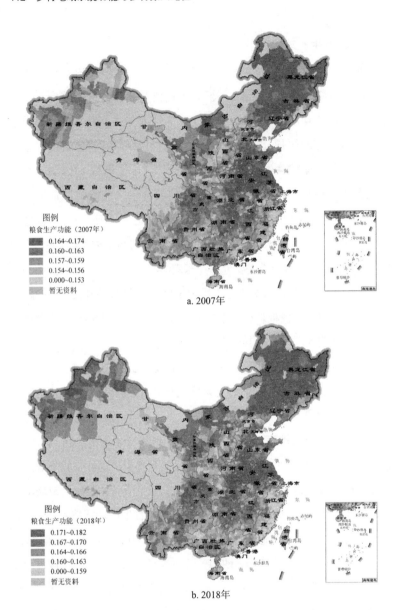

图例
粮食生产功能（2007年）
■ 0.164~0.174
■ 0.160~0.163
■ 0.157~0.159
■ 0.154~0.156
□ 0.000~0.153
■ 暂无资料

a. 2007年

图例
粮食生产功能（2018年）
■ 0.171~0.182
■ 0.167~0.170
■ 0.164~0.166
■ 0.160~0.163
□ 0.000~0.159
■ 暂无资料

b. 2018年

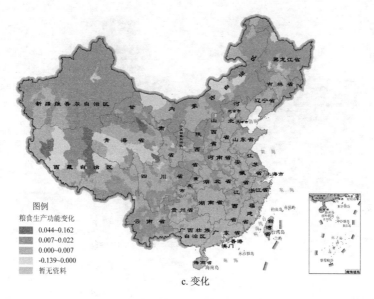

图例
粮食生产功能变化
■ 0.044~0.162
■ 0.007~0.022
0.000~0.007
-0.139~0.000
暂无资料

c. 变化

图 4-4 中国不同县域粮食生产功能及其变化

3. 社会保障功能

2007 年，全国分县的社会保障功能指数（SFI）均值为 0.206，标准差为 0.028。其中，上海市辖区因较高的城镇化率和居民人均纯收入、较低的城乡差距，SFI 指数高达 0.28；其次是北京市辖区、广州市辖区、深圳市辖区和南京市辖区。社会保障功能呈现出"由沿海到内地、由北到南"减弱的趋势，社会保障优势功能区主要分布在经济发达的东部沿海地区以及中西部、东北各地级市的市辖区，其他地区分布较少；西藏、四川西部、青海和甘肃南部、新疆西南部等地区的社会保障功能弱。

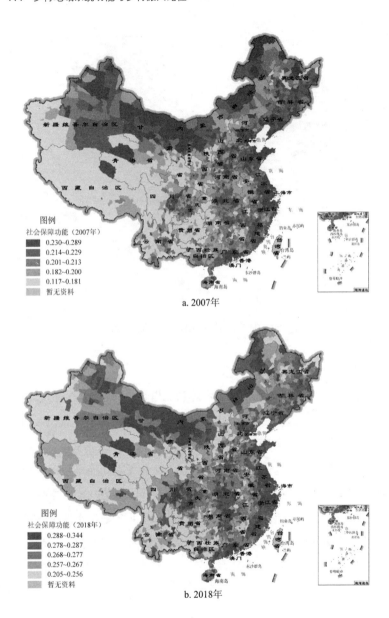

图例

社会保障功能（2007年）

- 0.230~0.289
- 0.214~0.229
- 0.201~0.213
- 0.182~0.200
- 0.117~0.181
- 暂无资料

a. 2007年

图例

社会保障功能（2018年）

- 0.288~0.344
- 0.278~0.287
- 0.268~0.277
- 0.257~0.267
- 0.205~0.256
- 暂无资料

b. 2018年

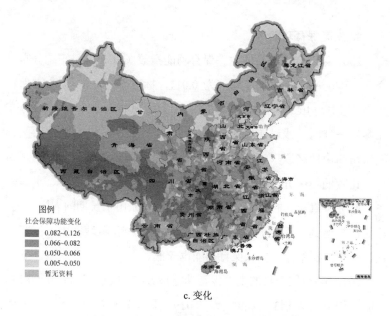

c. 变化

图 4-5　中国不同县域社会保障功能及其变化

　　2018 年，全国分县的社会保障功能总体呈现正态分布，社会保障功能指数（SFI）介于 0.205～0.344 之间，均值增至 0.272，标准差为 0.019。总体来看，两个年份的社会保障功能空间格局与对应年份的经济发展格局大体相似，以东部沿海地区、中西部地区为代表的社会保障优势功能区空间集聚性增强。就功能变化方面，2007～2018 年间全国分县的社会保障功能均提升，指数增长介于 0.005～0.127 之间。其中，西藏、四川、重庆、贵州、云南等西南部地区以及湖南、湖北、安徽、河南等中部地区，在中央与地方财政和投资支持下，经济实力明显增强，城乡差距缩小，人均储蓄与消费能力均增强，社会保障功能提升明显，功能指数变化介于 0.081～0.127 之间。

4. 生态保育功能

2007 年，全国分县的生态保育功能指数（ECFI）呈正态分布，介于 0.046~0.148 之间，均值为 0.011，标准差为 0.014。生态保育优势功能区（ECFI＞0.118，即 ECFI＞0.011+0.5 Std.Dev.）主要分布在秦岭—淮河一线以南地区。其中，东北大小兴安岭及长白山区、藏东川西山地高原区、滇西南山区，以及浙闽山地丘陵区等地是山地、丘陵的集中分布区。区域海拔较高，地势陡峭，森林、水体等生态服务价值较高的地类分布多；黄淮海平原由于长期的人为开发，原始植被遭到严重破坏，生态保育功能较弱；青藏地区由于高寒气候，森林覆盖率低，生态保育功能也较低。

2018 年，全国分县的生态保育功能指数（ECFI）介于 0.020~0.175 之间，均值为 0.143，标准差为 0.019，区域分布差异较大，但总体格局与 2007 年基本保持不变。与 2007 年相比，78 个县（3.39%）的生态保育功能衰退，主要包括两类地区：一类是青海、西藏、新疆等自身生态保育功能本就偏低的县域，生态功能有退化趋势；另一类是甘肃敦煌、瓜州县以及东北地区的部分市辖区，这些区域因资源开发力度加大，生态保育功能轻微衰退。其余县域生态保育功能均增强，其中，以山西、陕西、甘肃为代表的黄土高原区，广西、海南为代表的华南区，云贵地区以及长江中下游地区，是生态保育功能提升最明显的区域，指数增长范围介于 0.028~0.070 之间。

5. 地域综合功能

基于多功能指数模型，评价乡村地域综合功能的强弱。在空间分布上，2007 年全国分县的乡村地域多功能指数（MFI）均值为 0.596。以胡焕庸线为界，以西、以北地区为乡村地域多功能弱势区，大多数县域的 MFI 指数低于 0.627（即 MFI＞0.596+0.5 Std.Dev.）；以东、

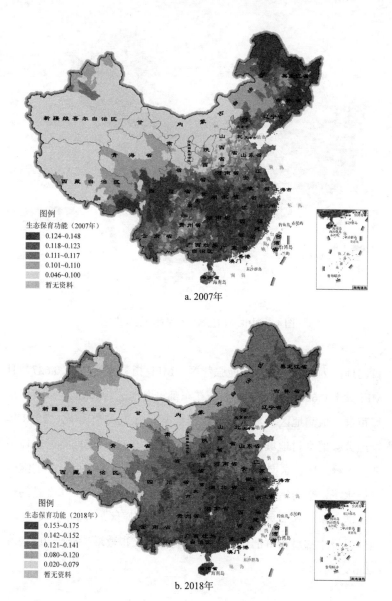

图例
生态保育功能（2007年）
- 0.124~0.148
- 0.118~0.123
- 0.111~0.117
- 0.101~0.110
- 0.046~0.100
- 暂无资料

a. 2007年

图例
生态保育功能（2018年）
- 0.153~0.175
- 0.142~0.152
- 0.121~0.141
- 0.080~0.120
- 0.020~0.079
- 暂无资料

b. 2018年

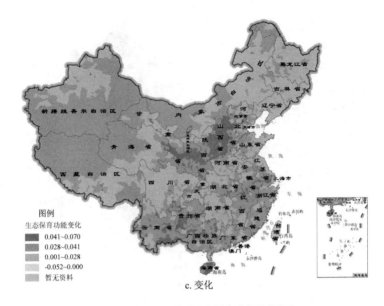

图 4-6　中国不同县域生态保育功能及其变化

以南地区为乡村地域多功能强势区，MFI 指数大多高于 0.627，且
MFI 大于 0.688 的地区集中分布在东部沿海地区、东北地区以及中部
城市群、成渝地区、晋陕蒙能源富集区。与 2007 年相比，2018 年
全国分县的乡村地域多功能指数均值增至 0.730，空间格局总体不
变，成渝地区、东南沿海地区以及中部城市群依旧保持极强的综合
发展水平，空间集聚特征愈加明显。2007~2018 年间，7 个县的综
合功能衰退，其他县均增强，其中，黄土高原区、成渝地区、云贵
地区以及中部城市群的综合功能发展迅速，指数增长介于 0.152~
0.286 之间。

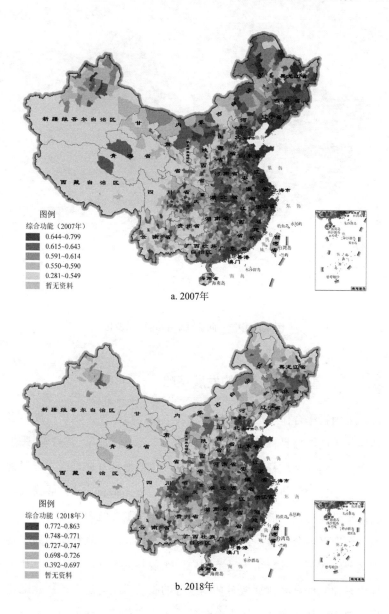

图例
综合功能（2007年）

■ 0.644~0.799
■ 0.615~0.643
■ 0.591~0.614
■ 0.550~0.590
■ 0.281~0.549
■ 暂无资料

a. 2007年

图例
综合功能（2018年）

■ 0.772~0.863
■ 0.748~0.771
■ 0.727~0.747
■ 0.698~0.726
■ 0.392~0.697
■ 暂无资料

b. 2018年

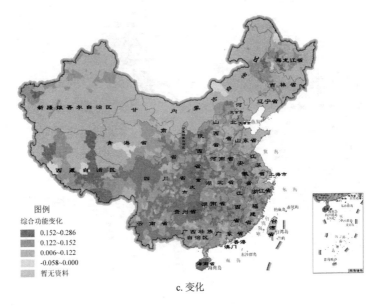

c. 变化

图 4-7 中国不同县域综合功能及其变化

三、基于功能导向的发展策略

多因素综合作用形成了差异化的中国地域多功能发展格局，多功能统筹的终极目标是拓展地域功能、改善人居环境、提升居民生活质量，实现区域社会—经济—生态环境的协调发展。包含三层含义：基于比较优势建立各具特色的区域经济体系和功能发展模式，实现多功能协调发展；建立区域间的合作机制和统一的空间市场体系，获取区域分工效益；完善区域差距调控和跨区域补偿体系，将地区差距控制在社会可承受范围内，实现共同发展。基于此，从全局出发建立健全乡村地域多功能统筹的长效机制与途径，优化配置生产要素，加快实现区域内资源共享、生态共建、环境同治、产业互补、社会均等（图4-8）。

（1）经济发展优势功能区。加快推进新型城镇化，走城乡融合发展之路，促进乡村振兴和农业农村现代化将是我国当前乃至今后一段时间内经济发展的主导趋势。未来应坚持"以提高发展质量和效益为中心"原则，加强对经济发展优势功能区尤其是长江中下游城市群、成渝都市群等区域的产业配套能力建设、基础设施网络建设与投资环境建设，促进产业结构高级化和提升竞争力，增强企业自主创新的能力，使其成为拉动中部、西南部地区乃至全国经济发展的重要增长极。而对于东北地区经济发展有衰退倾向的县域，需要结合东北振兴战略、城市转型契机，推动东北全面振兴。在用地布局方面，按照城镇等级体系、产业发展战略及区域功能定位配置土地，保障现代产业发展和人口集聚的合理用地需求。

（2）粮食生产优势功能区。我国农业发展以保护耕地、保障粮食安全为核心。2019年全球新冠肺炎疫情肆虐以来，世界经济复苏脆弱，气候变化挑战突出，我国经济社会发展各项任务极为繁重艰巨。着眼于国家重大战略需求，稳住农业基本盘，坚持中国人的饭碗任何时候都要牢牢端在自己手中，饭碗主要装中国粮，确保农业稳产增产、农民稳步增收、农村稳定安宁。因此，以粮食生产优势功能区和重要农产品生产保护区为重点，建设国家粮食安全产业带，深入实施优质粮食工程，提升粮食单产和品质，在永久基本农田保护区、粮食生产功能区、重要农产品生产保护区，集中力量建设集中连片、旱涝保收、节水高效、稳产高产、生态友好的高标准农田，按照数量—质量—区位三位一体的保护模式实行重点保护，显化耕地保护价值；严格落实"长牙齿"的耕地保护硬措施和耕地占补平衡制度，强化耕地用途管制，严格管控耕地"非粮化"和"非农化"；实施黑土地保护工程，加强东北黑土地保护和地力恢复，加快发展现代农业，打造保障国家粮食安全的"压舱石"；完善经济补偿机制，健全公共资源配置机制，加大粮食直补力度，保障种植农户合法权益，对农产品主产区等提供有效转移支付，消除"产粮大县、财政穷县"的困境。

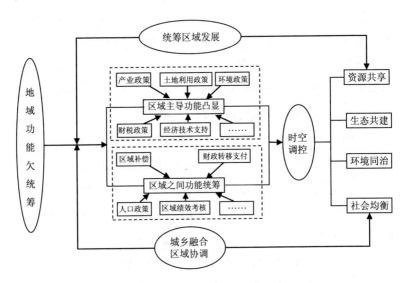

图 4-8 乡村地域多功能统筹的长效机制与途径

注：根据刘玉（2011）改绘

（3）社会保障优势功能区。继"十二五""十三五"持续提出"推进基本公共服务均等化"以来，中国各县基本公共服务能力普遍提升，显著促进了社会保障功能的发展。然而，面对新形势、新挑战，我国公共服务发展不平衡不充分的问题仍然比较突出。基于为社会公民提供高质量、均等化的社会服务这一终极目标，未来在"十四五"规划、《十四五公共服务规划》等的引领下，坚持公平优先原则，加大对社会保障功能较弱地区的财政转移支付力度，施行优惠的财政政策扶持基础设施建设，使其居民享受均等化的社会服务，缩小城乡收入差距。

（4）生态保育优势功能区。构建生态文明体系，推动中国经济社会全面绿色转型是"十四五"规划的战略目标之一。中央政府应加大对长江重点生态区、东北森林带、黄河重点生态区等重点生态功能区的生态屏障建设，依托国家提出的自然保护地体系建设，充分结合县域生态本底，鼓励形成一批国家公园、自然保护区以及各类自然公园；支持生态功能区把发展重点放到保护生态环境、提供生态产品上，严格管控自然保护地范围内非生态活动，稳妥推进核心区内居民、耕地、矿权有序退出；按照生态保育功能优势区居民的生活水平不低于全国平均水平的标准尽快建立并完善多层次的生态补偿机制，对重点生态功能区提供有效转移支付，凸显生态价值，保障国家的生态安全。加强土地生态建设，鼓励发展生态型产业，生态为先组织各项生产活动，逐步减少城镇和农村居民点占用的空间。省、县政府在支持中央政府关注的重点区域发展的同时，根据各县功能的比较优势，确定各自应该关注的核心区域，通过制定相应的政策和措施促进区域经济、社会、生态的协调发展。

第五章 大都市郊区乡村地域多功能的时空特征与优化

　　大都市乡村地域是城乡统筹发展中最复杂、最富变化的地区，同时代表了较高的乡村发展阶段和城乡融合发展水平（谢晖等，2010；陈秧分等，2019）。本章基于城乡转型视角，横向对比大都市乡村地域多功能的发展状态，深入探讨 1978 年以来北京市城乡转型与乡村地域功能系统的时序特征，辨识城乡融合进程中影响乡村地域多功能变化的关键因素；基于村域尺度进行北京市典型区的乡村地域多功能精细评价与分类，梳理不同发展类型的乡村地域多功能特征差异；结合乡村产业振兴需求，以乡村旅游休闲功能为切入点，探讨村域尺度下的旅游休闲资源空间格局及功能优化，助力于大都市乡村振兴实践中的功能拓展、优化组合和协同发展。

一、大都市乡村地域多功能发展特征

　　大都市主要是指人口规模较大、发展水平较高的大城市。新时代，伴随着区域开放布局和城市群建设的同步进行，大都市作为信息交流与知识创新中心，在区域发展中的作用日趋重要。得益于自身的区位优势，大都市区乡村往往处于较高的发展阶段。同时，其在治理水平、承接大都市核心功能外溢和满足大都市消费需求等方面也面临着更高的要求，需要统筹兼顾经济、生活、生态、安全等多元需要。根据"核心—边缘"理论和增长极理论，城市中心区域对乡村资金、技术、人才等要素产生明显的吸引集聚效应，同时城市的规模效应和市场效应也对乡村产生辐射，这种城市中心区域对乡村产生的集聚和辐射也被称作"极化—涓滴"效应。随着城市规模的扩大，这种效应在大都市城郊或周边乡村表现更为明显，也驱动着乡村地域多功能的演变。横向对比大都市乡村地域多功能的发展状态，有助于总结大都市乡村地域多功能发展演变规律，辨识大都市乡村地域多功能发展的共性与差异，既可因地制宜为优化大都市乡村振兴战略提供参考，也可未雨绸缪为后续促进新型城镇化关系、指导国家城市群城乡空间优化布局以及欠发达地区乡村发展等提供经验借鉴。

（一）研究方法与数据来源

1. 案例区选取

本节选取国家中心城市，以及具备建设中心城市实力的大城市即潜在中心城市作为研究对象。根据《关于支持武汉建设国家中心城市的指导意见》，国家中心城市是指居于国家战略要津、肩负国家使命、引领区域发展、参与国际竞争、代表国家形象的现代化大都市。目前，已有北京、天津、上海、广州、重庆、成都、武汉、郑州、西安等 9 座城市入选国家中心城市。另有济南、青岛、南京、杭州、沈阳、厦门、长沙等城市，或提出了建设国家中心城市意愿，或具有建设国家中心城市实力。考虑数据的可获得性与样本城市的可对比性，选取济南、南京、杭州、沈阳、长沙这 5 座省会城市作为潜在中心城市。加上已入选国家中心城市的 9 座城市，共计 14 个样本城市。这些城市居于中国城镇体系顶端，发展水平较高，层次差异较大，具有较好的典型性。

2. 指标体系构建、处理及权重确定

考虑乡村振兴战略目标以及区域乡村发展实际，构建包括经济发展、农产品生产、社会保障和生态保育 4 个一级指标、14 个二级指标的综合评价指标体系。为消除量纲的影响，选用极值法对指标标准化（式 5.1～式 5.2）。

正指标：
$$x'_{ij} = \frac{x_{ij} - \min x_{ij}}{\max x_{ij} - \min x_{ij}} \qquad \text{式 5.1}$$

逆指标：
$$x'_{ij} = \frac{\max x_{ij} - x_{ij}}{\max x_{ij} - \min x_{ij}} \qquad \text{式 5.2}$$

式中，x'_{ij}、x_{ij}、$\min x_{ij}$、$\max x_{ij}$ 表示乡村地域功能指标 X_i 的标准化值、实际值、极小值和极大值。采用层次分析法与均方差决策法确定各项指标权重值。其中，均方差决策法是一种根据信息熵原理设计的客观赋权方法，已广泛应用于工程技术、社会经济等领域。信息熵是对信息量的测度，用于表示不确定性或变异程度（黄金川等，2011）。根据信息熵原理，指标值的变异程度越大（小），指标的信息熵越小（大），在综合评价中所起的作用就越大（小），其权重也应越大（小）。计算公式如式 5.3～式 5.5。经计算，乡村地域多功能评价指标及其权重详见表 5-1。

$$\overline{Z_j} = \frac{1}{n} \sum_{i=1}^{n} x_{ij} \qquad \text{式 5.3}$$

$$\sigma_j = \sqrt{\sum_{i=1}^{n} (x'_{ij} - \overline{Z_j})^2} \qquad \text{式 5.4}$$

$$W_j = \sigma_j / \sum_{j=1}^{m} \sigma_j \qquad \text{式 5.5}$$

式中，$\bar{Z}_j$ 表示第 j 项指标标准化值的平均值，σ_j 表示第 v 项指标标准化值的均方差，W_j 表示第 j 项指标的权重系数。n 指样本总数目，m 对应乡村地域多功能系统指标层的总项数。而后，借助加权求和法计算各项子功能指数及综合功能指数，公式详见式 5.6～式5.7。

$$G_i^k = \sum_{j=1} W_j \times x'_{ij} \qquad \text{式 5.6}$$

$$G_i = \sum_{k=1}^{5} G_i^k \qquad \text{式 5.7}$$

式中，G_i^k 表示第 i 个样本乡村地域多功能第 k 项子系统的指数值，k 代表经济发展、农产品生产等，总共为 5 项；G_i 表示第 i 个样本的乡村地域多功能综合指数。

表 5-1 大都市乡村地域多功能评价指标及其权重

准则层	指标层	权重及效应	指标内涵
经济发展功能/0.275	第一产业增加值占 GDP 比例	0.077/+	产业结构比例越大，代表第一产业发展越强，对乡村地域功能发展有促进作用
	农民人均纯收入	0.154/+	反映乡村农民收入水平，值越大，代表收入水平越高，功能发展越强
	农林牧渔业总产值	0.044/+	反映乡村经济发展基础，值越大，代表经济基础越好，越有利于促进经济功能发展
农产品生产功能/0.218	粮食总产量	0.045/+	反映乡村粮食产出能力，值越大，农产品生产功能越强
	蔬菜产量	0.073/+	反映乡村蔬菜供应能力，值越大，农产品生产功能越强

准则层	指标层	权重及效应	指标内涵
农产品生产功能/0.218	干鲜果品产量	0.058/+	反映乡村干鲜果品供应能力，值越大，农产品生产功能越强
	畜禽产品产量	0.042/+	反映乡村畜禽产品供应能力，值越大，农产品生产功能越强
社会保障功能/0.273	农村用电量	0.034/+	反映乡村电气化水平，值越大，表明基础设施建设水平越高，电气化推进力度越大，乡村社会保障功能越强
	医疗卫生机构床位数	0.041/+	反映区域医疗水平，值越大，表明区域医疗水平越强，乡村社会保障功能越强
	乡村从业人员	0.054/+	反映乡村就业保障能力，值越大，社会保障能力越强
	农村人均住房面积	0.075/+	反映乡村居民生活水平，人均拥有住房面积越高，生活水平越高，乡村社会保障能力就越强
	各区县以下消费品零售总额	0.069/+	反映乡村居民物质文化生活水平和社会商品购买力的实现程度，值越大，区域乡村社会保障能力越强
生态保育功能/0.234	耕地面积	0.045/+	侧重反映乡村农田的生态保育能力，值越大，农田生态保育能力越强
	果园面积	0.061/+	侧重反映乡村果园的生态涵养能力，值越大，乡村生态保育功能越强
	绿地面积	0.128/+	反映区域生态绿化能力，值越大，生态保育功能越强

3. 数据来源与处理

为了更好地展示大都市乡村地域多功能演变过程，选取 2000 年、2010 年和 2018 年 3 期数据揭示 14 个大都市乡村地域功能的发展演变过程。数据来源为公开出版的统计资料，包含相应年份的中国城市统计年鉴、中国农村统计年鉴、中国统计年鉴、省统计年鉴、市统计年鉴、统计公报以及农业普查数据。需要说明的是，考虑到部分城市 2018 年的农村人均住房面积缺失，根据相邻年份的变化趋势进行插值处理；2010 年和 2018 年杭州市耕地面积分别用 2007 年（二调数据）和 2016 年（第三次农业普查数据）数据替代。

（二）大都市乡村地域多功能的时空特征

1. 综合功能

2000～2018 年，14 个大都市的乡村综合功能逐渐增强，区域间差异悬殊（图 5-1）。其中，重庆、上海、成都和杭州的乡村综合功能最强，指数在 0.3 以上；广州、北京、郑州、长沙、济南、武汉、沈阳次之，指数介于 0.259～0.299 之间；南京、天津、西安的综合功能弱，指数低于 0.25。从综合功能的演变情况来看，2000～2010 年间，重庆、上海、西安和沈阳的乡村综合发展功能提升最明显，功能指数分别提升 0.164、0.097、0.096 和 0.094；天津、济南和成都的乡村综合发展功能提升相对缓慢，指数仅提升 0.032、0.041 和 0.045。2010～2018 年间，重庆、上海、成都和武汉的乡村综合发展功能提升最明显，指数分别提升 0.287、0.125、0.111 和 0.097；西安、北京和沈阳的综合发展功能提升则相对缓慢，仅提升 0.009、0.044 和 0.047。总体而言，研究期间，南方都市乡村地域功能的综合发展水平普遍高于北方城市，且功能提升迅速；9 个国家中心城市中，直辖市的乡村综合功能发展水平普遍较高（天津除外），其他城市并不必然高于潜在中心城市。

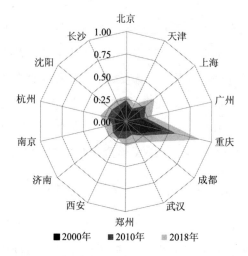

图 5-1　2000～2018 年大都市乡村综合发展功能演化情况对比

2. 分项功能

结合图 5-2，进一步分析大都市乡村各项子功能的发展状况。

（1）经济发展功能。2000～2018 年间，除重庆、济南和长沙外，其他 11 个大都市的乡村经济发展功能持续变强（图 5-2a）。其中，重庆、杭州、长沙、成都的经济发展功能最强，指数在 0.095 以上；武汉、南京、上海、广州、济南和沈阳次之，指数介于 0.072～0.083 之间；北京、天津、郑州和西安的经济发展功能相对最弱，指数在 0.07 以下。就经济发展功能的演化情况而言，2000～2010 年间，重庆、济南和长沙的经济发展功能指数微弱下降；上海、沈阳、北京和广州的经济发展功能提升最明显，指数分别提升 0.019、0.018、0.017 和 0.012。2010～2018 年间，经济发展功能均增强，其中，重庆、杭州、长沙、武汉和南京提升最明显，分别比 2010 年提升 0.055、0.049、0.046、0.045 和 0.041。西安、济南、沈阳的经济发展功能提升相对

缓慢。总体而言，2000～2018 年间，14 个城市的乡村经济发展功能
不断增强，但各有差异：2000 年以来，上海、杭州、南京、北京自
身经济基础良好，农民物质生活水平较高，加之"城乡一体化"、
新农村建设、乡村振兴战略等的提出和实施，都市型现代农业快
速发展，经济发展功能指数位于前列；重庆由于自身农业基础较
好，第一产业增加值比例和农林牧渔业总产值均处于首位，且经过

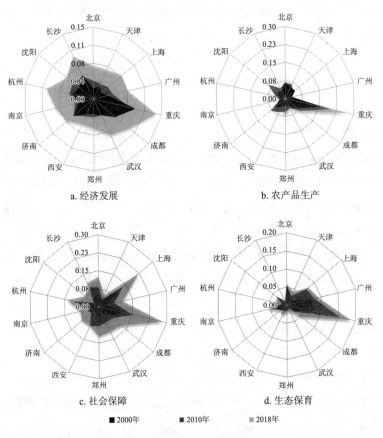

图 5-2 2000～2018 年大都市乡村各项子功能演化情况对比

2000～2010 年间的产业结构调整后，2010 年以来农林牧渔业总产值和农民人均纯收入增加明显，为当地乡村经济发展功能指数的快速提升提供了动力。而济南由于乡村产业尚处于调整中，农民人均纯收入和农林牧渔业总产值增加相对微弱，经济发展功能较弱。

（2）农产品生产功能。2000 年以来，除北京、上海、广州和南京的农产品生产功能指数有所下降外，其他 10 个城市均呈增强态势（图 5-2b）。其中，重庆作为全国重要的粮油自给平衡区，粮食、蔬菜、果品及畜禽产品产量持续增长，农产品生产功能最强，指数为0.269；其次是成都、沈阳、济南，指数分别为 0.083、0.078 和 0.073；其他都市功能相对较弱，指数在 0.07 以下，并以南京最弱，指数不足 0.02。结合功能演变情况来看，2000～2010 年间，上海和广州因城市建设和经济结构调整，农业生产逐渐向外埠转移，农产品生产功能指数下降，功能减弱；其他 12 个大都市的农产品生产功能均增强，其中，重庆、沈阳、郑州、西安和济南的农产品生产功能提升最明显，指数提升 0.02 以上。2010～2018 年间，除成都、重庆和郑州外，其他 11 个大都市因产业结构进一步调整，农产品生产功能均减弱，并以北京、西安和沈阳指数下降最明显。总体而言，研究期间，随着城镇化进程的持续推进和城市功能定位的重新布局，国家中心城市和潜在中心城市的农产品生产功能总体呈减弱趋势，除重庆、郑州和成都需要承担必要的国家粮油供应以外，其他城市农产品生产功能尤其是粮食生产向外埠转移的倾向增强。

（3）社会保障功能。2000 年以来，14 个城市的乡村社会保障功能均增强（图 5-2c）。其中，重庆和上海的乡村社会保障功能最强，指数分别为 0.176 和 0.121；南京和天津的乡村社会保障功能相对较弱，指数不足 0.06；其他城市发展中等，指数介于 0.06～0.077 之间。

就功能演变情况而言，2000～2010 年间 14 个城市的社会保障功能均增强。其中，重庆市积极推进统筹城乡改革和发展，加快推进基础设施和公共服务设施建设，农村人均居住面积快速增加，农民生活及居住环境得到较大改善，加之乡村交通、电气化、就业等方面的提升，都市乡村社会保障功能提升明显。而天津和沈阳的乡村交通、电气化、人均居住面积等指标相对处于末位，社会保障功能提升缓慢。2010～2018 年间，除西安因乡村就业人口和住房面积减少造成社会保障功能轻微衰减外，其他城市均保持增强的发展态势。其中，重庆因经济发展实力较强，医疗设施、农村居住条件以及消费水平均得到明显改善，社会保障功能指数由 0.150 快速增至 0.281，其功能发展排序位于首位；上海则因乡村电气化与医疗设施水平得到较大促进，功能发展排序仅次于重庆。天津和长沙则因乡村用电量和就业人员减少，社会保障功能提升相对缓慢。总体而言，研究期间国家中心城市和潜在中心城市的乡村社会保障功能总体增强。从数量上看，国家中心城市的乡村社会保障功能总体略强于潜在中心城市。国家中心城市和潜在中心城市内部乡村社会保障功能发展不一，往往乡村社会保障功能较强的城市，乡村经济发展功能和综合发展功能也较强。

　　（4）生态保育功能。2000～2018 年间，14 个城市的乡村生态保育功能均增强（图 5-2d），其中，重庆市耕地和果园资源丰富，生态保育功能发展始终处于前列，指数为 0.187；广州、上海、北京、成都、南京次之，指数介于 0.051～0.092 之间；其他 8 个发展相对缓慢的城市中，武汉和长沙在耕地、果园和绿地资源方面均不占优势，生态保育功能发展最慢。就演变特征而言，2000～2010 年间，除北京因城市发展耕地面积快速下降导致生态保育功能减弱外；其他 13 个城市均变强,并以重庆和上海的生态保育功能提升最为明显;济南提升相对缓慢。2010～2018 年,除沈阳的生态保育功能指数因耕地面积和绿地面积减少而呈下降态势外,其他 13 个都市均提升,并以重庆、成都和杭州的生态保育功能提升最明显,分别比 2010 年提升 0.032、0.022 和 0.018;郑州、济南、长沙提升则相对缓慢。总体而言,研究期间,14 个都市的生态保育功能均增强,国家中心城市(武汉、郑州、西安除外)的生态保育功能总体强于潜在中心城市,南方城市的生态保育功能普遍强于北方城市。

综合而言,研究期间,国家中心城市(重庆和成都除外)和潜在中心城市的农产品生产功能总体衰减,但经济发展功能、社会保障功能和生态保育功能持续增强。其中,重庆因在乡村经济发展、农产品生产、社会保障以及生态保育 4 个功能方面均表现突出,乡村综合功能发展水平处于 14 个大都市首位;杭州因经济功能和社会保障功能快速发展,乡村综合功能水平表现突出,处于潜在中心城市首位。就功能演变而言,两个时期中,仅成都和郑州的 4 项功能持续增强,其他 12 个大都市的相应功能存在差异。大都市不同时期乡村地域功能所呈现的差异性变化表明区域乡村内部结构正处于动态变化中,尚待进一步调整。

(三)对北京市乡村振兴的启示

以增长极理论、循环累积因果原理、极化—涓滴效应学说、中心—外围理论为代表的非均衡发展理论认为,具有初始比较优势的区域将吸引欠发达区域的生产要素向发达区域不断转移,在达到一定发展阶段后,发达区域的扩散效应将助推欠发达区域发展,乡村地域与城市地域的发展差距将呈现先扩大再缩小的演变趋势。大都市是中国发展水平最高的地理单元，以城带乡、以工促农的能力较强，乡村及其功能发展水平理应处于较高层次。综合大都市乡村地域多功能的评价结果可知，同是国家中心城市与潜在中心城市，南方城市的乡村综合功能明显高于北方城市；同是直辖市，重庆的乡村地域功能发展远胜于北京；同为一线城市，上海的乡村地域功能发展水平明显高于北京。由此可见，北京乡村地域多功能发展优势并不突出，区域乡村社会保障功能和生态保育功能城市排名相对靠前；经济发展功能尽管提升迅速，但城市排名相对靠后；由于城市发展定位及政策因素，乡村农产品生产功能减弱，功能总体亦不占优势；14 个大都市中，北京市乡村地域功能发展仅处于中游以上水平。然而，结合城市的经济发展和地理政治地位来看，重庆作为中西部唯一的直辖市，集大城市、大农村、大库区、大山区和民族地区于一体，城乡二元结构矛盾突出，但随着统筹城乡综合配套改革试验的持续推进，其乡村综合功能发展持续增强，这也表明要素自由流动确实可能平抑城乡之间的边际报酬差异，但 2010～2018 年间重庆市经济发展功能的微弱下降特征也表明如果没有政府适时有力的介入，其乡村地域将会遭遇生产要素快速非农化及其非对称流动导致的欠发达乡村，进而影响其总体功能发展。

《北京城市总体规划（2016 年～2035 年）》要求充分挖掘和发挥城镇与农村、平原与山区各自优势与作用，优化完善功能互补、特色分明、融合发展的网络型城镇格局。《北京市乡村振兴战略规划（2018～2022 年）》指出，立足首都城市战略定位，坚持乡村振兴和新型城镇化双轮驱动，准确把握北京"大城市小农业""大京郊小城区"的市情和乡村发展规律，统筹城乡国土空间开发格局，优化乡村生产生活生态空间，分类推进乡村发展，构建城乡融合发展格局。为贯彻落实《中共中央 国务院关于全面推进乡村振兴加快农业农村现代化的意见》，加快补齐本市农业农村发展短板，推动解决城乡区域间发展不平衡不充分问题，中共北京市委、北京市人民政府于 2021 年 3 月制定并印发了《关于全面推进乡村振兴加快农业农村现代化的实施方案》，提出到 2025 年，率先基本实现农业农村现代化行动取得重要进展，城乡规划一体化、资源配置一体化、基础设施一体化、产业一体化、公共服务一体化、社会治理一体化发展格局基本确立，城乡融合发展体制机制和政策体系更加健全完善……全面推进乡村产业、人才、文化、生态、组织振兴，加快形成工农互促、城乡互补、协调发展、共同繁荣的新型工农城乡关系，促进农业高质高效、乡村宜居宜业、农民富裕富足，探索走出一条具有首都特点的乡村振兴之路。

北京市乡村地域拥有丰富多样的自然资源、独特的生态系统和丰厚的历史文化资源，具有与北京城区互补发展的资源基础和生态环境优势。在自身资源禀赋差异和外部都市区辐射带动的综合影响下，乡村地域多功能具有类型多样、结构复杂、层次丰富、演化剧烈等特征。近年来，北京市政府已出台一系列倾斜政策，促进乡村地域的整体发展，特色种植、民俗旅游、健康养生等产业快速发展，涌现出古北口镇司马台村、石城镇石城村、韩村河镇韩村河村、旧县镇盆窑村、高丽营镇一村、苏家坨镇车耳营村、长子营镇赤鲁村、巨各庄镇蔡家洼村、不老屯镇雕窝村、房山区黄山店村、潭柘寺镇赵家台村、花乡新发地村、赵全营镇北郎中村等明星村庄，乡村地域的社会经济建设成效显著。然而，在传统的发展路径依赖和生态环境脆弱等多重约束下，乡村发展整体上落后于城区，乡村传统功能（畜禽养殖、矿业生产等）退化、乡村地域功能混杂与发展定位雷同（如休闲旅游遍地开花）等问题突出，生态环境退化与贫困化使都市区的可持续发展和区域协调发展面临严重挑战。

在高质量建设"国际一流的和谐宜居之都"的进程中，北京乡村地域面临着复杂的发展变革和深刻的转型思考，既要落实保障首都生态安全的战略使命，也要遵从"减量提质"、非首都功能疏解等的统筹要求，又要实现自身的振兴发展。综合大都市乡村地域功能表现的共性特征以及北京市乡村地域多功能的具体表现，未来乡村振兴启示如下。①未来以处于相对较高水平的经济功能作为北京市乡村振兴动力源，从"产业振兴"和"生活富裕"目标入手，结合农林牧渔产业结构调整优化措施，进一步提升农林牧渔业总产值和农民人均纯收入，实现"以产促农"，缓解城乡产业发展不平衡问题。②作为一个资源环境约束型城市，发展高效节水型、生态型的都市型现代农业是确保北京资源环境与区域农业发展相匹配、与"四个中心"首都战略定位相一致的必然选择。现阶段，种业、观光旅游业等特色产业发展与传统农业规模收缩并存，北京市农业处于快速转型发展期。考虑到乡村农产品生产功能减弱的趋势性以及满足居民基本物质需求的必要性，未来从区域特色资源入手，结合人才、技术等优势，以培育龙头企业、专业合作社、家庭农场等新型经营主体为契机，吸引资金和劳动力流入乡村，增加乡村发展活力，并形成一批有文化、懂技术的新型职业化农民队伍，进行科学生产和经营管理，实现技术增效增产；根据《北京城市总体规划（2016年～2035年）》，配合城乡建设用地减量规划，借助土地综合整治技术，并结合高标准农田建设配套高效节水灌溉设施，改善农业生产条件，形成具有规模、稳定高效、与现代农业发展和生产经营方式相适应的高标准农田，从数量和质量两方面补充土地资源，提升资源环境承载力；依托首都科技优势，注重良种培育，提升蔬菜、林果等特色产品的品质与规模，形成品牌效应；结合相关惠农政策，大力挖掘农产品生产以外的观光采摘、农田景观休闲、文化等功能的价值，促进乡村农产品生产及经济发展功能的同步提升。③针对生态保育功能，从"生态宜居"目标入手，注重保护城乡接合部的耕地和园地资源，禁止郊区乡村尤其是生态涵养区乡村建设占用耕地，保证产业发展的同时留足生态空间，有效减少城市空间扩张给周边乡村地区带来的侵蚀，也有利于改善城市生态环境；同时，还需注意农业发展对生态环境的影响，避免对环境产生胁迫，保持农业可持续、绿色化、生态化发展。④北京市乡村的社会保障功能发展相对成熟，居民生活环境相对完善，考虑到社会保障设施的纯公共物品或准公共物品特征，结合乡村振兴"治理有效"目标，后续可通过政府介入来解决可能存在的"公地悲剧"风险，同时结合财政支农、经济转移支付机制以及相关经济优惠措施，吸引更多社会主体参与投资与管理，以保证功能的稳健发展。

此外，乡村振兴发展还与各地对农业农村的重视程度以及政策措施的创新性、针对性与有效性等有关。从中微观层面看，城市总体规划是城市人民政府根据社会经济发展规划以及当地资源条件与现状发展水平对较长一段时期内的综合部署和具体安排，杭州、成都等一些南方城市的总体规划有较大篇幅论及城乡一体化、都市高效农业、都市现代农业等涉农内容，对农业农村更为重视，同时也是休闲农业、民宿、城乡融合等各种涉农任务的策源地与示范区，见微知著可以部分解释南方城市乡村地域多功能较强的原因所在。因此，结合北京市城乡总体发展状况，未来在落实城市总体规划和分区规划的同时，还可从制定乡村地域功能专题规划以及村庄振兴等专题规划入手，提升区域乡村地域多功能水平；从宏观层面来看，每年的中央"一号"文件均聚焦于粮食安全、农业科技创新等农业农村专业问题，中央城市工作会议则更多关注城市规划、住房政策、人口规模、基础设施、公共事务管理等城市建设，亟需从城乡治理分割走向真正的城乡融合，更多更好地关注城乡要素流动与城乡功能优化配置，通过市场与政府的共同调控，充分挖掘农业乡村的多种功能，确保农业农村优先发展落到实处。

二、北京城乡转型与乡村地域功能的耦合发展

（一）数据与方法

1. 指标体系构建及权重确定

（1）评价指标体系构建

城乡转型以城乡发展为基础，是城乡发展在转型前后的变化情况以及城乡系统内部社会、经济和文化观念变化等综合作用的结果。从区域整体发展看，城乡转型重在衡量城乡人口、产业、就业方式、消费结构等的转变，以及由城乡隔离转向和谐社会的过程，其实质是推进工农关系与城乡关系的根本转变（龙花楼等，2012；杨忍等，2015）。结合城乡转型内涵，从人口、产业和消费三方面来综合评定北京市城乡发展转型特征。其中，城镇化率和第三产业就业人员比重用于反映人口非农化水平及就业人口结构的变化；第二产业能源消费量比重和第三产业增加值比重用于反映产业结构转型及结构优化情况；城镇居民恩格尔系数和农村居民恩格尔系数可反映消费需求与结构的转变。

结合乡村地域多功能内涵以及北京市乡村发展实际，从经济发

展、农产品生产、社会保障和生态保育四方面构建乡村地域多功能评价指标体系，选取指标以总量指标为主，侧重反映全市乡村地域功能的总体状况和演化特征。其中，农林牧渔总产值、农村经济总收入、乡镇企业利润用于表征乡村经济发展功能；农产品生产功能侧重反映乡村输出农产品的能力，用粮食、蔬菜、干鲜果品和禽蛋产品的产量衡量；社会保障功能体现在提供就业机会、保障村民生产生活等方面，用农村用电量、乡村从业人员数、农村人均住房面积、县以下消费品零售总额及乡村道路里程表征；耕地、园地、林地作为生态保育功能的载体，可以用各土地利用类型面积来表征生态保育功能的强弱。

（2）指标标准化及权重确定

为消除各指标量纲不同对分析造成的影响，选用极值法对城乡转型和乡村地域多功能的表征指标进行标准化处理（式5.1～式5.2），沿用本章第一节的方法确定各系统指标权重值，而后，借助加权求和法计算城乡转型（乡村地域功能）系统及其子系统指数。指标体系及权重结果详见表5-2。相关计算公式参考本章第一节。

表5-2　城乡转型与乡村地域功能指标体系

系统	子系统	具体指标	权重及效应
城乡转型（X）	人口转型（X_1）/0.293	城镇化率（x_1）	0.177/+
		第三产业就业人员比重（x_2）	0.116/+
	产业转型（X_2）/0.498	第二产业能源消费量比重（x_3）	0.194/+
		第三产业增加值比重（x_4）	0.305/+
	消费转型（X_3）/0.208	城镇居民恩格尔系数（x_5）	0.111/-
		农村居民恩格尔系数（x_6）	0.097/-

续表

系统	子系统	具体指标	权重及效应
乡村地域功能（Y）	经济发展功能（Y_1）/0.264	农林牧渔业总产值（y_1）	0.053/+
		农村经济总收入（y_2）	0.130/+
		乡镇企业利润（y_3）	0.082/+
	农产品生产功能（Y_2）/0.230	粮食总产量（y_4）	0.041/+
		蔬菜产量（y_5）	0.077/+
		干鲜果品产量（y_6）	0.070/+
		畜禽产品产量①（y_7）	0.042/+
	社会保障功能（Y_3）/0.270	农村用电量（y_8）	0.043/+
		乡村从业人员数（y_9）	0.047/+
		农村人均住房面积（y_{10}）	0.064/+
		县以下消费品零售总额（y_{11}）	0.072/+
		乡村道路里程（y_{12}）	0.044/+
	生态保育功能（Y_4）/0.235	耕地面积（y_{13}）	0.056/+
		园地面积（y_{14}）	0.060/+
		森林面积（y_{15}）	0.119/+

注：①畜禽产品产量包括肉类产量、奶类产量和鲜蛋产量，其标准化处理方式是首先将肉类、奶类和鲜蛋产量分别标准化，而后求取均值。"＋（-）"表示指标效应为正（负）。下表皆同。

2. 灰色关联分析

灰色关联分析以灰色系统理论为基础，是一种可对某一发展变化的动态过程和发展态势进行定量化测度的方法，其本质是用灰色关联度顺序来描述因素间关系的强弱、大小和次序（刘耀彬等，2005）。与精确数学方法相比，该方法不会出现量化结果与定性分析结果不符的情况，故更能准确反映因素间的亲疏程度，在农业、经济、管理等领域具有较高的应用价值。以城乡转型系统（X）为参考序列，乡村地域功能系统（Y）为比较序列，选取邓氏关联度模型分析两系统间的耦合作用。基于指标标准化结果，采用式 5.8～式 5.10 计算关联系数以及关联度。

$$\xi_{ij}(t) = \frac{\min_i \min_j \left| X_i'(t) - Y_j'(t) \right| + k \max_i \max_j \left| X_i'(t) - Y_j'(t) \right|}{\left| X_i'(t) - Y_j'(t) \right| + k \max_i \max_j \left| X_i'(t) - Y_j'(t) \right|} \qquad 式 5.8$$

式中：X_i'（t）、Y_j'（t）分别表示城乡转型指标 X_i 和乡村地域功能指标 Y_j 在 t 时刻的标准化值。ξ_{ij}（t）表示指标 i 和指标 j 在 t 年份的关联系数；$\min_i\min_j|X_i'$（t）$-Y_j'$（t）$|$ 表示求 X_i 与 Y_j 的极小绝对差；$\max_i\max_j|X_i'$（t）$-Y_j'$（t）$|$ 表示求 X_i 与 Y_j 的极大绝对差；k 为分辨系数，且 $k \in$（$0,1$），其作用是提高关联系数之间的差异显著性，一般取值 0.5。得到各指标的关联系数 r_{ij}（t）后，计算指标的关联度 r_{ij} 和两个系统的关联度 d_i 和 d_j。

$$r_{ij} = \frac{1}{n} \sum_{i=1}^{n} \xi_{ij}(t)(t=1,2,3,\cdots,n) \qquad 式 5.9$$

$$d_i = \frac{1}{s} \sum_{j=1}^{s} r_{ij}, d_j = \frac{1}{m} \sum_{i=1}^{m} r_{ij} \qquad 式 5.10$$

式中：d_i 表示城乡转型系统第 i 个指标与乡村地域功能系统的平均关联度，反映了城乡转型与乡村地域功能耦合作用的错综关系。d_j 表示乡村地域功能系统的第 j 个指标与城乡转型系统的平均关联度。m、s 分别为城乡转型系统与乡村地域功能系统的指标数目。

为了从整体上判别城乡转型与乡村地域功能两个系统在时间上耦合的强弱与协调程度，基于指标间的关联系数计算两个系统关联的耦合度 C（t）（冯海建等，2014），公式如下。

$$C(t) = \frac{1}{m \times s} \sum_{i=1}^{m} \sum_{j=1}^{s} \xi_{ij}(t) \qquad \text{式 5.11}$$

通过比较关联度的大小，进一步分析乡村地域功能系统中各指标与城乡转型发展的密切程度。一般来说，$r_{ij} \in (0,1]$。r_{ij} 值越大，表示城乡转型与乡村地域功能变化关联性越密切，系统之间的耦合作用也越强。结合研究相关文献（杨雪等，2014），确定关联性强弱评价标准，即 $0 < r_{ij} \leqslant 0.35$、$0.35 < r_{ij} \leqslant 0.65$、$0.65 < r_{ij} \leqslant 0.85$、$0.85 < r_{ij} \leqslant 1$ 分别表示弱关联性、中度关联性、强关联性和极强关联性。

3. 数据来源

1978～2018 年指标数据主要来源于《北京统计年鉴 2020》。北京市园地面积用年末实有果园面积表征。年末实有果园面积、森林面积来源于相应年份的统计年鉴及《中国农村统计年鉴汇编 1949～2004》；县以下消费品零售额来源于《北京统计年鉴 2011》，由于该指标仅统计至 2010 年，为保持数据的连续性及完整性，缺失年份数据由《中国农村统计年鉴》中的"镇区零售额"和"乡村零售额"加和得到。数据经标准化处理后加权求和分别得到北京市不同时期的城乡转型指数、人口转型指数、产业转型指数、消费转型指数。乡村地域功能指数及其子功能指数的计算方式同上。

（二）城乡转型发展的时序特征

1. 城乡转型发展特征

（1）总体特征

1978～2018 年间，北京市城乡发展呈现阶段性特征。按照年均增长率可将全市转型发展分为快速增长（1978～1994 年）、增长放缓（1994～2004 年）、低速增长（2004～2014 年）和增长加速（2014～

2018 年）四个阶段。

快速增长阶段（1978～1994 年）。受原有经济基础的限制，北京市改革开放初期的城乡转型指数较低，仅为 0.115。随着城镇化和工业化快速发展，劳动力、资本、技术等向城镇快速集中，人口和产业积极转型，城乡转型呈现快速上升态势，城乡转型指数增至 0.426，年均增长率为 8.50%。但是，该期间国民经济总体处于初步发展阶段，居民购买力不足，消费转型呈现出波动性，城乡转型呈现波动性增长。

增长放缓阶段（1994～2004 年）。亚洲金融危机的冲击使发展中国家认识到深化改革与产业结构调整的重要性，基于此，北京市提出了"调结构、促增长"的一揽子计划，一系列经济政策促进城乡转型发展稳步运行：一方面，在政策引导下，能耗型工业比重持续下降、第三产业增加值比重稳固增加，产业逐渐向低能耗、服务型的方向发展，并带动了就业人口的积极转型，表现为第三产业就业人员比重增加；另一方面，过快的农村人口非农化、乡村空间因城市发展被挤占等问题逐渐暴露，政府转而注重乡村发展，在政策上积极促进乡镇经济发展，改善居民生活条件，促进全市城乡协调发展。城乡转型指数由 0.426 增至 0.693，年均增长率为 4.99%，但相较于上一阶段，发展转型速度总体放缓。

低速增长阶段（2004～2014 年）。2004 年以来，北京市政府开始了新一轮城乡发展的部署和安排，市域经济发展不再片面追求经济增长，转而注重城乡发展方式和产业结构的转变，城乡转型进入探索期，转型速度持续放缓，能耗型工业加速退出，第三产业增加值比重增加，产业结构趋近合理，并保持低速增长。转型指数由 0.693 增至 0.845，年均增长率为 2.0%。

增长加速阶段（2014～2018 年）。2014 年以来，全市围绕京津冀协同、城乡融合发展、非首都功能疏解等重点工作，全面深化改革，深刻促进城乡发展转型。经过上一轮的探索期后，城乡转型重新步入加快增长期，指数由 0.845 增至 2018 年的 0.954，年均增长率为 3.09%。

综合而言，随着改革开放的深入和市场化程度的加深，北京市城乡经济发展经历了积极探索和攻坚克难等阶段；2014 年以后，率先探索在减量刚性约束下实现更高质量发展的城市新模式，成为国内第一个提出减量发展的城市，城乡经济发展由粗放型向减量集约型转变、由速度型向效益型转变、由高代价增长向科学协调发展转变。由此，2004～2014 年可视为城乡转型发展的一个转折期。

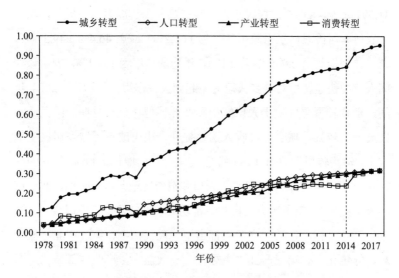

图5-3　1978～2018 年北京市城乡发展转型及子系统转型演化时序特征

（2）子系统特征

结合图 5-3 和表 5-3 可知，1978～2018 年间，北京市城乡人口、产业和消费的转型同样呈现出阶段性特征。2014 年以前，人口和产业转型的阶段性特征与城乡发展转型特征基本相符，分别在 1978～1994 年、1994～2004 年、2004～2014 年呈现出快速转型、增长放缓、低速增长的阶段性特征，2014 年以后人口和产业转型均持续减速。而消费转型则在 4 个阶段分别呈现出快速增长、增长放缓、负向增长、快速增长的发展特征。

具体来看，①1978～1994 年间，人口转型总体快于产业转型和消费转型。这一时期，人口快速城镇化，城镇化率由 54.96%增至 75.20%；劳动力逐渐向第三产业集中，第三产业就业人员比重由 31.59%增至 48.01%；居民收入逐步提高，消费能力稳步提升，城镇（农村）居民恩格尔系数由 58.7%（63.2%）减至 46.4%（49.2%）。人口转型指数由 0.035 增至 0.173，年均增长率为 10.41%，表明该期间人口的快速转型对城乡快速转型起到关键作用。②1994～2004 年间，消费转型总体快于人口转型和产业转型。这一时期，国民经济发展形势较好，城乡居民收入明显提升，极大改善了城乡居民生活水平，消费转型指数由 0.133 增至 0.243，年均增长 7.49%。③2004～2014 年间，产业转型相对快于人口和消费转型。这一时期，北京市结合举办 2008 年奥运会契机和首都功能发展定位，积极调整"一二三"产业结构，使第一产业"都市型、现代化"、第二产业"低能耗、绿色化"、第三产业"主导化、高效益"，产业内部结构逐渐优化，转型指数由 0.209 增至 0.299，年均增长率为 3.65%。④2014 年以后，中国经济进入新常态，政府提出供给侧改革以提升经济增长质量。在此背景下，北京市消费品市场面临新机遇，全市积极实施消费升级行动计划，以培育壮大消费新增长点、促进城乡便民消费、加快构建现代供应链，推动消费升级。全市消费结构呈现趋势性调整，食品消费逐渐向商品消费转变，投资、出口导向型的经济增长模式逐渐转换为以扩大内需为主的消费导向型增长模式，消费转型相对快于人口和产业转型，转型指数由 0.241 增至 0.318，年均增长率为 7.20%。

表 5-3　城乡发展转型综合特征

	阶段	快速增长阶段	增长放缓阶段	低速增长阶段	增长加速阶段
	时期	1978～1994	1994～2004	2004～2014	2014～2018
城乡转型指数	初始值	0.115	0.426	0.693	0.845
	末期值	0.426	0.693	0.845	0.954
	年均增长率	8.50%	4.99%	2.00%	3.09%
人口转型	初始值	0.035	0.173	0.242	0.306
	末期值	0.173	0.242	0.306	0.318
	年均增长率	10.41%	3.42%	2.38%	1.01%
产业转型	初始值	0.040	0.120	0.209	0.299
	末期值	0.120	0.209	0.299	0.318
	年均增长率	7.08%	5.70%	3.65%	1.59%
消费转型	初始值	0.042	0.133	0.243	0.241
	末期值	0.133	0.243	0.241	0.318
	年均增长率	7.49%	6.17%	-1.00%	7.20%

注：负值表示消费转型 2004～2014 年处于负增长状态。下表同。

2. 城乡发展转型驱动机制

城乡发展转型实质反映了城乡关系由彼此分离到相互融合的过程，它直观表现为城乡产业结构、土地利用、人口规模及消费等方面的不断调整与完善。北京市作为大都市的代表，其城乡发展转型的动力机制主要有以下几方面：

（1）城镇化、工业化、农村现代化和信息化是城乡发展转型的基础动力

城镇化与工业化是城乡发展转型的初始动力，快速的城镇化和工业化进程有效调整城乡产业结构、人口规模等，为城乡关系的进一步发展夯实基础；乡村转型发展作为城乡协调发展的关键一环，在快速城镇化与工业化的影响下，农业生产现代化、农村发展信息化以及农村劳动力向城市转移趋势不可逆转，并且正在深刻地改变着旧的城乡格局，成为促进城乡发展转型的强大力量。

（2）国家和地方制定的社会、经济、产业政策是城乡发展转型的外部助力

国家出台的各种社会经济政策对市域经济发展起到一定的干预作用，它影响着城市功能定位和城乡转型发展方向。由于特殊的城市功能定位，北京市城乡转型发展受政策的驱动性明显。1978～1995年，改革开放政策的实施，加强了北京市与其他城市的经济联系。随着1992年社会主义市场经济体制改革目标的确立，城市经济全面放活，全市城乡经济迅速发展，一定程度上为区域城乡经济积累提供机遇。1995～2004年，受1997年东亚金融危机的影响，国内进入自改革开放以来的第一次通货紧缩状态，国家和地方政府年度工作报告对其经济改革方向、方式以及产业转型升级方向与布局等都做了具体的部署与安排，并出台了相关产业政策指导区域社会经济发展。进入"十一五"以后，针对经济增长方式依然较为粗放、经济社会发展与资源环境的矛盾仍显突出、就业压力有所加大、社会保障体系尚待完善、"三农"问题亟待解决等问题，国家出台了多个

与"三农"有关的中央一号文件以指导农业发展，北京市积极响应并制定以侧重发展现代农业和产业结构调整等为主的政策，促进区域城乡一体化发展。2014年以后，社会经济发展进入新常态，针对人民日益增长的美好生活需要和不平衡不充分的发展之间的矛盾，政府积极制定以扩大内需为主的消费升级策略以及供给侧改革策略等，继续促进产业结构深化调整，促进经济发展方式的持续转变。

（3）城乡自身经济发展是城乡发展转型的内部机制

城镇和农村、农业生产条件及经济基础等自身经济条件既体现了城乡转型发展前社会生产及产业基础的本底状况，也对未来城市的发展高度有所影响。城乡发展基础薄弱，城乡转型在发展资金、技术升级、生产与服务设施配备等方面缺乏足够积累，难以有效支持各个城乡子功能系统的全面升级和转型；而城乡发展基础越稳固，推动城乡关系协调发展的可能性就越大。总而言之，城乡自身经济条件决定了城乡转型前的基础，积极促进地方自然社会经济等各方面的发展，对城乡发展转型的程度及未来的发展高度起着决定性作用。

（三）乡村地域多功能的时序特征

在生态、历史、市场和政策等因素的综合影响下，全市乡村地域功能呈现出明显的阶段性特征，并且与城乡转型发展表现不同，总体分为快速增长（1978～1994年）、增长放缓（1994～2004年）和低速增长（2004～2018年）3个阶段。1978～1994年，在蓬勃的乡镇经济、旺盛的农产品需求等综合刺激下，乡村地域功能快速发展，乡村地域功能指数由0.198增至0.428，年均增长率为4.95%。1994～2004年，乡村地域功能指数由0.428增至0.539，年均增长率为 2.33%。这一时期，人们对拓展乡村地域多功能价值的认知尚不到位，乡村基础设施建设力度不足，尚不能对其发展形成有利扶持，乡村地域功能增长速度放缓。2004～2018 年，随着社会对农业发展及乡村地域功能拓展的持续关注、居民消费方式及生活方式的改变，加之资金支持与政策倾斜等，乡村地域功能快速发展并逐渐向多元化方向转变，但因国际金融危机、国内经济结构调整与改革深化等影响，功能发展总体仍保持低速增长。功能指数由 0.539 增至 0.603，年均增长率为 0.81%。

进一步分析北京市乡村地域功能子系统的发展变化可知（图 5-4 和表 5-4），在不同阶段经济发展、农产品生产、社会保障、生态功能等子系统的表现具有差异性。具体来看，①1978～1994 年间，就增长率而言，农产品生产功能的增长快于乡村其他功能的增长，年均增长率为 6.05%；其次是经济发展功能，年均增长率为 6.01%；生态保育功能和社会保障功能则相对较慢，年均增长率分别为 4.30% 和 3.94%。就功能构成而言，生态保育功能和农产品生产功能是构成本阶段乡村的主要功能；社会保障功能次之，经济发展指数比较低。可见，这一阶段乡村地域功能以生态功能和农产品生产功能为主，为北京市居民持续地提供食品和生态保育服务。其中，农产品生产功能的发展对本阶段乡村地域功能发展起到了关键作用。②1994～2004 年间，社会保障功能的增长快于其他功能，年平均增长率为 3.87%；经济发展功能次之，年平均增长率为 3.42%，农产品生产和生态保育功能增长相对缓慢。与上一阶段类似，生态保育功能和农产品生产功能依旧是乡村地域功能的主要组成。总体表明，随着经济的发展，乡村地域在保障乡村居民生产、消费等方面正呈现出一定的发展优势。③2004～2018 年，经济发展功能增长快于其他功能，表现出明显的增长优势，年均增长率为 5.74%；社会保障功能增长次之；农产品生产功能和生态保育功能均呈现负向增长，并以农产品生产的负向增长最为明显，年均增长率为–7.06%。就构成上来看，乡村地域功能内部调整明显，经济发展功能和社会保障功能逐渐取代农产品生产和生态保育功能成为北京市乡村地域功能的主要组成，这与2004 年以来北京市实施深化产业结构调整与促进产业转型升级等政策有关，乡村非生产功能价值日渐受到重视，发展相对突出。

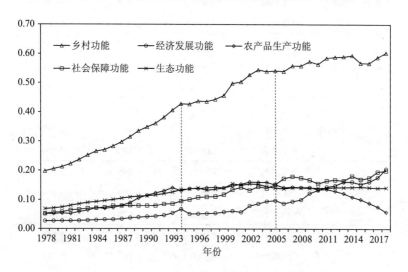

图 5-4　1978～2018 年北京市乡村地域功能及子系统转型演化时序特征

综合而言，改革开放 40 年间，北京市乡村地域功能不断发展，依次经历了快速增长、增长放缓和低速增长的发展过程，其功能的多元价值日益受到重视，并在促进乡村发展进程中扮演着多重作用，功能内部经历着剧烈变化和调整。其中，农产品生产功能和生态保育功能是北京市乡村的主要功能，但其增长日益减缓甚至弱化，并以农产品生产功能的弱化表现最突出；乡村的经济发展功能和社会保障功能具有发展优势，逐渐成为促进全市乡村发展的关键因素。

表5-4　乡村地域功能及子系统发展时序特征

阶段		快速增长阶段	增长放缓阶段	低速增长阶段
时期		1978～1994	1994～2004	2004～2018
乡村地域功能	初始值	0.198	0.428	0.539
	末期值	0.428	0.539	0.603
	年均增长率	4.95%	2.33%	0.81%
经济发展功能	初始值	0.026	0.067	0.094
	末期值	0.067	0.094	0.206
	年均增长率	6.01%	3.42%	5.74%
农产品生产功能	初始值	0.051	0.131	0.160
	末期值	0.131	0.160	0.057
	年均增长率	6.05%	2.03%	-7.06%
社会保障功能	初始值	0.051	0.095	0.139
	末期值	0.095	0.139	0.199
	年均增长率	3.94%	3.87%	2.59%
生态保育功能	初始值	0.069	0.135	0.145
	末期值	0.135	0.145	0.141
	年均增长率	4.30%	0.78%	-0.23%

（四）城乡转型与乡村地域功能的关联特征

Pearson 相关性分析表明，城乡转型和乡村地域功能两个系统的相关系数为0.975，城乡转型与经济发展功能、农产品生产功能、社会保障功能、生态保育功能等的相关性系数分别为 0.927、0.491、

0.985、0.848，表明城乡转型与乡村地域功能发展存在一定的相关性。借助 GTMS3.0 计算两个体系指标间的关联系数及关联度。

表 5-5　城乡转型（X）与乡村地域功能（Y）交互耦合的关联度

功能类型	指标层	人口转型（X_1）		产业转型（X_2）		消费转型（X_3）		d_i	X
		x_1	x_2	x_3	x_4	x_5	x_6		
经济发展功能/Y_1	y_1	0.725	0.886	0.857	0.764	0.838	0.738	0.801	
	y_2	0.557	0.650	0.694	0.581	0.657	0.559	0.616	0.723
	y_3	0.676	0.801	0.861	0.709	0.782	0.673	0.750	
农产品生产功能/Y_2	y_4	0.508	0.486	0.490	0.489	0.494	0.522	0.498	
	y_5	0.719	0.623	0.612	0.691	0.662	0.675	0.664	0.684
	y_6	0.795	0.822	0.757	0.834	0.793	0.776	0.796	
	y_7	0.782	0.763	0.727	0.794	0.813	0.789	0.778	
社会保障功能/Y_3	y_8	0.734	0.847	0.840	0.774	0.894	0.769	0.810	
	y_9	0.648	0.520	0.484	0.607	0.545	0.612	0.570	
	y_{10}	0.779	0.890	0.839	0.836	0.852	0.792	0.831	0.748
	y_{11}	0.615	0.726	0.790	0.642	0.742	0.636	0.692	
	y_{12}	0.783	0.932	0.876	0.822	0.844	0.764	0.837	
生态保育功能/Y_4	y_{13}	0.470	0.452	0.450	0.454	0.459	0.481	0.461	
	y_{14}	0.771	0.712	0.676	0.788	0.740	0.781	0.745	0.690
	y_{15}	0.856	0.873	0.807	0.936	0.842	0.868	0.864	
d_j		0.695	0.732	0.717	0.715	0.731	0.696		
Y		0.713		0.716		0.713			

1. 城乡转型与乡村地域功能间交互作用的因素分析

由表 5-5 可知，城乡转型和乡村地域多功能指标体系间的关联度均在 0.45 以上，说明两系统间关联紧密。结合式 5.10，在上一层指标关联度的基础上加和平均并排序，进一步识别两系统间交互作用和影响的主要因素。

（1）城乡转型对乡村地域功能的作用

城乡转型过程中，人口、产业和消费三类要素转型对乡村地域功能的交互作用均在 0.65 以上，属于强关联性，城乡转型深刻影响着乡村地域功能的发展。其中，产业转型（X_2，0.716）对乡村地域功能发展的作用最为明显，其次是消费转型（X_3，0.713）和人口转型（X_1，0.713）。从具体指标看，城乡转型各指标对乡村地域功能的作用均表现为强关联性，其中第三产业就业人员比重（x_2，0.732）、城镇居民恩格尔系数（x_5，0.731）、第二产业能源消费总量（x_3，0.717）、第三产业增加值比重（x_4，0.715）对乡村地域功能的带动性最强，农村居民恩格尔系数（x_6，0.696）和城镇化率（x_1，0.695）次之。具体而言，城镇居民购买能力的增强和需求层次的提升，影响着农产品需求市场的改变，农产品类型、品种日趋丰富多元，从而推动农产品生产功能的重组与发展。而工业化和产业化的不断推进，则为乡村经济发展不断地输送资金和物力（龙花楼等，2011）。高能耗、高污染的产业规模逐渐缩小，为乡村生态功能的发展提供了机遇；与此同时，物流业、旅游服务业等快速兴起，也为农村劳动力提供了广阔的就业空间，促进了社会保障功能的发展。此外，农民收入水平的提高，有利于维持乡村稳定，而人口的快速城镇化也在一定程度上影响着乡村地域功能结构的改变。

（2）乡村地域功能对城乡转型的反馈作用

乡村地域功能对城乡转型的交互作用呈现强关联性，将二者的关联度由大到小排序，依次为社会保障功能（Y_3，0.748）＞经济发展功能（Y_1，0.723）＞生态保育功能（Y_4，0.690）＞农产品生产功能（Y_2，0.684）。表明乡村社会保障功能和经济发展功能是促进城乡转型的重要因素，生态保育功能和农产品生产功能的反馈作用次之。

进一步分析具体指标以揭示乡村地域功能对城乡转型的反馈作用及机制。①森林面积（y_{15}，0.864）、乡村道路里程（y_{12}，0.837）、农村人均住房面积（y_{10}，0.831）、农村用电量（y_8，0.810）、农林牧渔业总产值（y_1，0.801）、干鲜果品产量（y_6，0.796）、畜禽产品产量（y_7，0.778）、乡镇企业利润（y_3，0.750）、果园面积（y_{14}，0.745）、县以下消费品零售额（y_{11}，0.700）以及蔬菜产量（y_5，0.664）等对城乡转型表现为强关联性。乡村系统在保障全市居民对新鲜果品、禽畜产品的需求，刺激城乡经济发展以及提升乡村居民生活质量和消费水平等方面具有重要作用，有利于促进城乡转型良性发展。②除上述指标外，其他 4 个指标对城乡转型的交互作用为中度关联，其中粮食总产量和耕地面积对城乡转型的交互作用相对较弱，一定程度上制约了农产品生产功能和生态保育功能对城乡转型的总体作用水平。总体而言，社会经济结构优化、居民思想观念的转变、城市发展与生态用地的矛盾以及政策调整等使处于转型关键时期的北京农村生产、生活方式发生很大变化（宋志军等，2010）。乡村发展不再以经济利益最大化和农产品生产为主要目标，转而追求社会—经济—生态效益综合发展，一定程度上促进城乡产业向低能耗、低污染方向转变。

2. 城乡转型与乡村地域功能间交互作用的时序特征

结合式 5.11，计算城乡转型指数与乡村地域功能指数的耦合度。由图 5-5 可知，耦合度值介于 0.626～0.855 之间，并呈现波动性。依据两系统间的耦合分析结果，城乡转型与乡村地域功能发展呈现出以下特征。

第一阶段（1978～1991 年）：耦合度由 0.855 降至 0.687，交互作用由强变弱。改革开放初期，北京市以经济发展为主要目标，乡村系统以服务城市发展为主，为城乡发展输送人力和物力，城乡转型迅速，耦合度值较高。但由于当时经济基础薄弱，城乡转型发展提升乡村地域功能的能力有限；同时乡村发展长期得不到重视，经济社会建设等矛盾日渐凸显，二者交互作用持续减弱，进入低水平耦合期。

第二阶段（1991～2001 年）：耦合度介于 0.683～0.736 之间，均值为 0.705，这一时期两系统间的耦合度值总体呈现"先增大、后变小"的倒 U 型趋势。具体而言，1991 年以来，经济体制改革的深化和对外开放政策的实施，很大程度上刺激了城乡经济发展，随着经济结构调整和产业改革的持续深入，城乡发展快速转型；同时，乡村系统也因政策、科技、投入的增加，获得较大发展。城乡转型与乡村地域系统间的交互作用再次增强，耦合度值增大。但在 1999 年以后，由于国家政策的阶段性变动，资金、劳动力等要素积累尚不足以支持多个系统的共同发展，农业基础支撑力降低，乡村地域功能发展受限，系统间交互作用变弱。

第三阶段（2001～2016 年）：耦合度介于 0.626～0.714 之间，均值为 0.684。这一时期两系统间的耦合度值持续呈现第二阶段的倒 U 型发展特征。在此阶段，城乡发展不平衡出现的土地资源短缺、生态环境恶化等问题，使政府逐渐意识到"三农"问题的解决对维持城乡关系和谐发展的重要性。2003 年以来，多项惠农政策的支持、支农资金的大力投入以及新农村建设的积极推进，极大程度上推动了乡村基础设施建设和乡镇企业的发展，为乡村地域功能发展提供了政策便利和资金保障。与此同时，乡村地域又通过输送大量劳动力、原材料等，以促进城乡产业升级和结构优化。二者交互作用随着乡村地域功能的快速发展而日渐增强，至 2008 年，系统间的交互作用最强，耦合度值为 0.714。2008 年以后，城乡转型系统和乡村地域功能系统均进入内部结构调整与转型阶段，彼此间耦合作用减弱，耦合度减小至最低水平（0.626）。

第四阶段（2016～2018 年），这一时期，面对错综复杂的国际国内形势，北京市结合"十三五"规划，紧紧围绕首都城市战略定位，扎实推进供给侧结构性改革，全面提升服务型经济，以实现首都经济的高质量发展和非首都功能疏解。在此背景下，两系统经过上一轮的内部调整，发展状态相对良好，二者重新进入积极的交互耦合状态，耦合度由 0.626 增至 0.645。

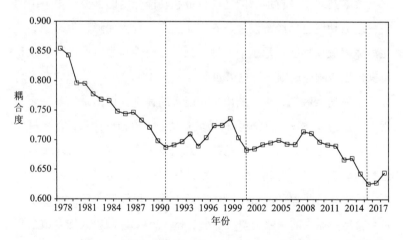

图 5-5　1978～2018 年北京市城乡转型与乡村地域多功能间的耦合度变化曲线

总体而言，城乡转型与乡村地域功能间耦合的强度、内涵随着发展阶段的不同而呈现出明显差别。根据耦合度曲线的演变趋势可预料，未来一段时间内，随着城乡融合发展诉求的加深以及乡村振兴战略的逐步实施，乡村地域功能的多元价值将备受重视，并在城乡转型带动下将持续增强，耦合曲线将处于上升水平。而随着乡村系统内部的要素重组和空间重构，城乡转型与乡村地域功能均衡协调发展，两系统间交互耦合将最终趋近于一定水平。

三、北京市乡村地域多功能的时空特征

（一）研究方法与数据来源

1. 指标体系构建及权重确定

考虑到北京乡村地域的功能特征和功能分区的需要，本节中的乡村地域功能包括经济发展、农产品生产、社会保障、生态服务及旅游休闲五项功能。基于地域性、相对完整性与稳定性、科学性和可操作性兼顾等原则（详见第四章第一节内容，下同），以农业多功能、主体功能区划、土地利用多功能等的评价指标体系为参考（杨雪等，2014），构建北京市乡村地域多功能评价指标体系。①乡村经济发展功能由人均地区生产总值、人均乡镇企业收入、人均农林牧渔产值和农村就业结构表征。人均地区生产总值是对地区综合经济实力的度量，雄厚的经济基础能有效支撑乡村经济发展；乡镇企业是乡村地域原生的工业类型（李平星等，2014），故以人均乡镇企业收入衡量乡村工业发展水平；人均农林牧渔产值、农村就业结构用以衡量地区农业发展水平和就业结构。②农产品生产功能作为第一性功能，主要指为居民提供粮食、肉、蛋、果品等农产品的能力。

因此，该功能可以通过粮食、鲜活农副产品、肉类的人均拥有量度量；垦殖指数直观反映区域种植业的比重状况，也是表征农产品生产功能的重要指标。③居民生活水平以及地区基础设施建设是社会保障功能的间接体现，具体选取乡村收入水平、社会消费水平、农村居民恩格尔系数、电力设施以及医疗卫生条件表征。④生态服务功能主要指以农业用地类型为载体所表现出的除生产以外的生态维护和景观功能。化肥、农药等化学品的过度投入，易对乡村生态环境造成负面影响。基于数据可获取性，以化肥投入强度度量其对生态服务功能的负面作用，以林木覆盖率、禁止开发区面积比例衡量乡村生态环境的优劣。⑤目前，北京市乡村旅游休闲发展以观光农业和民俗旅游尤其是观光农业为主。结合统计资料可知，2018 年，北京市农业观光园共计 1 172 个，接待游客共 1 897.6 万人次，农业观光园人均收入 68 634.4 元。据此，可由农业观光园人均收入、日均接待游客人次和农业观光园个数表征乡村旅游休闲功能（郭晓燕等，2007）。

　　运用层次分析法，结合相近领域研究对指标权重的判断，并反复征询专家意见，分别对五大功能的各项指标进行两两比较，给出相对重要性比例标度分数，从而构造各指标相对于目标层的重要性判断矩阵，并经过一致性检验，从而确定各项评价指标的权重（表5-6）。

2. 评价单元划分及数据处理

　　考虑到东城区、西城区和石景山区已无农业生产，乡村特征不明显，因此以 2018 年的北京市行政区划为基础，将其他 13 个区作为研究单元。需要指出的是，研究虽以区为研究对象，但重在揭示乡村地域多功能的空间格局，侧重选择反映乡村性的指标。

表5-6 乡村地域多功能评价指标体系及其权重

准则层及权重	指标层及权重	指标说明	指标效应
经济发展功能 （0.514 8）	人均地区生产总值（0.228 8）	地区生产总值/区域户籍人口（元/人）	+
	人均乡镇企业收入（0.135 8）	乡镇企业总收入①/乡镇企业从业人员（元/人）	+
	农村就业结构（0.068 0）	农村非农劳动力数/农村劳动力总数（%）	+
	人均农林牧渔产值（0.082 2）	农林牧渔总产值/农林牧渔从业人员（元/人）	+
农产品生产功能 （0.213 9）	人均粮食拥有量（0.093 5）	粮食总产量/区域户籍人口（千克/人）	+
	人均鲜活农副产品拥有量②（0.062 9）	（鲜果+蔬菜）/区域户籍人口（千克/人）	+
	人均肉类拥有量（0.041 6）	猪牛羊肉总量/区域户籍人口（千克/人）	+
	垦殖指数（0.015 9）	区域耕地面积/区域土地总面积（%）	+
社会保障功能 （0.129 8）	乡村收入水平（0.040 6）	农民人均纯收入（元/人）	+
	社会消费水平（0.049 2）	社会消费品零售额/区域人口（元/人）	+
	农村居民恩格尔系数（0.017 8）	农村居民食品支出/农村居民消费总支出（%）	-
	乡村电力设施（0.012 7）	农村用电量/乡村总人口（千瓦时/人）	+
	医疗卫生条件（0.009 5）	医院床位数/区域总人口（张/千人）	+

续表

准则层及权重	指标层及权重	指标说明	指标效应
生态服务功能 (0.092 1)	禁止开发区面积比例 (0.044 2)	禁止开发区面积®/区域土地总面积（%）	+
	林木绿化率 (0.037 3)	林木绿化面积/区域土地总面积（%）	+
	化肥投入强度 (0.010 6)	乡村化肥施用量/区域耕地面积（千克/公顷）	-
旅游休闲功能 (0.049 4)	农业观光园人均收入 (0.031 3)	农业观光园经营收入®/观光园从业人员（元/人）	+
	接待游客人次 (0.012 9)	指日均农业观光园接待游客人次（人次/日）	+
	观光园个数 (0.005 2)	从事农闲、观光、垂钓等的农业生产经营单位（个）	+

注：①乡镇企业总收入是指乡镇企业收入利润的总和，在本节中是指统计年鉴中乡镇企业、个体及私营企业的收入与利润的总和。

②鲜农农副产品主要指为鲜果及蔬菜总产量。为了消除量纲的影响，先选用极值值标准化方法分别对人均鲜果、人均蔬菜产量作标准化处理，尔后再取均值。

③禁止开发区具体包括自然保护区、风景名胜区、地质公园及水源保护地。截止到2018年4月，北京市禁止开发区名录与《北京市主体功能区规划》中的禁止开发区名录一致，故以该规划中的面积除分区数据进行分区禁止开发区面积统计。由于部分景点存在跨两个行政区的情况，扣除2004年以来新增的禁止开发区面积是以2012年数据为基础，具体计算时，景点面积按两个行政区的面积比例分配。2004年禁止开发区面积之后的面积。

④由于2004年统计年鉴中没有农业观光园经营收入、观光园个数及接待游客人次3个指标，具体用2006年数据代替。

和。

以 2004 年和 2018 年统计数据为基础，开展乡村地域多功能时空分异研究。统计数据来源于《北京改革开放 30 年》、2005 年和 2019 年《北京区域经济统计年鉴》和《北京市第二次全国农业普查资料汇编》等。为了消除指标体系中各指标的不同量纲对评价结果的影响，便于乡村地域功能的时空比较，以研究期内各项指标的最大值和最小值确定极值并做归一化处理，运用加权求和法计算各区的乡村地域多功能指数（详见本章第一节式 5.6～式 5.7）；利用 SPSS19.0 中的快速聚类模型建立各功能指数的分级标准（吕敬堂等，2010），详见表 5-7。

表 5-7　2004～2018 年功能等级分级标准

功能类型	弱	较弱	较强	强
经济发展功能	0.009～0.107	0.143～0.194	0.224～0.318	0.408～0.514
农产品生产功能	0.001～0.009	0.028～0.063	0.074～0.093	0.117～0.135
社会保障功能	0.016～0.029	0.033～0.039	0.049～0.069	0.079～0.085
生态服务功能	0.005～0.028	0.034～0.050	0.057～0.059	0.068～0.083
旅游休闲功能	0～0.005	0.007～0.017	0.020～0.025	0.029～0.033
综合发展功能	0.117～0.215	0.255～0.320	0.373～0.411	0.585～0.646

注：分级标准均适用于划定 2004 和 2018 年的乡村地域功能级别。

（二）乡村单一功能的时空分布特征

1. 经济发展功能

2018 年，北京市各区乡村经济发展指数介于 0.083～0.514 之间，均值为 0.222。其中，朝阳区和顺义区经济发展指数分别为 0.514 和 0.408，经济发展功能最强；海淀区、昌平区、通州区、大兴区的经

济发展指数介于 0.224~0.318 之间，功能发展较强；其他各区发展
指数处于 0.200 以下，功能发展较弱。与 2004 年相比，2018 年北京
市经济发展指数均有增长，经济发展功能总体增强。其中，朝阳区、
顺义区提升最明显，增长量介于 0.234~0.408 之间；海淀区、昌平
区、通州区、大兴区及丰台区提升较快，增长量介于 0.138~0.233
之间；其他地区增长量处于 0.103 以下，功能提升缓慢（表 5-8）。区
域经济发展功能表现为：近郊平原区＞远郊平原区＞远郊山区。

　　由图 5-6 可知，2018 年，北京市经济发展功能的分项指标值均
增加，且呈现出平原区增长快于山区的特点。近郊平原区因良好的
经济基础及相关的扶持政策，为乡镇企业发展提供了强有力的财力、
物力支持；同时，乡镇企业改革不断深化，在经济总量增加的同时
经济运行质量稳步提高，经济发展功能日益凸显。其中，朝阳区发
展最为显著，其经济发展水平、乡镇企业贡献量以及人均农林牧渔
业收入均处于领先水平。远郊平原区得益于良好的农业生产条件，
乡村经济发展功能提升明显，然而受政策限制和区位的影响，除顺
义区外，其他三个区的经济发展功能均弱于近郊平原区。远郊山区
因较低的人口密度和地方政府对乡村经济的扶持，乡镇经济有所发
展，但复杂的地形、薄弱的经济基础以及区域发展定位等限制了经
济发展功能的快速提升。

2. 农产品生产功能

　　2018 年，北京市农产品生产指数介于 0.002~0.093 之间，均值
为 0.033。其中，延庆区和平谷区的农产品生产指数分别为 0.092 和
0.075，生产功能相对较强；顺义区、密云区、大兴区、通州区、怀
柔区、房山区的农产品生产指数介于 0.028~0.061 之间，生产功能
相对较弱；其他区农产品生产功能指数低于 0.009，农产品生产功能相

表 5-8 2018 年北京市乡村地域功能等级及指数特征

区名	经济发展功能		农产品生产功能		社会保障功能		生态服务功能		旅游休闲功能		综合发展功能	
	等级	指数	等级	指数	等级	指数	等级	指数	等级	指数	等级	指数
朝阳区	强	0.514	弱	0.002	强	0.085	弱	0.013	强	0.033	强	0.646
丰台区	较弱	0.194	弱	0.003	较强	0.069	弱	0.022	强	0.030	较弱	0.318
海淀区	较强	0.318	弱	0.002	较强	0.067	弱	0.020	弱	0.004	较强	0.411
房山区	较弱	0.148	较弱	0.028	较强	0.055	较弱	0.035	较弱	0.010	较弱	0.276
通州区	较强	0.244	较弱	0.035	较强	0.068	弱	0.018	较弱	0.012	较强	0.376
顺义区	强	0.408	较弱	0.061	强	0.080	弱	0.028	较弱	0.008	强	0.585
昌平区	较强	0.261	弱	0.009	强	0.082	较弱	0.039	较弱	0.013	较强	0.404
大兴区	较强	0.224	较弱	0.041	较强	0.062	较弱	0.038	较弱	0.008	较强	0.374
门头沟区	较弱	0.144	弱	0.002	较强	0.055	强	0.068	弱	0.004	较弱	0.272
怀柔区	较弱	0.152	较弱	0.029	较强	0.056	较强	0.057	较强	0.017	较弱	0.311
平谷区	弱	0.083	较强	0.075	较强	0.054	强	0.083	较强	0.020	较弱	0.315
密云区	弱	0.093	较弱	0.053	较强	0.053	强	0.071	较强	0.025	较弱	0.294
延庆区	弱	0.099	较强	0.092	较强	0.049	强	0.071	较弱	0.009	较弱	0.320

表5-9 2004~2018年北京市乡村各功能指数空间变化

区名	经济发展功能		农产品生产功能		社会保障功能		生态服务功能		旅游休闲功能		综合发展功能	
	等级	指数	等级	指数	等级	指数	等级	指数	等级	指数	等级	指数
朝阳区	↑	0.408	-	-0.004	↑	0.045	-	0.003	↑	0.017	↑	0.469
丰台区	↑	0.138	-	-0.004	↑	0.036	-	0.003	↑	0.029	↑	0.201
海淀区	↑	0.233	-	-0.002	↑	0.037	-	0.010	-	-0.002	↑	0.276
房山区	↑	0.089	-	-0.032	↑	0.034	-	-0.011	-	0.003	↑	0.083
通州区	↑	0.207	↓	-0.083	↑	0.047	-	0.012	↑	0.009	↑	0.193
顺义区	↑	0.325	↓	-0.073	↑	0.057	-	0.017	↑	0.003	↑	0.330
昌平区	↑	0.207	↓	-0.025	↑	0.055	↓	0.000	-	0.003	↑	0.240
大兴区	↑	0.182	↓	-0.094	↑	0.041	↑	0.030	-	0.001	↑	0.159
门头沟区	↑	0.102	-	-0.006	↑	0.034	↑	0.022	-	0.002	↑	0.154
怀柔区	↑	0.100	-	-0.022	↑	0.034	↑	0.011	-	0.003	↑	0.126
平谷区	-	0.069	↑	0.012	↑	0.036	-	0.010	↑	0.009	↑	0.135
密云区	-	0.083	↑	0.000	↑	0.036	↑	0.021	↑	0.014	↑	0.154
延庆区	-	0.088	↓	-0.025	↑	0.031	↑	0.011	↑	0.008	↑	0.113

注：符号"↑、↓、-"分别表示比2004年功能等级上升、下降、无变化。由于小数点保留关系，表中密云区农产品生产功能指数和昌平区生态服务功能指数为近似值，与2004年对应功能指数相比，分别为正增长和负增长，特此说明。

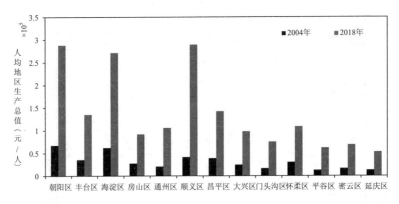

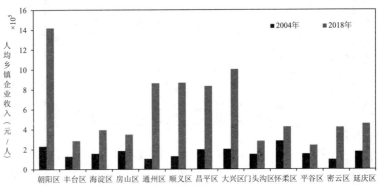

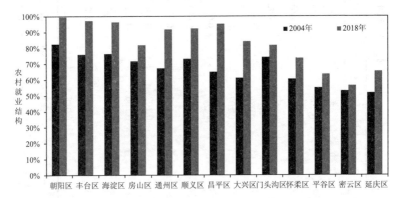

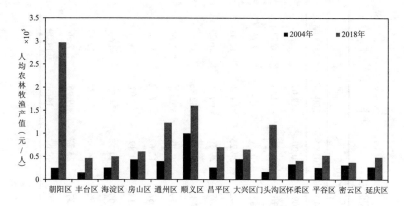

图 5-6　2004～2018 年乡村经济发展功能指标变化

对处于劣势。与 2004 年相比，仅密云区和平谷区保持增长态势，并以平谷区增长最快，增长量为 0.012；其他区的农产品生产指数均为负增长，农产品生产功能减弱（表 5-8）。综合而言，北京市农产品生产功能呈现"远郊平原区＞远郊山区＞近郊平原区"的发展态势，且随时间的增长，远郊山区的生产功能增强。

由表 5-10 可知，2018 年北京市农产品生产功能分项指标值总体下降。其中，人均粮食拥有量仅密云区呈增长态势；就人均鲜活农副产品拥有量而言，全市人均蔬菜拥有量均减少，人均鲜果拥有量除朝阳区、丰台区、海淀区和房山区外均呈增长态势；人均肉类拥有量只有平谷区和密云区保持增长，其他区均减少；垦殖指数仅大兴区和怀柔区增加，其他地区减少。远郊平原区光热水土资源配置条件优越，耕地资源相对丰富，是北京重要的农产品生产基地，但受城市发展新区的功能定位影响，部分地区耕地面积减少，农产品生产功能逐渐转移。平谷区和密云区等远郊山区因地方政策的支持，加之农业生产技术的改进，人均粮食拥有量增加，农产品生产功能得

表 5-10　2004 年和 2018 年北京市乡村农产品生产功能指标变化　　　单位: kg/人; %

区名	人均粮食		人均蔬菜		人均鲜果		人均肉类		垦殖指数	
	2004 年	2018 年	2004 年	2018 年	2004 年	2018 年	2004 年	2018 年	2004 年	2018 年
朝阳区	1.81	0.00	46.26	1.09	1.84	0.05	2.09	0.00	12.07	5.28
丰台区	2.15	0.20	69.66	1.31	2.48	0.62	1.76	0.07	12.61	6.73
海淀区	3.26	1.04	21.76	6.16	6.38	1.15	0.82	0.23	7.43	4.75
房山区	130.32	47.23	346.21	175.90	50.32	37.32	44.42	26.25	14.28	12.41
通州区	230.65	27.24	1315.93	319.15	31.23	39.39	69.47	29.70	40.46	36.29
顺义区	173.29	83.82	1831.38	365.88	38.82	53.18	207.42	79.51	32.85	31.57
昌平区	68.23	6.12	222.62	49.77	38.21	40.26	28.79	9.70	9.56	7.79
大兴区	232.97	43.24	2142.03	480.30	73.22	73.62	85.58	12.62	37.22	38.05
门头沟区	12.66	3.15	74.03	3.26	2.87	5.72	13.14	1.89	1.07	0.61
怀柔区	125.00	66.94	117.06	61.20	35.65	70.84	46.99	14.18	4.52	4.65
平谷区	78.68	67.77	827.72	135.54	183.52	583.29	67.56	84.55	12.23	12.19
密云区	82.16	114.73	737.95	334.83	36.50	117.18	58.37	25.77	9.96	7.66
延庆区	320.00	251.81	647.64	203.59	22.35	37.75	40.00	42.62	14.36	14.09

到发展。快速的城镇扩张使近郊平原区耕地迅速减少，加之农业结构调整等因素的综合影响，农产品生产功能衰减。

3. 社会保障功能

2018 年，北京市各区社会保障指数介于 0.049～0.085 之间，均值为 0.064。其中，朝阳区、昌平区和顺义区的社会保障功能最强，指数介于 0.080～0.085 之间；其他区均处于较强级别，功能指数在 0.049～0.069 之间。与 2004 年相比，区域社会保障功能整体提升。其中，顺义和昌平区提升最明显，增长量在 0.050 以上；通州区、大兴区和朝阳区功能提升次之，增长量介于 0.041～0.047 之间；其他区增长量低于 0.037，功能提升缓慢，且延庆区提升最慢（表 5-8）。区域社会保障功能总体呈现平原区＞山区的特征。

综合而言，社会保障功能与区域经济实力、城镇化水平等密切相关。近郊平原区凭借雄厚的经济基础和较高的城镇化水平，社会保障功能发展迅速；远郊平原区在新农村建设、城乡统筹发展等政策的驱动下，乡村基础设施不断完善，乡村社会保障功能日益提高；远郊山区中，除昌平区在新城建设和特色产业发展的带动下，社会保障功能提升较快外，其他区社会保障功能提升缓慢。

4. 生态服务功能

2018 年，北京市乡村生态服务功能指数介于 0.013～0.083 之间，均值为 0.043。其中，平谷区、密云区、延庆区和门头沟区的生态服务功能最强，指数介于 0.068～0.083 之间；怀柔区、昌平区的生态服务功能次之，指数分别为 0.057 和 0.039；大兴区和房山区的生态服务功能相对较弱，指数分别为 0.038 和 0.035；其他区的生态服务功能指数低于 0.030，功能较弱（表 5-8）。与 2004 年相比，昌平区和房山区的指数下降，其他区均有提升。其中，大兴区、门头沟区、密云区的功能提升最明显，增长量介于 0.020～0.030 之间；顺义区、通州区、怀柔区、延庆区、平谷区和海淀区的功能提升次之，增长量介于 0.010～0.017 之间；近郊平原区和房山区的生态服务功能增长量低于 0.003，功能提升缓慢。区域生态服务功能发展表现为：远郊山区＞远郊平原区＞近郊平原区。

　　分析可知，禁止开发区集中分布在远郊山区和房山区，远郊平原区分布较少，而近郊平原区没有分布；各区林木绿化率指标均有一定增长，远郊山区的增长最为明显，远郊平原区次之，近郊平原区相对缓慢；化肥投入强度除门头沟区和平谷区呈增加趋势外，其他地区均减少，并以怀柔区和海淀区减少最明显。总体而言，作为首都重要的生态涵养区，远郊山区的生态服务功能较强并呈现增长趋势。例如，平谷区境内密布的河流水系、茂密的林木资源及丰富的气候资源造就了独特的乡村生态环境，其禁止开发区面积及林木绿化率均处于较高水平，且注重水土涵养，地区生态服务功能最强；以水源地保护为核心，密云区禁止开发区面积不断增加，生态服务功能提升较快。远郊平原区为满足城市发展定位以及居民对绿色景观需求，区域禁止开发区面积及林木绿化率提升明显，生态服务功能提升相对较快。而近郊平原区因城市功能拓展需求以及较高的人口密度，尽管近年来加强了区域林木绿化建设，但生态服务功能增长相对缓慢。值得注意的是，海淀区近年来化肥投入明显减少，有效抑制了当地的农业面源污染，促进了区域生态功能的提升。

5. 旅游休闲功能

　　2018 年全市乡村旅游休闲指数介于 0.004～0.033 之间，均值为 0.015。其中，朝阳区和丰台区因经济发展功能较快和独特的地理区位，观光农业发展迅速，人均收入水平高，功能最强，指数分别为

0.033 和 0.030；密云区和平谷区的旅游休闲功能次之，指数分别为
0.025 和 0.020；怀柔区、昌平区、通州区、房山区、延庆区、顺义
区和大兴区的旅游休闲指数介于 0.008～0.017 之间，功能相对较弱；
门头沟区和海淀区的旅游休闲指数低于 0.008，旅游休闲功能最弱（表
5-8）。与 2004 年相比，除海淀区的旅游休闲指数呈负增长外，其他
区均有提升，并以丰台区功能提升最明显，增长量为 0.029；朝阳区、
密云区、通州区、平谷区、延庆区次之，增长量介于 0.008～0.017
之间；其他区功能提升相对缓慢，并以海淀区、大兴区提升最为缓
慢（图 5-7）。总体而言，全市各区日渐关注都市现代型农业发展，
以近郊为代表的观光休闲农业和以沟域经济为代表的远郊休闲旅游
发展迅速，总体呈现近郊平原区＞远郊山区＞远郊平原区的特征。

　　北京市乡村旅游休闲功能空间分布各异：随着经济的发展和城
市居民放松身心、欣赏田园风光的需求增加，得益于自身良好的交
通区位条件，近郊平原区现代观光农业发展优势凸显。其中，朝阳
区因绿色奥运的契机，区域农艺花卉类公园及观光垂钓等现代化观
光农业快速发展（顾晓君，2007），加之其特有的自然人文历史景观，
乡村观光旅游业的发展空间广阔，乡村旅游休闲功能最强；丰台区
凭借其便利的交通条件、丰富的文化资源和花卉园林资源，休闲旅
游优势比较突出。由于经济发展相对缓慢，远郊山区的乡村原始风
貌较易留存，结合既有的自然景观，逐渐形成独具地方特色的旅游
观光园，部分区的旅游休闲功能发展也相对突出。其中，密云区和
平谷区境内自然景观丰富，且特色林果业快速发展，为地方发展采
摘观光及休闲旅游创造了条件。远郊平原区独特的区位优势、便利
的交通条件，使其成为城市居民放松身心、欣赏田园风光的不错选
择，乡村旅游休闲功能就此发展。其中，通州区围绕"城市副中心"

定位积极开展新市镇、特色小城镇和美丽乡村建设，通过"农旅结合"实现了农业项目、农业产品、农村资源与旅游业的融合，形成了张家湾葡萄、西集樱桃等有规模、基础好、设施全的农业观光园区，为乡村旅游休闲功能的快速提升奠定基础。

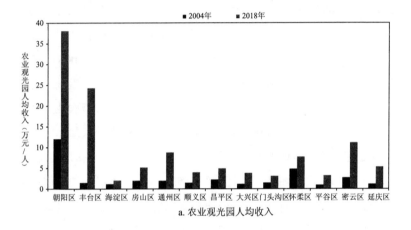

a. 农业观光园人均收入

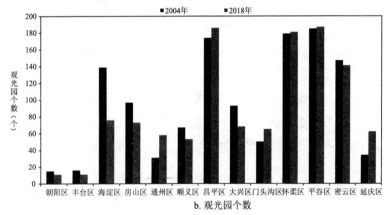

b. 观光园个数

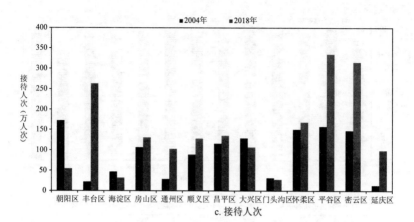

图 5-7　2004 年和 2018 年北京市乡村旅游休闲指标变化

（三）乡村综合功能的时空分布特征

由表 5-8 可知，2018 年 13 个区的乡村综合功能指数介于 0.272～0.646 之间，均值为 0.377。其中，朝阳区和顺义区的乡村综合功能指数分别为 0.646 和 0.585，综合功能最强；海淀区、昌平区、通州区、大兴区的综合功能指数介于 0.374～0.411 之间，功能较强；丰台区和延庆区等远郊山区的综合功能指数介于 0.272～0.320 之间，综合功能相对较弱。与 2004 年相比，13 个区的乡村综合功能指数均有一定程度的提升（表 5-9）。其中，朝阳区提升最快，顺义区、海淀区和昌平区提升较快，其他区的综合功能提升缓慢。

由图 5-8 可知，经济发展功能比重高值区域集中于近郊平原区，农产品生产功能则集中在远郊平原区和部分远郊山区，社会保障功能较强的区域往往经济发展也迅速，生态服务功能较强的区域则分布在经济发展相对落后、山地丘陵资源丰富的远郊山区，旅游休闲

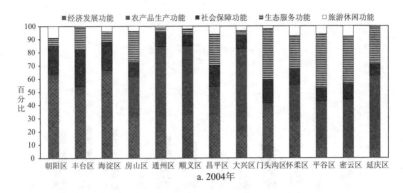

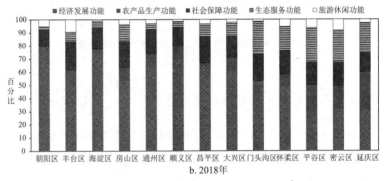

图 5-8   2004 年和 2018 年北京市各区乡村子功能结构变化（单位：%）

功能近年来虽有发展，但其比重在五大功能中最小。随着时间的推进，全市 13 个区的乡村经济发展和社会保障功能占比均有提升，而农产品生产、生态服务比重整体降低，平原区旅游休闲功能占比总体减小。可见，一方面，较高的人口密度、较小的生活空间以及由快速工业化引发的一系列城市环境问题等影响城区居民的身心健康，出于对优美环境的渴望，市民把目光转向乡村，逐渐形成了对乡村观光休闲旅游产业的需求，与此相关的产业快速兴起，带动了乡村经济发展和配套设施建设，农民生活面貌逐步改善；另一方面，工业化及城镇化的快速发展，不可避免地占用农用地，耕地、园地等面积减少，农产品生产功能减弱，而为寻求经济发展与农产品保障的平衡，农业结构适时调整成为必然，发展区域也逐渐向平谷、密云等远郊山区转移。在此过程中，又依赖于化肥等投入来增加产量，农业污染严重，尽管近年来通过实施化肥零增长等行动，农业面源污染得到了有效遏制，但对区域的生态环境仍然存在一定的负面影响，未来仍需重点关注。

（四）未来乡村地域多功能定位

综合各区的乡村地域功能现状和资源环境特征，制定差异化的乡村发展功能定位。随着首都中心城市部分职能的转移，近郊平原区仍以经济发展为主导功能，积极推进科技创新类产业的发展，并进一步完善乡村基础设施建设，实现经济发展和社会保障功能的协同推进。

尽管远郊平原区蔬菜及鲜果生产功能逐步弱化，但从居民基本生活保障及增强城市安全韧性出发，特别是后疫情时代首都市民高品质农产品供应面临的严峻考验，鲜活农产品生产功能仍然是未来发展的重点；同时，立足农业资源丰富、经济实力较强、交通便利等优势，推动高效都市型休闲观光农业的建设，加快实现农业高质量发展。其中，顺义区将逐渐承担疏散中心区产业与人口的职能，作为远郊平原区中经济发展和农产品生产功能较强的区域，未来在保持农产品生产功能优势的同时，适当增强生产制造、物流配送和人口承载等职能，成为北京新的经济增长极。

作为保障北京可持续发展的关键区域，远郊山区的主要任务是加强生态环境保护与建设，引导自然资源的合理开发与利用，发展生态友好型产业，建设成为首都坚实的生态屏障和市民休闲游憩的理想空间，积极建设展现北京美丽自然山水和历史文化的典范区、生态文明建设的引领区、宜居宜业宜游的绿色发展示范区。其中，密云区和延庆区应注意经济增长与生态涵养的协调发展，大力发展以特色林果业为主的现代都市型农业，依托当地资源发展观光农业等特色旅游产品。门头沟区在强化区域生态涵养功能的同时，应坚持高端、生态、特色发展方向，加快形成以旅游文化休闲产业为主导，现代服务业、高新技术产业、都市型农业等多点支撑的绿色生态产业，并稳步提升区域的社会保障功能。

四、乡村发展类型分化及其多功能特征

结合第五章第三节乡村地域多功能时空分布特征可知，2004 年以来，密云区的农产品生产功能、生态服务功能和旅游休闲功能提升较快，但也因地形地貌限制，经济发展功能较弱，部分乡村经济发展落后、农民收入较低，乡村发展不平衡不充分现象明显，是北京市典型的远郊山区。《北京市乡村振兴战略规划（2018～2022 年）》指出，要优化区域乡村生产生活生态空间，分类推进乡村发展，构建城乡融合发展格局。密云区位于北京市东北部，属燕山山地与华北平原交接地，东、北、西三面群山环绕，山区面积约占区域总面积的 79.5%，是北京市重要的饮用水源地和生态涵养区，是京津冀生态涵养区的重要组成部分。据此，本节以密云区为例，在考虑规划约束的前提下，结合经济水平、交通区位、资源禀赋、生态环境质量等，构建基于村域的乡村综合发展评价指标体系，借助 SOFM 聚类方法系统辨识乡村发展类型及其多功能特征。

（一）乡村发展类型划分思路

1. 基本思路

（1）基于系统观构建乡村发展评价指标体系（图 5-9）。结合区域实际及相关资料，构建乡村多维度发展评价指标体系，并借助网络在线资源、GIS 空间分析技术及统计资料等获取相应指标；经过标准化、赋权计算得出评价单元各项子系统指数以及乡村综合发展指数，并据此分析乡村综合发展特征。

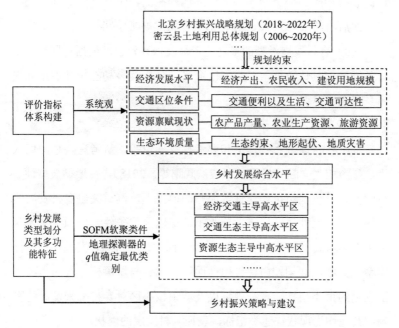

图 5-9　密云区乡村发展类型划分技术流程

资料来源：刘玉等，2019。

（2）基于 SOFM 模型和地理探测器划分乡村发展类型。乡村经济发展水平、交通区位条件、资源禀赋现状、生态环境质量四项指数为 SOFM 分类模型输入，聚类结果为模型输出。首先，遵循样点在空间随机均匀分布的抽样原则，借助 ArcGIS 地统计模块的创建子集工具，将获取的包含四项子系统指数属性记录的村域单元点按一定比例抽样（通常，抽样单元/总体研究单元≥70%）；利用 Matlab 神经网络工具箱提供的 SOFM 相关函数编程，对样本进行学习、训练和分类。待网络训练好后，将全部单元作为输入样本投入网络，进而获得相应的分类结果，并借助地理探测器工具确定最佳聚类数目，而后将结果导入 ArcGIS，形成乡村发展类型图。

（3）乡村发展类型的多功能特征及振兴建议。根据不同类型乡村各维度的具体特征，对类型区命名，分析其多功能特征并据此提出乡村振兴建议。

2. 乡村发展评价指标体系

基于乡村地域系统理论和要素禀赋理论等，从考虑规划约束入手，参考相关文献（杨忍，2017；武鹏等，2018），在遵循典型性、科学性、系统性、可操作性等原则的前提下，侧重突出乡村发展的差异性和可比性，从经济发展水平、交通区位条件、资源禀赋现状和生态环境质量 4 个维度选取 11 项指标构建乡村综合发展评价指标体系。其中，规划期内建设用地面积占比、与城镇核心区的距离属于规划约束类指标，表征规划以及城镇核心区对乡村未来发展的影响；其他均为现状描述类指标，表征乡村发展的现状水平。

利用极值法对指标标准化（式 5.1～式 5.2）；借助层次分析法获取指标权重；运用加权求和法确定乡村发展 4 项子系统指数及综合指数（式 5.6～式 5.7）。指标体系及权重详见表 5-11。其中，在借助层次分析法确定指标权重过程中，主要参考乡村发展研究专家的意见和现有文献中相应指标权重值来确定判断矩阵构造环节中指标的重要性标度。

由表5-11可知：

（1）经济发展水平是衡量乡村发展的重要指标，也是乡村经济发展潜力的重要反映，具体选用人均乡村主要经济总产出、农民人均收入所得和规划期内建设用地面积占比反映。其中，人均乡村主要经济总产出、农民人均收入所得反映乡村经济发展水平现状，值越大，乡村发展水平越好；规划期内建设用地面积占比反映地区经济增长潜力，其值越大，表示未来村镇化程度越高，越有利于乡村发展。

（2）交通区位条件决定了乡村地域系统与城镇及其他乡村地域之间物质、能量和信息互动的频度和效率，可用交通便利度、与城镇核心区的距离表征。其中，交通便利度反映乡村道路设施建设情况，值越大，表示交通设施越完善，越有利于乡村发展；与城镇核心区的距离反映村庄交通区位状况，越靠近城镇核心区，越容易接受城镇核心区的辐射影响，村庄城镇化发展的可能性越大，乡村发展潜力越大。反之，乡村未来发展潜力越弱。

（3）研究涉及的资源禀赋现状侧重反映区域一、三产业的资源基础，具体用主要农产品产量、主要农用地资源和A级以上旅游资源丰度表征。其中，主要农产品产量、主要农用地资源分别从数量和规模方面反映乡村的农业资源禀赋条件，农业产量（资源）越高（丰富），农业生产能力就越强，越有利于实现乡村产业振兴；A级以上旅游资源丰度主要反映乡村旅游资源分布现状，值越大，表明乡村旅游资源越丰富，乡村旅游吸引力就越大，越有利于乡村发展。

表 5-11 乡村发展评价指标体系

准则层	指标层及权重	计算方法及说明	指标类型及效应	数据来源
经济发展水平 (0.250)	人均乡村主要经济总产出 (元/人) /0.037	(村工业主营业务收入+村建筑业总产值+村农林牧渔业总产值+村观光及民俗旅游收入)①/村总人口	现状描述/+	《密云统计年鉴 (2018 年) 》
	农民人均收入所得 (元/人) /0.119	农民人均收入所得	现状描述/+	《密云统计年鉴 (2018 年) 》
	规划期内建设用地面积占比 (%) /0.094	(允许建设用地面积+有条件建设用地面积) /村土地总面积	规划约束/+	2017 年土地利用规划完善数据
交通区位条件 (0.250)	交通便利度 (m/km^2) /0.125	村内乡镇级别以上道路总长度②/村土地总面积	现状描述/+	2017 年土地利用现状数据、交通基础设施数据
	与城镇核心区的距离 (m) /0.125	村质心到城镇核心区的距离	规划约束/-	2017 年土地利用现状数据
资源禀赋现状 (0.250)	主要农产品产量③ (t) /0.083	粮食产量+果品产量	现状描述/+	《密云统计年鉴 (2018 年) 》
	主要农用地资源 (hm^2) /0.083	耕地面积+园地面积	现状描述/+	2017 年土地利用现状数据

续表

准则层	指标层及权重	计算方法及说明	指标类型及效应	数据来源
资源禀赋现状（0.250）	A级以上旅游资源丰度（个）/0.084	5A级旅游景点数×5+4A级旅游景点数×4+3A级旅游景点数×3+2A级旅游景点数×2+A级旅游景点数×1	现状描述/+	2017年北京国家A级旅游景区名录（http://www.360doc.com/content/18/01 17/18/11735161_722757592.shtml）
	生态用地面积占比（%）/0.100	详见注④	现状描述/+	2017年土地利用现状数据、一、二级林地数据、水源保护区等
生态环境质量（0.250）	地形起伏度（m）/0.075	村最高海拔-村最低海拔	现状描述/-	2017年密云区DSM数据（分辨率为5m）
	地质灾害易发程度/0.075	详见注⑤	现状描述/-	北京市自然资源和规划委员会官网（http://ghzrzyw.beijing.gov.cn/art/2017/5/23/art_2332_398210.html）

注：①指标中村主营业务收入、建筑业总产值等数据缺乏，具体用乡镇相应指标与镇总人口的比值代替。标准化时，对各类人均经济产出分别标准化，尔后加和求取平均值。
②为显示不同级别道路对村民生活的影响，以赋权后的道路长度进行路网密度计算（金凤君等，2008）。
③主要农产品产量标准化处理方式同①。
④依据《生态保护红线划定指南》确定生态用地范围，具体包括一二级林地、水源保护区等生态用地。计算时，为避免不同用地同的重叠，借助ArcGIS空间分析技术获取最终生态用地面积和村内生态用地面积，尔后计算其与村土地面积的比值得来。
⑤利用2017年密云威胁密云居民点的突发地质灾害隐患点统计表获取密云村庄的地质灾害危险情级别（分为无隐患、小型、中型和大型），具体计算方法参考文献（唐林楠等，2016）。

（4）生态环境质量侧重反映乡村生态系统提供的生态保育以及生态稳定能力，具体用生态用地面积占比、地形起伏度和地质灾害易发程度表征。其中，生态用地面积占比反映区域提供生态服务、维持生态系统平衡的能力，值越大，表明村内生态用地越丰富，乡村生态环境质量越好，越有利于提供生态服务。地形起伏度和地质灾害易发程度分别反映区域生态敏感性和地质条件对乡村发展的影响，其值越大，对乡村发展建设威胁越大，发展潜力就越弱。

3. 乡村发展类型划分方法

（1）SOFM 网络分类模型设计

SOFM 是一种由芬兰学者 Kohonen 提出的非监督型的人工神经网络，它能够将高维数据集映射至低维空间，进而识别出数据间的相似关系。网络由输入层和竞争层组成，输入层节点代表样本的特征维数，竞争层节点即类别个数。输入层接收样本数据后，使竞争层节点相竞争，并调整获胜节点与邻域节点权值，可以在保持数据集拓扑结构不变的前提下得到数据聚类结果（毛祺等，2019；冯喆等，2019）。

SOFM 网络学习步骤包括（刘娅等，2015）：

①网络初始化。主要包括网络权值（w_{ij}）、学习速率（Lr）、邻域（S_k）及迭代次数（P）；

②输入样本数据（x_i）归一化处理；

③计算输入样本与每个竞争神经元 j 之间的距离（d_j），具有最小距离的神经元即为获胜神经元（c）（式 5.12）；

④权值调整及邻域设置。对获胜神经元及邻域内神经元权值进行更新；

⑤基于新的输入样本重复上述步骤，进而获取最终分类结果。

研究借助 *MATLAB* 实现聚类代码设计，相应的网络拓扑结构、距离、迭代次数等参数依次设置为六角形拓扑结构（Hextop）、欧式距离（Dist）、5 000 次，竞争层神经元个数依次设置为介于 2～16 之间的连续自然数，即样本输出类别依次为 2～16 类。

$$d_j = \left\| X - W_j \right\| = \sqrt{\sum_{i=1}^{N}(x_i - w_{ij})^2}; \ d_c = \left\| X - W_c \right\| = \min \left\| X - W_j \right\|$$

式 5.12

（2）基于地理探测器的最佳聚类数目确定

SOFM 网络非监督分类的特性表明，类别数目的改变将影响聚类结果，因此，确定最佳聚类数目是关键环节。梳理文献可知，目前学者们多依赖专家先验知识确定基于 SOFM 的聚类方案数目（周扬等，2019），客观的聚类效果评价统计检验方法尚待深化研究。地理探测器作为一种可量化分析空间分层分异特性、探测各类变量之间空间相关性的探索性工具，在检验基于专业领域知识的分类算法的聚类效果方面具有一定优势（张衍毓等，2017；王劲峰等，2017）。据此，通过计算地理探测器的 q 值以确定最佳类别，具体以乡村综合发展指数为结果变量，不同聚类数对应的分区结果为自变量，公式如式 5.13。

$$q = 1 - \frac{1}{n\delta^2} \sum_{h=1}^{L} n_h \delta_h^2$$

式 5.13

式中，n 为研究区的村域总数，为 357；L 为分类数；δ_h^2 为第 h 个类型区内结果变量的方差；n_h 为第 h 个类型区内的村庄数；δ^2 为整个研究区内结果变量的方差；$q \in [0,1]$。一般而言，当聚类数相同时，q 值越大表示聚类效果越好。聚类数不同时，q 值随分类数

的增加而增大，但随着类别数的增加，相关成本也会增加。据此，基于
"类内乡村发展差异性最小、差异性最小前提下分类数目不宜过多"的
原则，通过绘制边际效益曲线并寻找其拐点来确定最佳类别数。

4. 村域研究单元处理

考虑到檀营、鼓楼、果园三地（以下统称为城镇核心区）的城
镇化程度高以及密云水库内农村居民点分布少的情况，在研究单元
处理时舍去，不参与分析。由于矢量数据中存在村名重复且空间分
布连续的单元，为便于后续分析，对镇内村名重复的单元进行合并，
最终形成 357 个村域单元。

（二）乡村综合发展水平

基于自然断裂法（Natural Breaks）将乡村综合发展水平划分为
高（≥0.423～0.543）、中高（≥0.351～0.423）、中低（≥0.264～0.351）
和低（≥0.119～0.264）4 个级别。由表 5-12 可知，在经济发展、交
通区位、资源禀赋和生态环境质量的影响下，乡村综合发展水平呈
现明显的空间分异性，总体以城镇核心区和密云水库为圆心向外减
弱。其中，城镇核心区周围乡村由近及远依次呈现"高—中高—中
低"水平的圈层式分布，密云水库北部周围表现为"中高—中低—
低"水平的圈层式分布结构，即全区以密云水库为界，水库北部的
乡村发展水平总体弱于水库南部（城镇核心区周围）。

（1）高水平单元（70 个）集中分布在密云水库南部的河南寨、
穆家峪、巨各庄、十里堡、西田各庄、溪翁庄、密云、东邵渠等镇，
少量分布在水库北部的石城、不老屯、高岭等镇。其中，蔡家洼、
东白岩、提辖庄、石蛾、北白岩、西邵渠等邻近城镇核心区的村庄，
交通区位优势独特，地势平缓，农业和旅游业资源丰富，生态环境

表5-12　密云区乡村综合发展水平分级

级别	村庄名称
高	溪翁庄镇走马庄村、溪翁庄村、石马峪村、金叵罗村、北白岩村；西田各庄镇沿村、西智村、西田各庄村、西康各庄村、西恒河村、疃里村、太子务村、马营村、韩各庄村、董各庄村、大辛庄村、朝阳村、仓头村；太师屯镇太师屯村；石城镇、石城镇、梨树沟村、十里堡镇庄禾屯村、杨新庄村、统军庄村、双井村、水泉村、十里堡村、岭东村、靳各寨村、红光村；程家庄村；穆家峪镇庄头峪村、羊山村、新农村村、辛安庄村、西穆家峪、刘林池村、后栗园、阁老峪村、大石河漕村；密云镇李各庄村、季庄村、巨各庄镇水峪村、沙厂村、前焦家坞村、后焦各庄村、丰各庄村、豆各庄村、东白岩村、蔡家洼村；河南寨镇堤辖庄村、套里村、山口庄村、圣水头村、宁村、南单家庄村、南陈各庄村、河南寨镇、东套里村、北单家庄村、高岭镇栗榛寨村、石峨村、大城子镇大城子村、不老屯镇燕落村、兵马营村；北庄朱家湾村、西部渠银冶峪村、西部渠
中高	溪翁庄镇东智北村、石墙沟村、立新庄村、尖岩村、黑山寺村、东智西村、东智东村、白草洼村、西田各庄村；干家台村、卸甲山村、小石头村、西山村、四期、水洼屯村、署地村、清殿村、牛盆峪村、建新村、黄坨子村、河北庄村；龚庄子村、坟庄村、东户部庄村、渤海寨村、白道峪村、太师屯镇许庄子村、小漕村、上庄子村、桑园村、王庄村、葡萄园村、龙潭沟村、沇河沟村、今公村、光明队村、东庄禾村、东学各庄村、大漕村、石城镇张家坟村、西湾子村、西湾子村、四合堂村；水堡子村、石塘路村、贾峪村、黄峪口村、二平台村、十里堡镇燕落寨、王各庄村、清水潭村、穆家峪镇水潭村、上峪村、沙峪沟、前栗园村、南穆家峪、娄子峪村、九松山、荆子峪村、荆稍坡村、碱厂村、达峪村、达岩村、北穆家峪村、北糠家峪；密云镇小唐庄村、王家楼村、大唐庄村、巨各庄镇赵家庄村、张家庄村、新生社区居民委员会、塘子村、塘峪村、水树岭村；村、楼峪村、康各庄村、巨各庄村、久远庄村、金山子村、海子村、查子沟村、两河村、河南寨镇中庄村、下屯村、团结村、台上村、沙坞村、平头村、芦古庄村、两河村、荆栗园村、金沟村、庄河厂村、东鱼各村、钓鱼台村、北金沟屯村；高岭镇瑶亭村、石匣村、上甸子村、四合村、高岭村、高岭镇小峪村、界牌村、冯家峪镇西庄子村、西口外村、冯家峪村；石湖根村、石洞子村、冯家峪镇张庄子村、杨各庄村、保玉岭峪村、东部渠镇小峪村、石安各庄村、东葫芦峪村、大石门村；大岭村；大城子镇张家子峪村、王各庄村、聂家峪村、暖泉会峪村、苍木会村、不老屯镇柳树沟村、黄土坎村、大窝铺村、不老屯村；北庄镇苇子峪村、土门村、暖泉村、北庄村

续表

级别	村庄名称
中低	新城子镇遥桥峪村、太古石村、吉家营村、大树洼村、溪翁庄镇五座楼国有林场、搬迁村；西田各庄镇兴盛村、新王庄村、小水峪村、西庄窠村、太师屯镇头道岭村、大师庄村、沙峪村、前南台村、前八家庄村、南沟村、后南台村、后八家峪村（原即房峪村），石城镇五座楼国有林场（西）、石城镇农民集体（西）、二道河村、赶河场村、二道河村、对家河、巨各庄镇前厂村、牛角峪村、迁峪村；河南寨镇新兴村、莲花瓣村、滚河开发区；古北口镇杨庄子村、司马台村、古北口村、北台村、北甸子村、高岭镇辛庄村、小开岭、下会村、下甸子村、河南寨镇下营村、芹菜岭村、界牌峪村、郝家台村、东关村、大开岭村、白河洞村、冯家峪镇朱家峪村、下营村、西白莲峪村、三岔口村、前火神庙村、南台子村、黄粱根村、番字牌村、北栅子村、东邵渠镇西葫芦峪村、太保庄村、史长峪村、大龙门村、南达峪村；大城子镇庄头村、张泉村、下栅子村、碰河寺村、南沟村、后甸村、河下村、方耳峪村、程各庄村、柏崖村、不老屯镇转山子村、永乐村、学各庄村、杨各庄村、香水峪村、史庄子村、沙岭里村、南香峪村、古石峪村、董各庄村、丑山子村、车道峪村、边庄子村、半城子村、北庄镇杨各堡村、抗峪村、东庄村、大岭村
低	新城子镇新城子村、小口村、雾灵山林场、头道沟村、塔沟村、苏家峪村、坡头村、花园村、二道沟村、东沟村、大角峪村、崔家峪村、曹家路村、巴各庄村；太师屯镇松树掌村、马场村、落洼村、石城镇云蒙山林场、五座楼林场（东）、北对峪、白庙子村；巨各庄镇北京首钢铁矿；古北口镇汤河村、水石浒林场、古北口镇汤河村、镇政府驻地；大城子镇梯子峪村、大城子镇梯子峪村、国有林场、不老屯镇阳坡地村、北沟村、不老屯镇阳坡地村、学艺厂村、西冯家峪镇西峪峪村、司营子村、山安口、陈各庄、陈家峪村、西坨古村、西坨古庄、半城子林场、北庄镇营房村、北庄营房村、干峪沟村

质量较好，且规划期内有条件建设用地和允许建设用地规模较大，发展潜力大，乡村发展水平总体处于前列。

（2）中高水平单元（131个）在密云水库南部的西田各庄、河南寨、巨各庄、穆家峪、溪翁庄、太师屯以及北部的石城、高岭等镇分布居多。其中，白道峪、前栗园、荆栗园、下屯等村交通便利，有利于城乡要素流动，工业发展迅速，产业基础较好，居民收入较高，且生态用地面积占比较大，乡村生态环境较好，也表现出较高的发展水平。

（3）中低水平单元（110个）主要分布在密云水库北部的石城、冯家峪、不老屯、高岭以及南部的大城子镇和太师屯镇。其中，南沟（大城子镇）、南香峪、前火岭、吉家营、石岩井、下栅子等村的坡度在25°以上，经济交通发展受限，乡村发展水平不高。

（4）低水平单元（46个）主要分布在水库北部的新城子、不老屯、古北口等镇。这部分单元地形起伏较大，生态环境质量不高，同时经济、交通、资源等发展水平也较低，乡村综合发展水平低下。

（三）乡村发展类型划分

结合图 5-10 可知，q 值随着聚类数目的增加而不断增大，表明聚类效果随类别数的增加而变好。总体而言，聚类数介于2～7之间时，q 值快速增大；聚类数介于8～16之间时，q 值呈现缓慢的波动增长态势。考虑到空间分区成本会随聚类数的增加而增大，结合边际效益递减规律，认为聚类数为7或8时所对应的 q 值即为空间分区成本最合理、分区效益最好的边际效益拐点值。将两种聚类结果导入 ArcGIS 形成乡村发展类型图，最终确定密云区乡村发展类型为7种（表5-13），并按照经济发展、交通区位、资源禀赋、生态环境四个维度和综合发展水平的具体特征命名，原则上以反映类型区的主要限制（主导）因素、发展水平高低情况为主，各类型区内涵及其主要特征详见表 5-14。

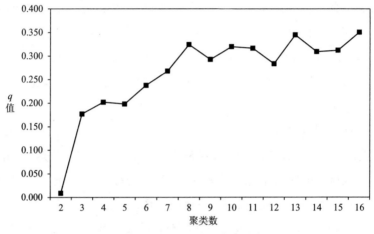

图 5-10　不同聚类结果对应的 q 值分布

资料来源：刘玉等，2019。

（四）乡村多功能特征及振兴建议

在区域发展目标多元、社会需求多样等综合影响下，乡村地域逐渐由单一的农产品生产转向兼具生产、生活、生态、文化等多功能方向发展。在此背景下，需要重新认知乡村价值，意味着可基于多功能视角剖析乡村发展差异（陈秧分等，2018）。依据功能特征表现，确定乡村产业、主体、资源等要素的流动和重组方向，进而促进乡村发展。同时，不断流动的乡村发展要素经过空间重组和再配置又反过来作用于乡村地域多功能，使某些功能增强或减弱，进而形成功能特色鲜明、差异明显的乡村发展类型（图 5-11）。据此，在

表 5-13　密云区各乡村的发展类型

类型	乡镇名称
经济交通主导高水平区	溪翁庄镇溪翁庄村、立新庄村；西田各庄镇沿村、西庄栗村、西山村、西沙地村、西恒河村、瞳里村、水渍屯村、清廏村、建新村、朝阳村；太师屯镇太师庄村、太师屯村、松树峪、前南台村、石城镇黄土粱村、红星村、河北村；十里堡镇禾屯村、杨新庄村、统军庄村、水泉村、双井村、十里堡村、清水潭村、岭东村、靳各寨村、红光村、河漕村、程家庄村；穆家峪镇新农村、南穆家峪、刘林池村、密云镇王家楼村、李各庄村、季庄村、大唐庄村；巨各庄镇塘峪村、河南寨镇新兴村、台上村、南陈各庄村、两河村、连花瓣村、河南寨村、东鱼家台村、东套里村、钓鱼台村、北单家庄村、东部渠玉岭村、西部渠村、东部渠村、不老屯镇北沟村、转山子村、董各庄村；北庄镇营房村、干峪沟村
交通生态主导高水平区	溪翁庄镇东智北村、东智西村、黑山寺村、东营东村、东营子村、北白岩村、白草洼村；西田各庄镇于家台村、西智村、西田各庄村、四期、署地村、马营西村、黄坨子村、河北庄村、韩各庄村、坟庄村、董各庄村、东户部庄村、渤海寨村、太师屯镇城子村、石城镇水堡子村、梨树沟村、二平台村；十里堡镇燕落寨、王各庄村、穆家峪镇水漳村、沙峪沟、前栗园村、九松山、荆稍峪村、大石岭、达峪沟、北穆家峪、密云镇小唐庄村、巨各庄镇张家庄村、新生社区居民委员会、水树岭村、沙厂村、前厂村、牛角峪村、黄各庄村、后焦坞村、达峪村、河南寨镇中庄村、八家庄村、下会村、团结村、奎里村、北山口庄村、沙坞村、平头村、宁村、南单家庄村、芦古石村、荆家庄村、赶河厂村、滨河开发区、北金沟屯村、沙峪村、高岭镇大屯村、东部渠镇大保庄村、史格峪村、石峨村、南达峪村、界牌村、大城子镇庄头村、下栅子村、碰河寺村、后甸村、高庄子村、大城子镇燕落村、学各庄村、史庄子村、柳树沟村、黄土坎村、大窝铺村、兵马营村；北庄镇朱家湾村、苇子峪村

续表

类型	乡镇名称
资源生态主导中高水平区	太师屯镇小漕村、龙潭沟村、流河沟村、令公村；高岭镇瑶亭村、下甸子村、上甸子村、放马峪村；大城子镇苍术会村；北庄镇北庄村
经济生态主导中高水平区	溪翁庄镇走马庄村、石马峪村；西田各庄镇卸甲山村、小石尖村、大子务村、大辛庄村、白道峪村；太师屯镇许庄子村、头道岭村、松树掌村、上金山村、前八家庄村、洛洼村、后南台村、光明队村、车道峪村；石城镇张家坟村、西湾子村、王庄村、石塘路村、南沟村、棒棒山村、贾峪村；穆家峪镇羊山村、西穆家峪、上峪村、娄子峪村、荆子峪村、后栗园、阁老湾村、达岩村；巨各庄镇赵家庄村、塘子村、水峪村、前焦家坞村、楼峪村、康各庄村、金山子村、霍各庄村、丰各庄村、豆各庄村、蔡家洼村；河南寨镇圣水头村、久远庄村、潮关村、高岭镇石匣村、海子村、高岭村、白河洞村、冯家峪镇杨各庄村；古北口镇杨庄子村、西庄子村、东关村、黄粱根村、冯家峪村；东邵渠镇小峪村、高各庄村、西口外村、西连岭村、石湖根村、张泉村、杨各庄村、河下村；方耳峪村、大龙门村、大岭村、大城子镇庄户峪村、南香峪村、古石峪村、王各庄村、车道峪村、边庄子村、北庄镇暖泉会村、抗峪村、东庄村、大岭村
经济交通制约中低水平区	新城子镇遥桥峪村、小口村、太古石村、塔沟村、苏家峪村、坡头村、吉家营村、大树洼村、太师屯镇石岩井村、上庄子村、沙岭村、葡萄园村、马场村、黑古沿村、二道河村、东庄禾村、蔡家甸村；石城镇四合堂村、石城村、桑园村、黄峪口村；巨各庄镇东白岩村、古北口镇北台村、北甸子村、高岭镇辛庄村、小开岭、下会村、田庄村、芹菜岭村、界牌峪村、郝家台村、四合村、大开岭村、高岭屯村、大城子镇墙子路村、程各庄村、柏崖村、不老屯镇永乐村、丑山子村、五山子村、北香峪村、半城子村、白土沟村；北庄镇杨家堡村、土门村

续表

类型	乡镇名称
经济资源制约中低水平区	溪翁庄镇五座楼国有林场、搬迁村；西田各庄镇兴盛村、新王庄村，西康各庄村（东），牛盆峪村；太师屯镇后八家庄村，东田各庄；石城镇云蒙山林场，五座楼林场（西），五座楼国有林场（东），石城镇农民集体（原郎房峪村），河北村委会，赶河厂场村，二道河村，对家河，北对岭，白庙子村；穆家峪镇庄头峪村，辛安庄村；巨各庄镇查子沟村，北京首钢铁矿；河南寨镇提辖庄村，古北口镇水石浒林场，高岭镇石浒林场；栗榛寨村；东邵渠镇银冶岭村，西胡同村，镇政府驻地，东胡芦峪村，大石门村；大城子镇张庄子村，裴家峪村，国有林场；不老屯镇阳坡地村，学艺厂村，西学各庄，西坨古村，山安口，陈家峪村，陈各庄，半城子林场
交通生态制约低水平区	新城子镇新城子村，雾灵山林场，头道沟村，花园村，二道沟村，大角峪村，东沟村，崔家峪村，曹家路村，巴各庄村；古北口镇汤河村，司马台村，河西村，古北口村，冯家峪镇下营村，西苍峪村，司营子村，前火岭村，南台子村，番字牌村，北棚子村，白马关村；大城子镇南沟村

表 5-14 乡村发展类型区基本特征

类型	内涵	经济发展水平	交通区位条件	资源环境禀赋	生态环境质量
经济交通主导高水平区	经济发展和交通区位优势突出，乡村综合发展水平高	0.131	0.119	0.020	0.131
交通生态主导高水平区	交通区位优势突出，生态环境质量好，乡村综合发展水平高	0.092	0.126	0.029	0.145
资源生态主导中高水平区	资源禀赋和生态环境质量优势明显，乡村综合发展水平较高	0.069	0.066	0.081	0.161
经济生态主导中高水平区	经济发展水平较高，生态环境质量好，乡村综合发展水平较高	0.091	0.093	0.032	0.153
经济交通制约中低水平区	经济发展较弱，交通区位优势不足，乡村综合发展水平较低	0.080	0.062	0.039	0.148
经济资源制约中低水平区	经济发展薄弱，资源禀赋不足，乡村综合发展水平较低	0.034	0.095	0.026	0.148
交通生态制约低水平区	交通区位和生态环境质量处于劣势，乡村综合发展水平低	0.086	0.038	0.041	0.071
研究区		0.088	0.097	0.032	0.141

注：类型区名称中的中高、中低、低水平，低水平基于前文乡村综合发展水平指数分级标准整理，但高水平的划分则相对于中高水平而言，特此说明。

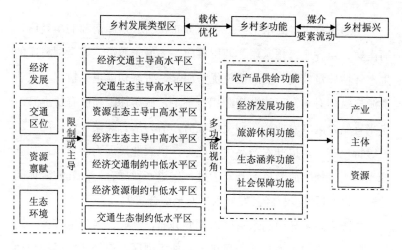

图 5-11　多功能视角下各类型区的振兴发展思路

资料来源：刘玉等，2019。

阐述各类型区乡村发展特征时，着重探讨经济发展、资源禀赋等要素支撑下的多功能发展特点，解释乡村发展过程，进而从多功能视角提出乡村振兴建议。

经济交通主导高水平区，集中分布在不老屯、十里堡、河南寨、西田各庄等镇，太师屯、密云、石城、穆家峪等镇有少量分布。区域经济发展水平和交通区位优势突出，表现出较强的经济功能；农业和旅游业资源禀赋弱于其他类型区，生态环境质量也普遍较低，表现出较弱的生态旅游休闲功能。针对地形受限的黄土梁村、干峪沟村、北沟村等，未来宜充分利用地形地貌资源，开发特色旅游项目，发展特色化的生态旅游及服务业；针对部分地势平缓、邻近城镇核心区的村，如靳各寨村、河槽村、南穆家峪村等，注重村镇产业规划引领作用，强化经济功能，同时注意保护区域生态用地，提升区域生态功能。

交通生态主导高水平区，主要分布在密云水库南部的溪翁庄、河南寨、巨各庄、穆家峪、西田各庄、大城子等镇。该类型村庄的生态环境质量较高，交通区位优势明显，生态功能也比较强，农业资源禀赋相对丰富而旅游资源相对不足，旅游休闲功能有待提升。未来宜结合区域农业资源和交通优势，着力培育蔬菜种植、配送加工等特色产业，提升农产品生产能力；以农业发展为着力点，加强观光休闲采摘类旅游资源开发力度，促进产业融合，提升旅游休闲功能，进而提升乡村经济发展水平乃至综合实力。

资源生态主导中高水平区，主要分布在高岭、太师屯等镇。这部分单元生产和生态功能明显优于其他类型区，但经济发展和交通区位稍弱。鉴于此，未来应重点发展生产和生态功能，并充分利用丰富的耕地和园地资源，积极发展观光采摘等休闲农业；强化生态旅游资源的开发力度，积极促进农旅产业融合，以产业发展提升乡村经济功能。

经济生态主导中高水平区，集中分布在密云水库北部的石城、冯家峪、不老屯以及南部的巨各庄、太师屯、穆家峪、大城子、西田各庄等镇。该类型区以经济功能和生态功能发展为主，交通区位和产业资源禀赋优势相对不足。未来应以经济、生态功能发展为主导，依托村庄较强的经济实力，引导资金向交通基础设施建设、现代化农业等流动，提升区域生产及社会功能。

经济交通制约中低水平区，主要分布在高岭、太师屯、不老屯、新城子等镇。地形坡度较大，不利于经济发展和交通建设，经济和社会功能发展不足，但生态功能相对处于优势地位，同时具备一定的农用地资源，适宜发展生产功能。未来应以强化生态功能为主，并借助生态用地资源和地形特点，加强旅游资源开发力度；借助已有的农用地资源，积极发展生态农业，以振兴旅游业和现代农业作为提升乡村综合实力的载体，提升区域经济功能。

经济资源制约中低水平区，集中在密云水库北部的不老屯、石城以及南部的东邵渠、西田各庄等镇。在经济发展和资源禀赋的双重限制下，这部分村庄的经济、生产和旅游功能发展不足，但生态环境质量较好，是区域水源生态涵养功能的重要载体，未来应在继续保持该功能的同时，依托已有资源适度强化经济和生产功能，提升乡村发展水平。

交通生态制约低水平区，集中分布在冯家峪、古北口、新城子等镇，境内因地形起伏较大，地质灾害易发，交通基础设施建设受限，尽管有较丰富的旅游资源，但开发力度不足，乡村发展水平较低。这一类型区生态旅游休闲功能发展潜力大，但经济功能和社会功能发展不足，未来宜结合优势条件，借助已有旅游品牌效应，以加强交通设施建设为着力点，增强区域生态旅游资源吸引力，进而提升区域经济、旅游、生态等功能。

五、乡村旅游休闲功能评价及优化

随着生活节奏的加快和居民消费结构升级，居民消费观念发生了显著变化，农事体验、康养等形式的乡村旅游休闲功能需求明显增加，观光休闲、民俗旅游等乡村新业态快速发展，《乡村振兴战略规划（2018～2022 年）》《关于促进乡村产业振兴的指导意见》等文件均把发展乡村旅游休闲作为乡村振兴的重要抓手。在实施乡村产业振兴和乡村旅游休闲分化新形势下，发展乡村旅游休闲产业有利于生态涵养区的乡村发展，但村庄能否发展以及发展基础如何尚需给予合理评价。与此同时，随着互联网技术、GIS 和位置服务技术的发展，POI 数据的获取范围逐渐覆盖小城镇和乡村地区，为乡村旅游休闲功能的精细化研究提供数据源。基于此，本节以密云区为例，基于 POI 等多源数据开展村域尺度的乡村旅游休闲功能评价与类型划分研究，客观揭示乡村旅游休闲功能格局并提出发展建议，为振兴乡村产业、丰富"两山理论"等提供方法借鉴。

（一）乡村旅游休闲功能的评价维度及指标

目前，学界对乡村旅游休闲功能内涵尚未形成共识，较多学者从休闲农业、乡村旅游等方面提出相应见解（Ramona et al.，2011；孙婧雯等，2020）。作为乡村地域的重要功能，乡村旅游休闲功能注重对以耕地、林地、园地等为代表的农业用地资源和风景名胜用地为代表的旅游产业用地资源的价值挖掘；在内涵上，既包含乡村地域的观光、旅游特征，也强调以乡村为空间载体的资源所呈现的乡土性、特色性和体验性等特征。据此，乡村旅游休闲功能可定义为：以乡村农业特色资源、自然景观、民俗文化以及公园、广场等开放空间等为基础，以城郊、农村地区为空间载体，向人们提供愉悦身心、文化涵养、寻访自然等高附加值产品和服务，以满足当代人在繁忙生活节奏中对游憩、休闲、康养、文化教育等多元化需求的综合功能形式。

《乡村振兴战略规划（2018～2022 年）》提出，顺应村庄发展规律和演变趋势，根据不同村庄的发展现状、区位条件、资源禀赋等分类推进乡村振兴。可见，区位条件、资源禀赋等的差异影响着乡村发展，而休闲功能作为乡村发展的功能表征，同样受其影响。①交通区位作为区域对外和对内连接的重要保障，其便捷程度决定着乡村旅游休闲功能发展的难易（王新越等，2016；胡春丽，2018），是旅游经济活动空间布局和优化的重要因素。②人地关系地域系统理论指出，"地"是人类赖以生存的物质基础和空间载体，制约着人类社会经济活动的深度、广度和速度。作为内生的地理环境变量，资源的丰富程度和优劣状况均影响乡村旅游休闲功能的发展（黄震方等，2011）。③服务设施配置水平则是区域旅游休闲资源接纳游客能力、旅游休闲高质量发展的重要反映（吕宁等，2019）。据此，结合区位论、人地关系地域系统理论、要素禀赋论等，参考公园、风景区等景观评价、健身康养等休闲资源适宜性评价以及休闲产业评价（胡春丽，2018；贾真真等，2019），从交通区位条件、资源禀赋水平和服务设施配置水平三个维度构建乡村旅游休闲功能评价指标体系。

1. 交通区位条件

密云区以服务京津冀地区尤其是北京城区客源为主，乡村旅游休闲活动通常为短程游，以公路网为主，自驾、公共交通等是主要交通方式（陈丽珍，2019）。选择路网密度、自驾游交通可达性、公交客运可达性来表征交通区位条件（T_i）。

（1）路网密度主要反映区内公路网的建设水平。值越大，表示交通区位条件越好。

$$T_{i1} = \sum_{j=1}^{L} w_j Len_{ij} / A_i \qquad 式5.14$$

式中，T_{i1} 表示第 i 个村的路网密度；A_i 表示第 i 个村的土地面积。Len_{ij} 表示第 i 个村第 j 等级公路的长度，结合研究区实际，筛选乡镇级别以上的道路参与计算；L 表示道路级别数目，共计 3 级；w_j 表示第 j 等级公路的权重系数，参考金凤君（2008）等人文献，将 1～3

级公路的权重系数分别设为 1.5、1、0.5。

（2）自驾游交通可达性。一般而言，高速公路具有良好的行车体验，能使游客更便捷地到达目的地。选用邻近高速公路出（入）口的便利指数表征，主要借助 ArcGIS 的"distance"和"raster calculator"工具实现，首先生成邻近高速公路出（入）口的栅格图（栅格尺寸为 260m），并计算每个栅格单元的便利指数，而后按村统计获取。

$$T_{i2} = \left(\sum_{h=1}^{k} (dist_{\max} - dist_{ih}) / dist_{\max} *100 \right) / k \qquad \text{式 5.15}$$

式中，T_{i2} 表示第 i 个村邻近高速公路出（入）口的便利指数。$dist_{ih}$ 表示第 i 个村第 h 个栅格内高速公路出（入）口的辐射距离值；$dist_{\max}$ 表示研究区内所有高速公路出（入）口的最大辐射半径，经测试为 38.08km；h 表示第 i 个村第 h 个栅格，k 表示第 i 个村对应的栅格总数。

（3）公交客运可达性。指游客采用公交客运方式接近休闲目的地的便捷程度，用村邻近公交站点的便利指数表征。通常，公交线路越多、公交站点越密集，表示游客接近旅游休闲资源越方便。

$$T_{i3} = \left(\sum_{m=1}^{k} (dist_{h\max} - dist_{im}) / dist_{h\max} *100 \right) / k \qquad \text{式 5.16}$$

式中，T_{i3} 表示第 i 个村邻近公交站点的便利指数。$dist_{im}$ 表示第 i 个村第 m 个栅格内公交站点的辐射距离值；$dist_{h\max}$ 表示研究区内所有公交站点的最大辐射半径，经测试为 13.10km；m 表示第 i 个村第 m 个栅格（栅格大小为 260m）。

2. 资源禀赋水平

资源禀赋（R_i）选取旅游休闲资源面积比例、旅游休闲资源个数、旅游休闲资源丰度等四项指标表征。

（1）旅游休闲资源面积比例用村内具有明显景观、生态、旅游、休闲等功能的地类面积与村土地面积的比值表征，比值越大，村内资源禀赋水平越高。

$$R_{i1} = \sum_{n=1}^{d}(A_{in} / A_i) \qquad 式 5.17$$

式中，R_{i1} 表示第 i 个村的旅游休闲资源面积占比。A_{in} 表示第 i 个村第 n 个地类的面积。结合密云区土地利用现状数据，d 取值为 5，具体指耕地、园地、林地、水域、风景名胜及特殊用地。

（2）旅游休闲资源个数。指标（R_{i2}）用村内旅游休闲资源兴趣点的个数（N_i）表征。

（3）旅游休闲资源丰度。参考香农多样性指数设计指标，从整体反映区域旅游休闲资源类型的数量和比例。一般而言，值越大，代表村内旅游休闲类型越多样，越能吸引游客来访（冉钊等，2019）。

$$R_{i3} = \sum_{q=1}^{6} S_{iq} \times \ln(1 / S_{iq}) \qquad 式 5.18$$

式中，R_{i3} 表示第 i 个村的旅游休闲资源丰度；q 为旅游休闲资源的种类，依据景观资源功能价值分为六类（表 5-15）；S_{iq} 表示第 i 个村第 q 类资源兴趣点占村休闲兴趣点个数的比重。

（4）地形起伏度。地形起伏度是地貌对比研究和地貌类型划分的客观依据（吴凯等，2019）。通常，地形起伏度越大，代表地形地貌越复杂，生态用地资源越丰富，休闲资源开发潜力越大。

表 5-15　乡村旅游休闲 POI 类型体系

休闲类型	子类名称	个数	比例
开放空间休闲类	公园、广场	19	6.29%
历史文化类	纪念馆、展览馆、科技馆、美术馆、博物馆	6	1.99%
疗养休闲类	度假村、度假山庄、庄园、海水浴场	70	23.18%
农事体验 与科普教育类	观光园、采摘园、种植园/基地、养殖基地、 垂钓园、现代农业示范园区、农业产业园、 生态园、农场、乐园	86	28.48%
特色村镇类	民俗旅游村、特色（如房车）小镇	5	1.65%
自然人文景观类	滑雪场、景区、塔、寺庙、森林公园	116	38.41%
合计		302	100%

注：参考王新越等（2016）和贾晓婷等（2019）文献划分。

$$R_{i4} = E_{i\max} - E_{i\min} \qquad \text{式 5.19}$$

式中，$E_{i\max}$、$E_{i\min}$ 分别表示 i 村内最高海拔和最低海拔。

3. 服务设施配置水平

服务设施是为满足游客基本需求而在景点内部或周边一定范围内配置的餐饮、住宿、公共卫生以及为对抗突发状况而设置的医疗服务站或治安巡逻点等基础设施。选择餐饮设施个数（S_{i1}）、住宿设施个数（S_{i2}）和公共厕所个数（S_{i3}）展开评价，分别用村内餐饮兴趣点个数、住宿兴趣点个数和公厕兴趣点个数表征。一般而言，个数越多，服务设施配置水平越高。需要补充的是：①尽管农家乐是常见的观光休闲资源，但密云区农家乐多分布在大型景区内部及周边，餐饮功能更为突出，故作为餐饮设施参与计算；②住宿主要针对具有较强吸引力、游客停留意愿大的休闲资源类型（特色村镇、疗养休闲、自然人文景观、农事体验与科普教育的部分景点）进行筛选。

运用极值法对指标标准化处理，指标效应为正，故借助正向标准化公式（式 5.1）计算，权重借助层次分析法确定。其中，在构建判断矩阵过程中，指标重要性标度主要结合乡村发展研究专家的意见以及乡村旅游休闲相关文献中对应指标的权重确定。休闲功能综合指数计算公式如下。

$$Leis_i = \sum_{a=1}^{3} W_a^t \overline{T_{ia}} + \sum_{b=1}^{4} W_b^r \overline{R_{ib}} + \sum_{c=1}^{3} W_c^s \overline{S_{ic}} \qquad 式 5.20$$

式中，$Leis_i$ 表示第 i 个村的休闲功能综合指数；$\overline{T_{ia}}$、$\overline{R_{ib}}$、$\overline{S_{ic}}$ 分别表示第 i 个村交通区位、资源禀赋、服务设施配置维度下的对应指标标准化值，W_a^t、W_b^r、W_c^s 分别表示交通区位、资源禀赋、服务设施配置维度下的对应指标权重。目标层及指标层权重详见表 5-16。

表 5-16　指标层权重

目标层	指标层	权重
交通区位条件（W_a^t/0.239）	路网密度/W_1^t	0.062
	自驾车交通可达性/W_2^t	0.099
	公交客运可达性/W_3^t	0.078
资源禀赋水平（W_b^r/0.550）	休闲资源面积比例/W_1^r	0.112
	休闲资源个数/W_2^r	0.157
	休闲资源丰度/W_3^r	0.187
	地形起伏度/W_4^r	0.094
服务设施配置水平（W_c^s/0.211）	餐饮设施个数/W_1^s	0.087
	住宿设施个数/W_2^s	0.069
	公共厕所个数/W_3^s	0.055

研究主要涉及密云区基础地理信息数据、土地利用现状数据、高程数据和兴趣点数据。基础地理信息数据包括密云区行政区划和交通路网，来自北京市规划和自然资源委员会密云分局；土地利用现状数据由 2017 年密云区影像数据解译获取；高程数据基于数字表面模型（分辨率为 5m）获取。结合王新越（2016）等人的研究文献和密云区美丽乡村、历史文化民俗村等资料，确定休闲兴趣点以反映乡村旅游休闲功能为主，不包括大型购物中心、剧院、商场、电影院、KTV 等反映城市休闲功能的兴趣点。在确定休闲兴趣点范围后，结合游客正常的步行速度（4～5km/h）以及可接受的最大心理时间（许泽宁等，2019），以景点周边 2km 作为筛选范围，统计村内餐饮、住宿设施和公共厕所个数。公交站点及线路包含 916、970 等区际公交以及密 1、密 2 等区内公交共 53 条线路（支线、晚班车次除外）。研究包括乡村旅游休闲兴趣点 302 个，餐饮、住宿设施和公共厕所共计 1 297 个，高速公路出（入）口 29 个，公交站点 2 057 个。需要说明的是，水体在北方属于稀缺资源，是发展乡村旅游休闲的优势资源（王润等，2017）。作为水源保护区，密云水库尽管不能像一般景区那样对外开放，但其秀美的风光对游客依然有较强的吸引，并对周边观光旅游和服务设施发展有明显的促进作用。因此，将密云水库作为独立单元予以保留，处理后共计 358 个研究单元。

（二）乡村旅游休闲功能类型划分方法

三维魔方图解法的基本思想是要素向量在三维空间中形成不同组合的空间单元，各要素的发展水平在三维空间中有确切位置反映，其结果具有较强的可视性与直观性，已应用在国土空间或主体功能区划分等研究中（叶菁等，2017）。据此，构建三维空间，对休闲功能各要素指数分级，并根据分级数量设定维度节点及其属性值，将各要素体现的优劣势进行组合归类，最终形成乡村旅游休闲功能类型的三维魔方。

分别以交通区位条件为 X 轴、资源禀赋水平为 Y 轴、服务设施配置水平为 Z 轴，建立三维坐标系，并按照与坐标轴原点的远近确定节点值（图 5-12）。值越大，距离原点越远，级别越高，该要素所对应的主导优势越突出。结合评价结果，借助自然断裂法，以 0.101、0.141、0.173 为断裂点将交通区位条件划分为 1（≥0.030～0.101）、2（≥0.101～0.141）、3（≥0.141～0.173）、4（≥0.173～0.235）四个节点，以 0.095、0.143、0.213 为断裂点将资源禀赋水平划分为 1（≥0.001～0.095）、2（≥0.095～0.143）、3（≥0.143～0.213）、4（≥0.213～0.358）四个节点，分别对应低、中低、中高、高 4 级；考虑到区域旅游公共服务设施配置总体滞后，故以村庄是否配置服务设施为依据形成两个节点，当指数值为 0 时，节点值记为 1（表示低级），否则记为 2（表示高级）。单元对应的魔方坐标用 (x, y, z) 表示，x、y、z 对应交通区位条件、资源禀赋水平、服务设施配置水平的级别节点值。基于上述划分规则，形成一个 4×4×2 的三维异型魔方，得到 32 种组合。结合要素的优势类型和数量将研究区划分为 7 种休闲功能类型。以资源主导型为例，当资源禀赋水平处于中高水平（$y \geq 3$）以上，而交通区位条件和服务设施配置水平处于中低水平（$x \leq 2$，$z=1$）以下，表示该单元休闲功能的资源禀赋水平占据主导优势，定义为资源主导型。其他类型依此类推。需要说明的是，对于部分存在 2 种以上主导类型的组合，结合要素指数值大小和研究区实际进行归并。

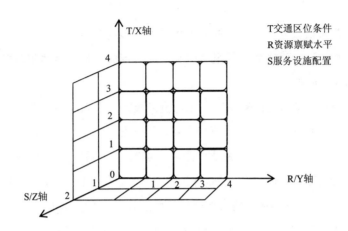

图 5-12　乡村旅游休闲功能类型划分的三维魔方图

（三）乡村旅游休闲功能评价

1. 交通区位指数的空间特征

图 5-13a 表明，研究区乡村交通区位指数以古北口、高岭、太师屯、巨各庄、穆家峪、十里堡、河南寨等中高值乡镇为中心分别沿东西方向表现出"高（中高）—中低—低"的衰减态势。其中，高值区（≥0.174～0.235）在空间上呈现集聚与零星共存的特征。集聚单元位于城镇核心区周边的十里堡、穆家峪、河南寨等镇，是全区重要的城镇功能拓展单元，经济发展条件较好，加之地势平坦、境内路网密布，且紧邻区际公交接驳站点，交通区位优势突出；少数低值单元分布在大城子、太师屯镇内，紧邻 G101 和京承高速公路出（入）口，亦表现出明显的交通优势。中低值区（≥0.102～0.141）集中分布在密云水库以及不老屯、西田各庄、石城、溪翁庄等西北部乡镇内，东邵渠、新城子等东部乡镇亦有分布，单元地形起伏度

较大，多处于深山区，不利于交通建设，整体处于较低水平。低值区（≥0.030～0.101）在冯家峪、石城、西田各庄等西北部乡镇内分布居多，其中白庙子、北对峪、红星、黄峪口、西口外、西苍峪等深山区乡村，交通明显受限，指数极低。

2. 资源禀赋水平的空间特征

密云区整体乡村旅游休闲资源呈现"两条轴带，多个增长极"的空间集聚格局。"两条轴带"是指密云水库旁石城镇张家坟村—溪翁庄镇石马峪村—穆家峪镇阁老峪村—巨各庄镇蔡家洼村—巨各庄镇金山子村沿线行政村（简称"白、潮河轴带"）和古北口镇古北口村—新城子镇遥桥峪村（简称"安达木河轴带"）；"增长极"集聚于城区旁西田各庄镇西田各庄村、太师屯镇上庄子村、河南寨镇河南寨村及附近行政村内。研究区资源禀赋水平总体呈现"山区＞平原"的分布态势（图5-13b）。其中，中高级以上的单元集中位于密云水库及其北部的冯家峪、石城、不老屯、新城子、古北口等镇，太师屯、北庄、巨各庄、西田各庄等镇也有分布；单元平均海拔≥431m，其中司马台、遥桥峪、龙潭沟、张家坟、东白岩、花园、黄土梁、古北口等村的休闲资源面积比例、资源数量及种类等均表现出突出优势，其资源禀赋水平处于前列。中低级以下单元集中位于高岭镇以及密云水库南部的太师屯、东邵渠、河南寨、巨各庄、大城子等镇。其中，燕落寨、双井、十里堡、清殿等村尽管有一定的休闲资源，但资源类型单一，整体水平偏低。

3. 服务设施配置水平的空间特征

服务设施配置水平介于0～0.087之间，表明密云区休闲资源服务设施配置水平总体薄弱（图5-13c）。全区仅135个村配备了相应的服务设施，占比为37.7%，主要分布在密云水库周边以及潮河、白河流经的古北口、太师屯、穆家峪、石城等镇,镇内拥有相应设施的村占比均在50%以上。高岭、十里堡、东邵渠、巨各庄等镇发展薄弱,单元占比不足25%,水平亟需提升。

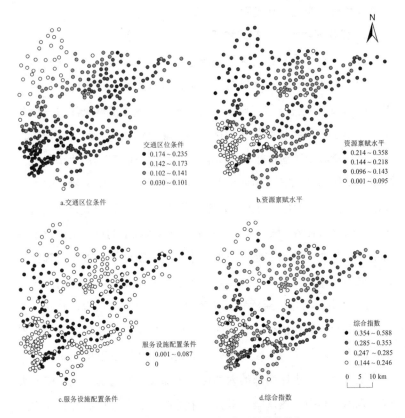

图5-13　密云区乡村旅游休闲功能指数特征

4. 旅游休闲功能综合发展水平

由图5-13d可知,石城、北庄、大城子等中部以及密云水库东北部地区的旅游休闲功能综合水平最好,具体而言:①高值区

（≥0.354~0.588，均值 0.404）共计 32 个，零星分布在溪翁庄、穆家峪、石城、古北口、新城子等镇。其中，司马台、东白岩、遥桥峪、龙潭沟、张家坟、古北口等村的休闲资源类型丰富，形成了民俗旅游、自然风光等多种形态；加之交通区位和服务设施配置水平均处于前列，旅游休闲功能极强。②中高值区（≥0.286~0.353，均值 0.305）共计 116 个，集中分布在水库东部的新城子、太师屯、北庄、巨各庄、大城子、河南寨等镇内，复杂多样的地形地貌叠加上紧邻 G101 国道、S312 省道的独特区位优势，便于旅游休闲功能多元化发展，逐渐形成了以纱厂、豆各庄、碱厂、尖岩、马场等为代表的具有独特旅游资源和较完善服务设施的村庄，表现出较高的发展水平。③中低值区（≥0.247~0.285，均值 0.266）共计 158 个，在空间上以密云水库为界形成南北两个集聚区域：水库北面的不老屯、高岭、冯家峪等深山镇，因地形起伏过大限制了交通和服务设施建设，尽管资源丰富，但发展水平较低；水库南面的十里堡、河南寨、巨各庄、穆家峪、西田各庄等平原镇，因经济发展需要，耕地、林地等休闲价值突出的地类让位于建设用地发展，综合水平较低。④低值区（≥0.144~0.246，均值 0.226）共计 52 个，主要位于冯家峪镇、石城镇和西田各庄镇。其中，清殿、西沙地、燕落寨等村在交通区位、资源禀赋和服务设施配置方面均处劣势，功能发展受限。

（四）乡村旅游休闲功能发展类型及优化

为进一步厘清后续乡村旅游休闲功能资源配置时序和优化方向，参考叶菁等（2017）的研究，借助三维魔方法划定村庄类型后，结合各类型的绝对优势和相对优势进一步划分为三个层次：①当单元坐标（x，y，z）中至少有一维要素的节点值为 4，代表该维度的要素发展具有绝对优势，划入第一层次；②坐标（x，y，z）中至少有一维要素的节点值为 3，且其他维度的属性节点值均≤2，表示该要素发展具有相对优势，划入第二层次；③坐标（x，y，z）中三个维度的属性节点值均≤2，则划入第三层次。对于乡村发展而言，资源禀赋是其能否发展休闲功能的前提，交通区位和服务设施配置则进一步决定了乡村旅游休闲功能发展的高低。据此，以乡村旅游休闲资源面积比例、区域相关规划政策资料作为依据对部分单元微调（表 5-17）。7 种类型中，交通主导型、资源主导型、交通服务主导型和交通资源主导型是密云区的主要类型，合占密云区的 78.77%。

交通资源主导型村庄在交通区位和资源禀赋方面的优势明显，其综合发展水平领先。其中，第一层次的单元在太师屯、新城子、穆家峪和溪翁庄镇内分布居多，空间上沿京承高速呈带状分布，如阁老峪、石马峪、碱厂、尖岩、流河峪、上庄子、上峪、许庄子、东田各庄等，濒临密云水库，且自身特色农业资源和旅游资源丰富，具备农旅融合发展的基础，未来宜加大蔬菜生产、观光采摘、水库观光等的开发力度，并借助高速公路、公交客运等交通优势，强化品牌宣传，提升村庄知名度，率先形成农旅融合新业态，提升旅游休闲功能。第二层次单元在北庄、大城子镇内分布居多，邻近白龙潭等自然风景区，林果业资源丰富，空间相对连片，未来可重点针对东庄、营房、土门、大岭、苍术会、梯子峪、碰河寺等分布相对集中的村庄，利用生态资源优势和邻近景区优势，以发展林果业为契机，建设自然风景区周边乡村旅游休闲区，并培育观光采摘、农事体验等景点，强化其功能（表 5-18）。

表 5-17 密云区乡村旅游休闲功能发展类型统计

类型	对应魔方单元坐标	个数/百分比	第一层次	第二层次	第三层次	排序/均值
				层级		
交通资源主导型	{(4,4,1)(4,4,2)(3,3,1)}	41/11.45%	24	17	-	1/0.326
资源服务主导型	{(1,4,2)(2,4,2)(3,4,2)}	30/8.38%	30	-	-	2/0.322
资源主导型	{(1,4,1)(2,4,1)(3,4,1)(2,3,1)(1,3,1)}	58/16.21%	18	40	-	3/0.302
交通服务主导型	{(4,1,2)(4,2,2)(4,3,2)}	55/15.36%	55	-	-	4/0.292
交通主导型	{(4,1,1)(4,2,1)(4,3,1)(3,1,1)(3,2,1)}	128/35.75%	26	102	-	5/0.268
服务主导型	{(1,1,2)(1,2,2)(1,3,2)(2,1,2)(2,2,2)(2,3,2)(3,1,2)(3,2,2)(3,3,2)}	11/3.07%	11	-	-	6/0.250
功能制约型	{(1,1,1)(1,2,1)(2,1,1)(2,2,1)}	35/9.78%	-	-	35	7/0.238
合计		358/100%	164	159	35	0.285

资源服务主导型主要分布在冯家峪、石城、古北口等镇，资源禀赋基础良好、服务设施相对完善，其综合水平仅次于交通资源主导型，单元均位于第一层次，并分别在古北口镇以及冯家峪和石城交界处初步形成以长城遗址为主题的特色村镇和历史文化村落。古北口特色村镇资源（司马台、古北口、汤河等村）开发相对成熟，发展水平较高，未来可在综合考虑地形因素和不污染水库水源的前提下，加强品牌营销和配套服务设施建设，进一步优化区域旅游休闲功能，打造高端优质特色村镇；冯家峪和石城交界处（黄峪口、四合堂、二平台、西湾子、西白莲峪、石洞子、冯家峪）以村庄自然风貌或民俗文化吸引游客，旅游休闲资源类型相对单一，未来可结合长城遗址主题以及村庄自身历史文化景点和林地资源，考虑开发村落文化风光组合游、森林公园等产品。

资源主导型单元地貌复杂多样，林地、园地、水域等休闲资源面积占比 80%以上，但交通发展受地形因素制约，综合水平略弱于前两个类型区。其中，第一层次的单元主要位于密云水库、石城和新城子镇，在空间上形成了以贾峪、黄土梁、张家坟等村为代表的西北组团和以遥桥峪、曹家路等村为代表的东北组团，拥有丰富的民俗文化资源和自然风景区，未来可重点建设民俗风情游和自然风景游旅游区，完善配套服务设施；第二层次单元位于不老屯、冯家峪等镇，石城和新城子镇内也有分布，因地形条件复杂，存在地质灾害隐患，未来宜结合实际，从服务历史文化村落（番字牌、二平台）或者易地搬迁两方面入手，宜发展则发展、宜搬迁则搬迁。

交通服务主导型是密云区最主要的休闲功能类型，分布在大城子、穆家峪、河南寨等镇以及太师屯北部，地形起伏较小且邻近城镇核心区，村庄交通区位优势明显，且民俗餐饮、住宿等配套设施相对完善，功能综合水平较高。未来可结合区域分布特征，从发展城郊乡村观光农业旅游和景区依托乡村服务休闲游入手，对金叵罗、西智村、水漳、羊山、提辖庄、宁村等邻近城区的单元，考虑加强耕地休闲景观功能的开发，培育种植园、农场等农事体验与科普教育类景点，促进其功能提升；而针对松树峪、松树掌、前南台、太师屯、黑古沿等邻近古北水镇的村庄，可考虑依托景区资源、自身与景区的毗邻状况适当调整餐饮、住宿等的配置水平，提升其功能。

交通主导型多分布在交通服务主导型附近，交通优势较强，且休闲资源丰富，但因地形限制或经济发展需求，多数单元的旅游休闲综合功能指数低于全区平均水平。其中，第一层次以河南寨、十里堡、西田各庄等镇分布居多，多为平原村域，交通优势突出但旅游休闲资源禀赋不足；第二层次的单元集中分布在高岭、太师屯、巨各庄、大城子、东邵渠、溪翁庄以及西田各庄等镇，在空间上围绕城镇核心区东西方向以及密云水库东南方向形成了三个片区，单元交通区位优势略弱于第一层次，但资源禀赋略优于第一层次。据此，对统军庄、水泉、莲花瓣、桑园等第一层次的单元，未来应结合村庄具体规划需求，侧重考虑村镇旅游休闲功能布局。对于第二层次的单元，渤海寨、西田各庄、太子务村等东南部城郊型乡村和八家庄、黄各庄、金山子、巨各庄、史长峪等西部城郊乡村，可借助区位优势和自身资源优势，加强蔬菜采摘观光农业开发力度，形成城郊观光休闲型旅游区；放马峪、白河涧、下河村、下会村等邻近古北水镇景区的乡村，可在不污染水库水质的前提下，借助邻近景区的区位优势和交通换乘优势，逐步提升民宿、客栈、餐饮等设施配套水平，同时结合区域林果资源，适度培育果品采摘园，以提升村庄自身影响力。

服务主导型和功能制约型以不老屯、西田各庄、东邵渠 3 镇分布居多。其中，①服务主导型多位于资源主导型和资源服务主导型周边，区域休闲资源面积比例≥65.92%，配套设施完善，但景点稀少。未来宜在加大设施配置力度的同时，结合自身林果业发展优势，打造种养示范基地、产业园等，培育农事体验与科普教育类休闲景点。②功能制约型单元的资源、交通以及服务均处劣势。未来针对东邵渠、西田各庄等镇内的村（清殿、新生社区等），宜配合区域规划需求，考虑发展经济功能或具有村镇特色的旅游休闲资源，而对不老屯镇内的部分村庄（山安口等），因处于水库上游，未来宜继续遵从水源保护区政策，适当限制旅游休闲业发展。

为加强研究的实践指导意义，进一步结合优化措施及分区规划，在发展东部观光农业休闲游的规划思路上，以交通资源主导型、交通服务主导型和交通主导型村庄为基础，在空间上重点形成环水库生态观光走廊、景区依托观光休闲农业区、城郊依托观光农业区、景区依托服务休闲区等；紧密围绕北部长城文化带建设，以资源服务主导型和资源主导型村庄为重点，打造高端品质小镇（古北口镇）、历史文化观光村落（黄峪口、四合堂等村）、西北民俗风情游（黄梁根、贾峪等）、东北风景观光游（遥桥峪、曹家路等村）四个组团，形成"一带一廊多区四组团"的旅游休闲功能空间结构。

表 5-18　密云区乡村旅游休闲功能类型及对应乡村

类型	空间位置
交通资源主导型	新城子镇小口村、头道沟村、塔沟村、苏家峪村；溪翁庄镇石马峪村、尖岩村、东智西村；东营子村；太师屯镇许庄子村、上庄子村、沙峪村、马场村、流河沟村、令公村、东田各庄村；穆家峪镇西穆家峪、上岗村、碱厂村、阁老峪村；巨各庄镇豆各庄村、查子沟村、蔡家洼村；河南寨镇荆栗园村；冯家峪镇三岔口村；大城子镇庄户峪村、梯子峪村、碰河寺村、国有林场、苍术会村；北庄镇营房村、杨家堡村、土门村、抗峪村、东庄村、大岭村
资源服务主导型	新城子镇大角峪村；溪翁庄镇溪翁庄村、黑山寺村；西田各庄镇卸甲山村、牛盆峪村；太师屯镇南沟村、石城镇西湾子村、王庄村、四合堂村、水堡子村、梨树沟村、黄峪口村、二平台村、二道河沟村；穆家峪镇庄头峪村、荆子峪村；河南寨镇圣水头村；古北口镇河西村、河西村、古北口村；高岭镇田庄村；冯家峪镇白连峪村、石洞子村、黄梁根村、冯家峪村、番字牌村；大城子镇张泉村；北庄镇干峪沟村、北庄村
资源主导型	新城子镇遥桥峪村、雾灵山林场、坡头村、花园村、东沟村、大树洼村、大师屯镇走马村、曹家路村、五座楼国有林场、北白岩村；西田各庄镇小水峪村、白道峪村、太师屯镇石岩井村、龙潭沟村、石城镇张家坟村、五座楼山林场、五座楼国有林场会（西）、石塘路村、石城镇农民集体（原郎房峪村）、石城村、捧河岩村、贾峪云蒙山林场、红星村、河北村委会、庄河场村、对家河、北对峪、古北口镇密云水库、高岭镇水石泮林场、黄土梁村、冯家峪镇朱家峪村、下营子村、司营子村、石塘子村、前火岭村；南台子村、界牌峪村、白马关村、东邵渠镇银冶岭村、大石门村、大龙门村、北沟村、不老屯镇转山子村、阳坡地村、燕落村、香水峪村、西坨古村、古石峪村、陈家峪村、边庄子林场、半城子林场、白土沟村

续表

类型	空间位置
交通服务主导型	新城子镇新城子村、巴各庄村；溪翁庄镇东智北村、西田各庄镇西智村、金回罗村；太师屯镇小漕村、太师屯村、松树掌村、松树峪、前南台村、落洼村、二道河村、东庄禾村、车道峪村、十里堡镇王各庄村；穆家峪镇丰山村、新农村村、辛安庄村、水漤村、沙峪沟、前栗园村、南穆家峪、娄子峪村、刘林池村、九松山、荆梢坟村、大石岭、达峪沟、北穆家峪；巨各庄镇沙厂村、达峪村；河南寨镇中庄村、下屯村、提辖庄村、套里村、台上村、山口庄村、宁村、河南寨里村、东套里村、滨河开发区、北金沟屯村、北甸家庄村；古北口镇杨庄子村、北台村；大城子镇上头村、王各庄村、南沟村、大城子村、程各庄村；不老屯镇不老屯村；北庄镇苇子峪村、暖泉会村
交通主导型	新城子镇大古石村、蔡家甸村；溪翁庄镇石墙沟村、立新庄村、东智东村、白草洼村；西田各庄镇于家台村、沿村、小石头村、西台村、西田各庄村、西山村、西恒河村、瞳里村、太子务村、水淀也村、署地村、马营村、建新村、黄花子村、河北庄村、韩各庄村、太师屯镇龚庄子村、董各庄村、东庄村、大辛庄村、朝阳村、仓头村、渤海寨村、太师屯镇头道峪岭村、上金山村、秦各庄村、后南台村、光明队队村、东学村、各庄村、大漕村、十里堡镇正禾屯村、杨新庄村、统军庄村、水泉村、十里堡村、清水潭村、岭东村、靳各寨村、红光村、河漕村；穆家峪镇后栗园、达岩村、密云镇小唐庄村、王家楼村、李各庄村、季石村、大唐庄村；巨各庄镇赵家庄村、张家庄村、塘子村、塘峪村、水树峪村、前焦家坞村、前厂村、牛角峪村、楼峪村、康各庄村、巨各庄村、久远庄村、金山子村、霍各庄村、黄各庄村、后焦家坞村、海子村、丰各庄村、八家庄村、河南寨镇新兴村、团结村、沙坞村、平头村、南单家庄村、南陈各庄村、卢古庄村、两河村、莲花瓣村、金沟村、庄河厂村、东亩各村、钓鱼台村、古北口镇北甸子村、高岭镇瑶亭村、辛庄、小开岭、下营村、下河村、大屯村、白河洞村、芹菜庄村、栗榛寨村、东长峪村、大开岭村、高岭村、高岭屯村、高岭岭村、放马峪村、大城子镇墙子路村、东保庄村、石峨村、史长峪村、石峨村、界牌村、高各庄村、东邵渠村、大城子镇杨各庄村、墙子路村、聂家峪村、后甸村、河下村、高庄子村、方耳峪村、柏崖村；不老屯镇柳树沟村、大窝铺村、车道峪村；北庄镇朱家湾村

续表

类型	空间位置
服务主导型	溪翁庄镇搬迁村；西田各庄镇兴盛村、西沙地村、西康各庄村；古北口镇潮关村；冯家峪镇保玉岭村；东邵渠镇小岭村、东葫芦峪村；不老屯镇史庄子村、丑山子村、半城子村
功能制约型	新城子镇二道沟村；西田各庄镇新王庄村、四期、清歇村、坟庄村；太师屯镇后八家庄村；石城镇五座楼林场（东）、河北村；十里堡镇燕落寨、双井村；巨各庄镇新生社区居民委员会、北京首钢铁矿；高岭镇上甸子村、郝家合村；冯家峪镇西葫芦峪村；东邵渠镇西萌各庄村、南达峪村、镇政府驻地、大峪村；不老屯镇永乐村、杨各庄村、学艺厂村、学各庄村、西学各庄村；山安口、沙峪里村、沙峪峪村、南香峪村、黄土坎村、董各庄村、陈各庄村、兵马营村、北香峪村

第六章　传统农区乡村地域多功能的分异与优化

　　传统农区乡村地域以农产品生产功能为主，在保障国家粮食安全、劳动力供应等方面做出了巨大贡献，助推城镇化和工业化的快速发展，但长期城乡二元结构背景下的矛盾激化与问题积淀，乡村地域功能发展缓慢甚至会产生严重退化。全面推进乡村振兴已成为实现中华民族伟大复兴的一项重大任务，工农互促、城乡互补、协调发展、共同繁荣的新型城乡关系正在加快形成，城乡之间的要素流动更加自由、要素交换更加平等，传统农区的乡村地域功能整合提升应当得到重视。本章选择齐齐哈尔市，以乡镇为评价单元，揭示乡村地域农产品生产功能、经济发展功能、社会保障功能和生态保育功能的空间特征及相互作用；在此基础上，结合区域实际和乡村振兴战略等，提出乡村地域多功能的优化目标与策略。

一　研究区域与研究方法

（一）研究区域

　　本章以齐齐哈尔市（图6-1）现有的123个乡、镇为研究区域。

齐齐哈尔市，别名鹤城，地处 122°24′E 至 126°41′E，46°13′N 至
48°56′N，位于黑龙江省西北部的嫩江平原，是黑龙江省、吉林省和
内蒙古自治区的交汇地带，东与黑龙江省绥化市、大庆市相连，南
与吉林省白城市交界，西与内蒙古自治区呼伦贝尔市为邻，北与黑
龙江省黑河市接壤《齐齐哈尔年鉴 2019 年》。齐齐哈尔市总面积约
42 469 平方千米，2020 年常住人口约为 406.75 万人，2021 年地区生
产总值约为 1 224.5 亿元。

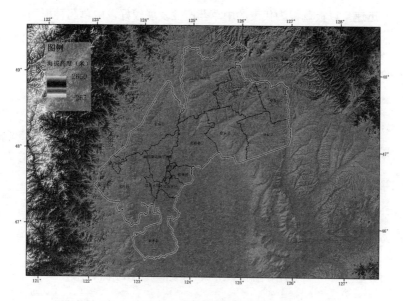

图 6-1 齐齐哈尔市区位图

齐齐哈尔市地势北高南低，海拔高度一般在 200～500 米之间，
土壤肥沃，腐殖质深厚，有机质含量高，是国家重要的商品粮基地
和畜产品基地；全市耕地面积约为 3 644 万亩，林地面积 745 万亩，
草原 810 万亩；属于温带大陆性季风气候，地势平坦，江河纵横，

境内地表水共有大小江河 174 条，大小湖泡 859 个。全市共有自然保护区 14 个，其中国家级保护区 1 个。

2021 年，黑龙江省粮食产量 7 867.7 万吨，粮食产量位居全国第一。其中，齐齐哈尔市粮食产量 1 236.5 万吨，实现了"十八连丰"，在黑龙江省排名第二。近年来，齐齐哈尔市农作物播种面积特别是粮食播种面积稳中有升，2021 年齐齐哈尔市农作物总播种面积 2 504.82 千公顷，粮食总播种面积 2 444.15 千公顷（图 6-2）。特色种植业发展迅速，以板蓝根为代表的中草药产业发展较好，中草药种植面积增长较快。

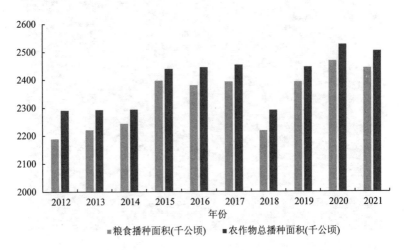

图 6-2 2012～2021 年齐齐哈尔市农作物播种面积与粮食播种面积

作为黑龙江省第二大城市，齐齐哈尔市是国家"一五"计划和"二五"计划时期投资兴建的老工业基地，工业化进程较早。到 20 世纪 90 年代，齐齐哈尔市已经形成了以重工业为主体的工业基地，工业化基础较好。20 世纪 90 年代至 2003 年，随着社会主义市场经济体制的完善，齐齐哈尔市工业化进入低迷期（杨宇，2021）。2003
年以来，国家实施东北地区等老工业基地振兴战略，齐齐哈尔市工
业经济全面复苏，但与东部沿海地区仍有较大差距，人口外流严重，
区域总人口呈现下降趋势（图 6-3）。人口老龄化较为严重，2021 年
60 岁及以上人口约占户籍人口的 24%。

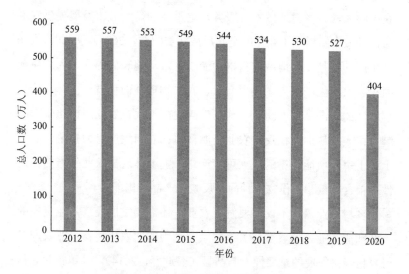

图 6-3　2012 ~ 2020 年齐齐哈尔市人口数量

（二）研究方法

1. 指标体系的构建

构建全面、合理的指标体系是开展乡村地域多功能评价的基础，
不同的指标体系下产生的评价结果差异较大。除了遵循乡村地域多
功能评价指标体系的构建原则外，本章指标的选取还充分考虑了齐
齐哈尔市作为传统农区的特殊属性，使得评价结果更符合区域特点。

为此，建立了由生产功能（包括农产品生产功能和经济发展功能）、生活功能（社会保障功能）和生态功能（生态保育功能）组成的齐齐哈尔市乡村地域多功能指标体系（表6-1），具体指标说明如下。

农业生产活动是传统农区乡村地域的基本生产活动，农业生产不仅能够保障农业从业人员的生活需要、保障地区粮食安全、增加农民收入，为乡村地域本身服务，更重要的是为城市发展提供农产品，是城市发展和工业化的坚强后盾（娄昭君，2021）。因此，农产品生产功能是乡村地域的基本功能。本章从地表破碎度、人均耕地面积、农田生产潜力、粮食产量、农作物播种面积五个指标评价传统农区的农产品生产功能。地表破碎度能够表征农业规模化生产的潜力；人均耕地面积反映农业资源禀赋；农田生产潜力指单位面积土地上每年所能获得的最大可能产量，能够体现出农业生产的稳定性；粮食产量和农作物播种面积反映农产品产出能力。

乡村产业振兴不仅需要发展农业，还需要发展经济效益更高的工业和服务业。随着乡村大量剩余劳动力的非农化转移，非农产业对乡村经济发展的重要性不断凸显（龚迎春，2014）。乡镇企业通常被认为是原生的乡村工业类型，代表着乡村工业对乡村经济增长的贡献。夜间灯光指数是衡量区域整体发展水平的指标，夜间灯光指数越高的区域往往发展程度更高。此外，结合齐齐哈尔市实际，选取城镇化水平作为评价乡村地域经济发展功能的另一个指标。

乡村的生活功能主要体现在社会保障功能，是指乡村地域在为乡村居民提供居住场所，为人的生存和发展提供承载空间，是乡村经济发展和文化传承的重要依托（龚迎春，2014）。在乡村地域上的生产劳动，使乡村居民享有了以土地为基础的社会保障和政府提供的基本公共服务。随着乡村振兴战略以及农村人居环境整治行动的深入实施，乡村地域的居住环境将得到明显改善，生活保障功能提升较大。本章主要从兴趣点（POI）、人口老龄化率和人口外流率三个指标评价齐齐哈尔市乡村地域的生活保障功能。

随着习近平生态文明思想的提出和贯彻以及把"生态宜居"作为目标之一的乡村振兴战略的提出，乡村地域的生态恢复和生态环境治理变得尤为重要，人们更加意识到乡村地域的生态保育功能。生态保育具体有以下几类（张雪梅，2013）：一是气体调节，主要是对大气化学组成的调节，例如乡村地域的绿植通过自身的光合作用调节大气中的二氧化碳与氧气的平衡，绿色植物还对臭氧气体以及硫化物气体的含量具有调整作用。二是气候调节，主要是对气温升降的调节以及降水空间分布的调节。此外还有水土保持，生物多样性维持等。本章齐齐哈尔市乡村生态保育功能主要通过 NDVI（归一化植被指数）以及地均生态系统服务价值进行评价。归一化植被指数是反映农作物长势和营养信息的重要参数之一，NDVI 值越高，农作物生长态势越好，其生态调节作用越强。常用的地均生态系统服务价值计算公式（刘永强等,，2015）为：

$$AESV=\sum (A_k \times VC_k)/A \qquad 式 6.1$$

式 6.1 中，AESV 代表生态系统服务总价值，A_k 代表土地利用类型为 k 的土地面积，A 为土地总面积，VC_k 代表土地利用类型为 k 的单位面积生态系统服务价值系数。

2. 研究方法

（1）熵权法。本章采用第四章第一节介绍的熵权法确定传统农区乡村地域多功能的指标权重。

（2）空间自相关分析法。探索性空间数据分析（Exploratory Spatial Data Analysis，ESDA）是一种用来揭示地理事物间关联动态

表 6-1 传统农区乡村地域多功能评价指标及其权重

一级指标	二级指标	效应及权重	指标内涵
农产品生产功能	地表破碎度（-）	-/0.086	反映农业规模化生产难度，值越大，越难规模化生产
	人均耕地面积（亩/人）	+/0.078	代表农业资源禀赋，值越大，农业资源禀赋越好
	农田生产潜力（kg/hm²）	+/0.105	代表农业生产潜力，值越大，土地农作物生产潜力越大
	粮食产量（吨）	+/0.111	粮食生产总量
	农作物播种面积（公顷）	+/0.098	水稻、玉米、大豆等农作物的播种面积
经济发展功能	工业企业个数（个）	+/0.102	代表乡镇内经济发达程度
	夜间灯光指数（-）	+/0.064	夜间灯光平均强度
	村镇化水平（%）	+/0.102	建设用地面积/区域总面积
社会保障功能	POI（-）	+/0.051	Point of interest，兴趣点
	人口外流率（%）	-/0.023	农村流出人口/农村户籍总人口
	老龄化率（%）	-/0.067	农村 65 岁及以上人口/农村常住总人口
生态保育功能	NDVI（%）	+/0.054	归一化植被指数
	地均生态系统服务价值（元/公顷）	+/0.059	生态系统服务总价值/区域面积

以及空间关联现象和本质的空间相关性分析方法（任国平等，2019），常用来分析地理事物整体或局部属性值的空间依赖程度，包括单变量和双变量两种分析模式。本章采用单变量的空间自相关分析莫兰指数（Moran's I）测度乡村地域功能指数的整体空间自相关程度。莫兰指数的取值范围在通过方差归一化处理之后位于–1 和 1 之间，莫兰指数大于 0 时，代表该项数据呈现出正向空间自相关，值越大相关性越明显；莫兰指数小于 0 时，表示该数据呈现出空间负相关，值越小空间差异越大。

（3）相关分析。乡村地域各项功能既相互独立，又密不可分，通常是相互联系、彼此作用的，各功能之间的关系主要包括冲突、协同和兼容三类（崔文华，2020）。兼容是指两种乡村地域功能相互之间的影响非常小，彼此相对独立；冲突是指两种功能之间是此高彼低的竞争关系；协同是指两种地域功能之间能够彼此促进、同进退的关系。常用的相关分析法有 Spearman 相关分析和 Pearson 相关分析，如果数据不符合正态分布，一般用 Spearman 相关分析法。现实研究中大多采用 Spearman 相关分析法，一是因为二者在本质上都是研究变量之间的相关关系，在相关系数和研究结论上差异较小；二是因为数据严格地服从正态分布的情形在现实研究中较为少见。

二、传统农区乡村地域多功能的分异特征

（一）乡村地域单一功能的空间分布特征

1. 农产品生产功能

齐齐哈尔市乡镇农产品生产功能指数（图 6-4a）最大值为 0.304（兴十四镇），最小值为 0.110（依安镇），平均值为 0.185。农产品

生产功能指数平均值明显高于经济发展功能指数、生活保障功能指数和生态保育功能指数，一方面是因为齐齐哈尔市作为黑龙江省乃至全国的重要粮食生产地，为确保我国粮食安全做出了巨大的贡献；另一方面，齐齐哈尔市内各乡镇水、土等自然资源禀赋差距较大，自然资源禀赋决定了农业生产水平，因此各乡镇农产品生产功能指数差异较大。为进一步研究农产品生产功能指数的空间分布规律，利用 ArcGIS 软件计算其莫兰指数（Moran's I），得到莫兰指数值为0.188，z 得分为 3.314（＞1.65），p 值为 0.001（＜0.05），表明该项指数存在空间正相关。再对农产品生产功能指数进行冷热点分析（图6-4b），较为明显的热点区域主要分布在齐齐哈尔的北部部分乡镇，这些乡镇靠近嫩江，农业灌溉取水方便，加之黑土层较厚，土壤侵蚀较少，土壤肥力较高，因此形成热点区域。冷点区域主要分布在西南方向的龙兴镇、济沁河乡等和东北方向的河北乡、向华乡等，

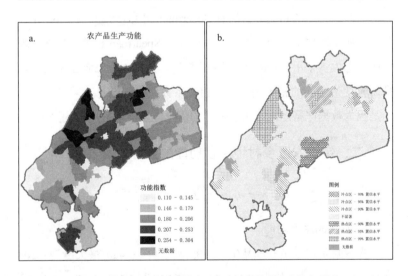

图6-4 齐齐哈尔市乡村农产品生产功能指数及冷热点分析

这些乡镇地势起伏相对较大，地表破碎度较高，农业规模化生产难度大。此外，上述区域尤其是西部靠近内蒙古的部分乡镇，风沙现象较为严重，黑土土层较薄，土壤肥力较弱，农产品单产较低，导致农产品生产功能指数低，形成冷点区域。

2. 经济发展功能

齐齐哈尔市各乡镇经济发展水平总体偏低且差异较大，经济发展功能指数（图6-5a）最大值为0.206（和盛乡），最小值为0.001（哈拉海乡），平均值为0.027。齐齐哈尔市工业化发展较早但工业化水平较低，同时广泛分布的肥沃黑土多用于农业生产特别是粮食生产，建设用地资源相对其他地方有限，"农业大市"的发展定位一定程度上阻碍了非农经济发展。根据"地理学第一定律"，任何事物都是与其他事物相关的，只不过相近的事物关联更紧密。经济发展指数较高的扎龙镇等乡镇由于靠近城市建成区，城市建成区通过较强

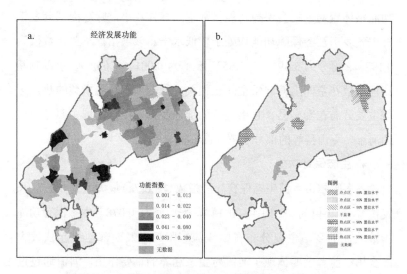

图6-5 齐齐哈尔市乡村经济发展功能指数及冷热点分析

的经济、文化、人才等资源优势，辐射带动扎龙镇等周围乡镇的经济的发展，上述乡镇经济发展功能指数较高。利用 ArcGIS 软件计算经济发展功能指数的莫兰指数（Moran's I），得到莫兰指数值为 –0.096，z 得分为–1.542（＞–1.65），p 值为 0.122（＞0.05），表明该项指数在空间上偏向于随机分布。经济发展功能指数的热点区域较为零散地分布在中部部分乡镇（图 6-5b）。

3. 社会保障功能

齐齐哈尔市乡镇社会保障功能指数（图 6-6a）最大值为 0.113（龙江镇），最小值为 0.020（拉哈镇），平均值为 0.067。各乡镇整体社会保障功能指数较低，这主要是因为经济发展水平较低，人口特别是青壮年劳动力外流严重，老龄化程度较高，基础设施、公共服务设施建设滞后，难以满足当地居民需要。同时，城乡居民医疗、养老、教育等社会保障和公共服务方面差距较大，乡村地区社会保障功能整体较弱。社会保障功能指数空间差异较小，除东南部分乡镇外，各乡镇社会保障功能均处于较低水平。该项指标莫兰指数值为 0.192，z 得分为 3.391（＞1.65），p 值为 0.001（＜0.05），可以判断该项指数在空间上偏向于空间正相关。社会保障功能指数的热点区域主要分布在泰来县、甘南县等的部分乡镇，冷点区域主要分布在讷河市、克山县等的部分乡镇（图 6-6b）。

4. 生态保育功能

齐齐哈尔市乡镇生态保育功能指数（图 6-7a）最大值为 0.097（长发镇），最小值为 0.010（克山镇），平均值为 0.078。生态保育功能指数较高的乡镇主要分布在嫩江流域附近以及西部地势起伏较大的乡镇。前者主要体现了河流对生态涵养的重要作用，河流通过过滤污染物、保护生物多样性以维持生态系统平衡，生态保育功能指数较高。后者主要是因为地势起伏较大，进行人为的开发建设活动难度较大、成本较高，人类对原始自然生态环境的影响和破坏程度较低。

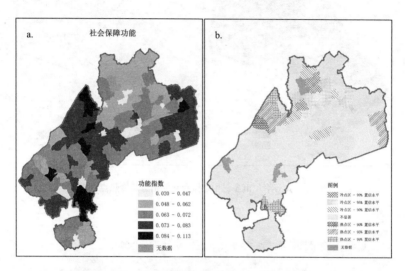

图6-6 齐齐哈尔市乡村社会保障功能指数及冷热点分析

生态保育功能的莫兰指数为 0.213，z 得分为 3.778（＞1.65），p 值为 0.001（＜0.05），表明该项指数存在空间正相关。再对该项指数进行冷热点分析（图 6-7b），比较明显的热点区域主要分布在齐齐哈尔市东北方向部分乡镇，比较明显的冷点区域主要分布在富裕县等的部分乡镇。靠近城市建成区可以较为方便地接受其在经济发展方面的辐射带动作用，但是一方面会受到城市建成区的污染影响，导致生态环境恶化；另一方面接受城市建成区的产业转移和城镇空间扩张，会导致建设用地增加，绿地空间减少，生态功能恶化，从而形成冷点区域。

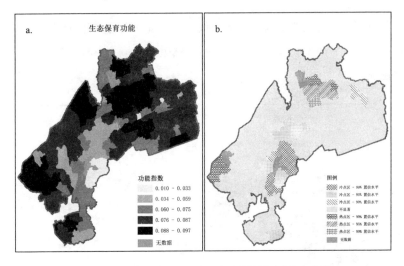

图 6-7　齐齐哈尔市乡村生态保育功能指数及冷热点分析

（二）乡村地域综合功能的空间分布特征

　　齐齐哈尔市乡村地域综合功能指数最大值为 0.488（兴十四镇），最小值为 0.249（水师营满族镇），平均值为 0.358。综合功能指数的莫兰指数为 0.201，z 得分为 3.520（>1.65），p 值为 0.001（>0.05），可以判断该项指数在空间分布上存在空间正相关。对该项指数进行冷热点分析（图 6-8），综合指数的冷热点区域分布与农产品生产功能指数较为相似，热点主要分布在北部靠近嫩江的部分乡镇，这主要是因为齐齐哈尔市乡村地域多功能中农产品生产功能居于主导地位，农产品生产功能指数大于其他功能指数。

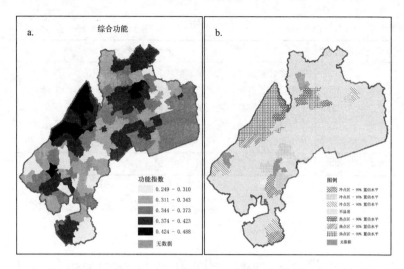

图 6-8 齐齐哈尔市乡村综合功能指数及冷热点分析

表 6-2 齐齐哈尔市各乡镇乡村综合功能指数分布

综合功能指数	乡镇
0.249~0.310	水师营满族镇、宁姜蒙古族乡、雅尔塞镇、哈拉海乡、杜尔门沁达斡尔族乡、克山镇、泰来镇、河北乡、胜利蒙古族乡、广厚乡、北兴镇、向华乡、龙兴镇、塔哈镇、双河乡
0.311~0.343	扎龙镇、济沁河乡、九井镇、榆树屯镇、鲁河乡、黑岗乡、宝泉镇、富海镇、太东乡、龙安桥镇、新发乡、双阳镇、江桥镇、二克浅镇、汤池镇、学田镇、富饶乡、拉哈镇、依安镇、中兴乡、梅里斯乡、古北乡、平洋镇、杏山乡、友谊达斡尔族满族柯尔
0.344~0.373	古城镇、国富镇、新屯乡、兴华乡、永勤乡、上升乡、讷南镇、乾丰镇、河南乡、塔子城镇、昌盛乡、北联镇、富强镇、兴旺鄂温克族乡、山泉镇、润津乡、时中乡、长青乡、拜泉镇、孔国乡、龙泉镇、头站乡、兴农镇、金城乡、玉岗镇、卧牛吐镇、三兴镇、莽格吐达斡尔族乡、二道湾镇、兴国乡、曙光乡、六合镇、七棵树镇、丰产乡、红星乡、爱农乡、新生乡、大兴镇、阳春乡、忠厚乡、共和镇、三道镇、依龙镇、大众乡、西河镇

续表

综合功能指数	乡镇
0.374~0.423	绍文乡、景星镇、龙河镇、解放乡、巨宝镇、华民乡、西建乡、和平镇、长春镇、新兴镇、西城镇、白山乡、和盛乡、先锋乡、平阳镇、上游乡、克利镇、老莱镇、西联乡、长发镇、繁荣乡、东阳镇、富路镇、克东镇、同心乡、中心镇、兴隆乡、通南镇、长山乡、达呼店镇、同义镇、富裕镇
0.424~0.488	宝山乡、发展乡、甘南镇、龙江镇、查哈阳乡、兴十四镇

（三）乡村地域多功能相互作用

乡村地域各功能之间是相互作用的，运用 Spearman 相关法，进行检验（表 6-3）。多对乡村地域功能间存在显著的相关性，交互作用较为明显。

表 6-3　Spearman 相关分析结果

功能	农产品生产功能	经济发展功能	社会保障功能	生态保育功能
农产品生产功能	—	-0.169*	0.105	0.544**
经济发展功能	-0.169*	—	-0.407**	0.064
社会保障功能	0.105	-0.407**	—	-0.007
生态保育功能	0.544**	0.064	-0.007	—

注：* $p < 0.05$；** $p < 0.01$。

农产品生产功能和经济发展功能呈现出较为明显的冲突作用，这主要是因为耕地保护红线的划定以及保障国家粮食安全的需要会占用大量土地以及青壮年劳动力资源，一定程度上挤占了经济发展所需要的资源。此外，齐齐哈尔市农产品生产的产业链延伸不足，农产品初级加工等相关产业发展潜力待挖掘，农产品生产对经济发展的促进能力有限。

农产品生产功能和生态保育功能呈现出较为强烈的协同作用。究其原因，绝大部分农作物在生长过程中作为绿色植物对生态环境的净化起到促进作用。绿色植物通过光合作用吸收二氧化碳，降低温室效应；通过根系蓄积水分，防止水土流失。同时，良好的生态环境通常意味着水资源污染较少，可用于农业灌溉的水源多、水质优；用于农产品生产的土壤污染物较少，土壤肥力高，能够产出较多的农产品，实现与农产品生产功能的良性互动。

经济发展功能和社会保障功能呈现出一定的冲突作用。通常，大众认为经济发展会带来社会财富的增长，从而促进社会保障功能的提升。但也有学者提出，经济发展与社会保障的关系是十分复杂的，对二者之间相互关系的研究应当避免"简化论""片面化""普适性"和"教条化"四大误区（张怡恬，2017）。政府可以调控的资源是有限的，当政府过分注重经济发展而忽略社会财富的再分配和社会保障功能的提升，社会保障功能会受到抑制，从而使得经济发展功能与社会保障功能呈现出冲突作用。

农产品生产功能与社会保障功能、经济发展功能与生态保育功能、社会保障功能与生态保育功能这三对功能之间呈现出兼容作用，相互作用程度较低，相互之间可以共同发展。

三、传统农区乡村地域多功能优化

（一）乡村地域多功能优化目标

1. 保障国家粮食安全

我国土地资源总量丰富，但质量总体较低，存在大量不适合开垦的土地，在人口总量庞大、食物消费结构升级、新冠疫情持续等的综合影响下，确保我国粮食安全显得更加重要。齐齐哈尔市黑土广布，耕地资源质量高，粮食单产高，乡村地区是农业生产特别是粮食生产的重点地区。齐齐哈尔市乡村地区应当以保障国家粮食安全为根本，保证小麦、玉米、水稻、大豆等重要农产品生产能力，当好国家粮食安全"压舱石"，粮食产量、商品量保持在全国产粮大市第一方阵。

2. 强化生态保育能力

乡村以丰富的天然植被、人工作物、土壤和水域对维护区域乃至全球的生态平衡都具有重要作用（崔文华，2020）。改革开放以来，乡镇经济的发展促进了农村收入的增加，但是也造成了水污染、土壤污染和大气污染，生态环境恶化。农药、化肥的过量使用造成了严重的面源污染，并威胁着农产品质量安全。乡村生态环境的恶化还造成了人居环境的恶化，影响乡村地域其他功能的实现和提升以及乡村的可持续发展。因此，强化生态保育是乡村地域多功能优化的重要目标。各乡镇应当设立具体的生态保育目标，如森林覆盖率、湿地面积占比、大气污染物浓度控制或者达到一定比例或者数值。

3. 提升社会保障水平

我国城镇化水平正在不断提高，但城市的资源环境承载力有限且我国人口基数庞大，乡村地域仍会承载大量人口，乡村地域的社会保障功能仍然十分重要。只有提升乡村的社会保障功能，缩小城市和乡村在教育、医疗、就业等方面的差距，未来才会有更多的人愿意留在乡村，应通过提升社会保障功能促进乡村其他功能的发展。

（二）乡村地域多功能优化策略

1. 巩固农产品生产功能

齐齐哈尔市水土资源较为充足，农产品生产的比较优势明显，农产品生产功能在乡村地域多功能中占据主导地位，应从以下几方面进一步强化农产品生产功能。

（1）确保耕地数量稳定，质量提升

从保障粮食安全的角度，强化黑土区耕地保护，稳定粮食生产（尹婧博等，2021）。在农业生产比较效益低下以及工业化和城市化持续推进的背景下，政府应当积极作为，通过财政政策等措施引导农民从事农业生产，提高农民种粮积极性，坚决禁止耕地非农化、防止耕地非粮化，加强对基本农田的管控力度，确保耕地数量稳定。

通过提升耕地质量提高农产品质量。齐齐哈尔市黑土地土壤肥力较高，但近年来"重用轻养"导致了黑土退化、黑土流失问题，一方面应当通过合理的耕作制度防止黑土利用过度；另一方面通过加大执法力度防止盗采黑土等违法行为。同时，减少农业生产过程中农药、化肥施用量，保护农田生态环境，防控农业面源污染，保护耕地质量。针对靠近内蒙古东部的龙江县等地区风沙侵蚀导致黑土流失严重，土壤肥力弱化的问题，应当加强防护林建设，降低风沙侵蚀的影响。坡度较小的农田建造梯田，减少水土流失；坡度较大的地区通过适度退耕还林，强化水土保持，恢复土壤肥力。

目前，各区县、各乡镇正在开展新一轮国土空间规划编制工作，应当在国土空间规划中突出强调耕地数量和质量保护。通过国土空间规划数据库建设把耕地保护落实到具体地块上，防止耕地被工业化和城镇空间扩张占用。在各级国土空间规划"基础设施规划"部分体现出完善农田水利设施，落实"河长制"，合理分配、市域内统筹调度嫩江流域的水资源，河流上游流域严禁发展高污染产业。

（2）因地制宜，调整农产品生产结构

坚持政策导向，市场需求，结合杜能农业区位论、齐齐哈尔市农产品生产实际需要，远离城市建成区的乡镇（宝山乡、东阳镇等）应当以玉米、水稻、小麦等粮食作物为主；靠近城市建成区的乡镇（扎龙镇、塔哈镇等）应当适度发展多种经营，发展蔬菜种植、水果采摘等高附加值、绿色化的现代农业，加快建设城郊、沿边蔬菜瓜果生产区和夏秋菜南销生产区；齐齐哈尔市东西两侧地势起伏相对较大、不适合农业规模化生产的乡镇（济沁河乡、龙兴镇等）可以因地制宜地发展果树种植、体验式农业等，适度扩大设施农业规模。

（3）完善农业基础设施

以建设全国农业机械化装备大市为目标，推动农业机械装备高质量发展，提高农业机械化水平。一方面，淘汰老、旧、低能效的农业机械装备；另一方面，落实国家对购买农业机械的补贴政策，鼓励农民和农业企业购买高能效、先进的农业机械设备。同时鼓励齐齐哈尔市的农机企业根据当地自然条件和农业发展需要，研发更加适合本土农业耕作和生产的机械装备。

运用互联网、物联网技术，推动设施农业高质量发展。发展水稻浸种、育秧棚建设，实现水稻浸种智能化，提高水稻浸种效率。

发展节能温室，推广自动化温室高标准设施蔬菜小区建设，配备综合环境控制系统，配置可移动天窗、遮阳系统、保温降温系统、喷滴灌系统、水肥一体化系统、移动苗床等自动设施，提高单位面积生产率（参考《齐齐哈尔市农业农村发展"十四五"规划》）。

2. 提升经济发展功能

传统农区乡村地域以农产品生产功能为主，但也不能忽视经济发展功能，经济发展水平是基础，只有经济实现高质量发展，乡村地域的其他功能才能得到资金保障。

（1）迎接产业转移

对于紧邻城市建成区的乡镇，应当加快完善产业发展所需的基础设施、加强对乡村居民的技能培训，积极迎接城市建成区的产业转移。同时充分利用距离优势和交通成本优势，新建、完善连接城市建成区的道路，改善对外交通条件，进一步密切与城市建成区的人员、物资、信息等的交流。

（2）延长农产品产业链

齐齐哈尔市各乡镇农产品产量大，应当完善产业配套设施，发展农产品初加工，发展农业全产业链模式，推进一产往后延、二产两头连、三产走高端，加快农业与现代产业要素跨界配置（参考《齐齐哈尔市农业农村发展"十四五"规划》）。将产业链附加值尽可能地留在当地，不仅能够促进各乡镇的经济发展，而且能够解决部分就业问题，引导部分兼业农民留乡就业，利用农业季节性剩余劳动力。一是要重点推进农产品产地初加工，实施农产品产地初加工建设项目，支持农产品加工企业和村级合作社发展冷藏储藏、分级包装等初加工。二是要充分激发集聚效益，积极引导农产品加工企业向农产品主产区、优势区和物流节点集聚，促进加工企业向园区集中，合理布局原料基地和农产品加工业，形成生产与加工、科研与产业、企业与农户衔接配套的上下游产业格局，打造原料、加工转化、现代物流、便捷营销融合发展的产业集群（《关于进一步促进农产品加工业发展的意见》）。

（3）发展旅游产业

《乡村振兴战略规划（2018～2022年）》中提出，合理利用村庄特色资源，发展乡村旅游和特色产业。因此，应挖掘乡村旅游产业的发展潜力，发展第三产业。一是贯彻"绿水青山就是金山银山"的理念，探索生态资源的价值化，发展生态旅游业，拉动地方经济发展。二是充分利用乡村特色的旅游资源，推动乡村旅游要素由观光为主向休闲、体验、度假并重转变，为城市居民提供田园环境和乡土氛围，不仅能够推动经济发展，还能够实现乡村地域文化的传承与发展（崔文华，2020）。三是加大基础设施建设力度，重点解决厕所、上网、停车等问题，为游客提供舒适的旅游条件。

（4）探索并完善利益联结机制

提升乡村经济发展功能的最终目的是满足农民需要，而农民是乡村发展特别是经济发展的最重要主体，必须建立和完善农民与农业企业、农民与合作社、农民与村集体等的利益联结机制，充分激发广大农民的积极性、主动性与创造性，发挥农民的主力军作用。现阶段农民仍然主要通过出售初级农产品获得收入，要通过"资源变资产、资金变股金、农民变股东"，尽可能让农民参与进来，实现"小生产"与"大市场"的有效对接，要形成企业和农户产业链上优势互补、分工合作的格局，农户能干的尽量让农户干，探索建立农民在二、三产业的利益分享机制，企业干自己擅长的事，让农民更多分享产业增值收益（习近平，2022）。

3. 强化社会保障功能

提升社会保障功能是吸引人才回流乡村的重要基础，应加快缩小城乡之间在基础设施、公共服务、社会保障等方面的差距，提升乡村社会保障功能。一是完善农村水、电、路、网等基础设施，推进农村厕所改造和便民快递点铺设，完善农村道路体系，从根本上实现农产品能够便捷走出去，减少城乡之间的运输时间和运输成本。二是完善乡村公共服务体系，各乡镇应当根据老龄化程度建设养老院，提升各村卫生所和各乡镇卫生院的医疗服务水平，做到"小病不出镇"；提升义务教育阶段办学质量，使多数义务教育阶段的学生就近接受教育，解决居民基本的教育需要和医疗需要。三是完善社会保障体系，加快完善新型农村合作医疗制度、农村最低生活保障制度、农村养老保险制度、务工农民社会保障制度等，缩小城乡社会保障的差距，特别是在探索宅基地制度改革时应充分认识到宅基地是绝大多数农民最后的依靠和保障，应当充分尊重农民的意愿，不得强行或者胁迫收回农民的宅基地，有序探索宅基地的有偿退出。

4. 维持生态保育功能

针对齐齐哈尔市农作物播种面积大的现状，应当重点防治农业面源污染，通过建立秸秆加工车间，提高对水稻、玉米等的秸秆利用水平，推进秸秆肥料化、原料化利用；落实秸秆禁烧工作，通过广播播放、张贴广告等方式加大宣传，尽可能避免燃烧秸秆对大气的污染，提升乡村生态保育功能；科学施肥，施肥数量应当由专业人员依据作物种类、土壤性质、天气状况等决定，并配施有机肥，不仅能够增加农产品产量，还能够改良土壤。规范农药使用，禁止使用毒性强、残留多的农药，农药桶罐应当妥善回收处理，不得随意丢弃在田间。

提升生态保育功能还应严禁毁林开荒、坡地开垦等不合理的土地利用方式，科学管理自然保护区，恢复植被、涵养水源，开展水土流失综合治理，维护森林、农田、河流、草地等的生态系统完整性和生物多样性。同时，政府应加大生态补偿力度，发放生态保护相关补贴，引导居民保护生态环境，强化生态保护。

严格按照生态红线划定要求，对生态红线管控区实施特殊保护，生态红线保护区范围内土地利用以生态保育与环境保护为主，严禁开展与主导功能不相符的各项建设活动，逐步腾退已有的生产活动和开发活动。

第七章 多功能视角下的乡村振兴路径与策略

规范、有序的发展乡村地域功能是乡村振兴的核心所在（陈锡文，2019）。乡村地域功能在发展转型进程中存在着复杂的相互关系（Berkel et al., 2011）。尤其在大都市郊区，资源要素的稀缺性与多元化需求激化了多功能间的权衡与协同，对制定乡村发展决策形成挑战（DeRosa et al., 2019）。本章结合多源数据，基于乡镇尺度分析北京生态涵养区乡村地域多功能的空间特征和多功能之间的权衡—协同关系及其强度，进而提出乡村地域功能协同组合策略；基于多功能视角，梳理特色小镇、现代农业产业园和新型经营主体引领乡村振兴发展的典型案例，为促进乡村地域功能均衡发展、打造各具特色的现代版"富春山居图"等提供经验借鉴。

一、乡村地域多功能权衡协同关系度量与协同策略

（一）乡村地域多功能权衡协同关系定量测度模型与方法

1. Spearman 相关分析

Spearman 相关分析是心理学家 Spearman（1904）提出的一种非参数检验方法，通过计算 Spearman 秩次相关系数 r_s（X_i, Y_i），并根据

系数大小来判断两个随机变量之间的关系强弱。与传统的 pearson 相关分析法相比，Spearman 相关分析法普适性更强，已广泛应用于生态系统服务权衡与协同研究（朱庆莹等，2018）。据此，结合地理空间数据的非线性、非正态等特点（田榆寒，2018），借助 Spearman 相关分析法检验研究区乡村地域功能间的关系。数学原理为：令 $\{(X_i, Y_i)\}$ 表示 n 对独立同分布的数据对，其母体为某二元连续分布。对 X_i 进行从小到大排列，可得一组新的数据对 $X_{(1)} < X_{(2)} < X_{(3)} \ldots < X_{(n)}$。其中，将 x 的序统计量相对应的 Y_i 称之为 X_i 的伴随。公式如下：

$$r_s(X_i, Y_i) = 1 - \frac{6\sum_1^n (P_i - Q_i)^2}{n(n^2 - 1)} \qquad 式 7.1$$

式中，P_i 指 X_i 为位于序列 $\{(X_i)\}$ 中第 k 个位置，k 为 X_i 的秩次；同理，Q_i 为 Y_i 的秩次。相关系数为正（负）表示乡村两两功能间存在协同（权衡）关系，不显著则表示两种功能存在独立关系。

2. 权衡与协同关系空间化

探索性空间数据分析的双变量方法分析因能测度两个变量之间的相互关系，被广泛应用于生态系统服务的权衡协同关系研究。借助 *Geoda* 的二元相关性分析模块，绘制局部双变量 LISA 图开展乡村地域功能协同权衡关系的空间化表达，并借此分析多功能间的空间关联特征。公式如下：

$$I_i^{KI} = \frac{X_i^K - \overline{X_K}}{\sigma^K} \sum_{j=1}^n \left[W_{ij} \frac{X_j^I - \overline{X_I}}{\sigma^I} \right] \qquad 式 7.2$$

式中，I_i^{KI} 表示第 i 个乡镇双变量局域空间自相关系数；X_i^K 表示第 i 个乡镇第 K 项乡村地域功能值；X_j^I 表示第 j 个乡镇第 I 项功能指数的观测值；$\bar{X}_K$、$\bar{X}_I$ 分别表示第 K 项和第 I 项乡村地域功能的平均值；σ^K、σ^I 分别表示第 K 项和第 I 项乡村地域功能值的方差；W_{ij} 表示乡镇 i、j 的空间权重矩阵。I_i^{KI} 为正，表示乡村地域功能 K 和 I 之间存在显著的高高（低低）协同关系；I_i^{KI} 为负，表示乡村地域功能 K 和 I 之间存在显著的低高（高低）权衡关系；I_i^{KI} 为 0，表示功能间呈随机分布，存在独立关系。I_i^{KI} 的绝对值越趋近 1，表示空间的权衡或协同程度越显著。

3. 生产可能性边界

生产可能性边界（Production Possibility Frontiers，PPF）是指在有限资源条件下所能产生的一种或多种商品量的组合，可以直观、定量地显示不同产品间的权衡强度。如图 7-1 所示，曲线上的点代表多种产品的理想组合，可反映潜力与过度问题（Cord et al.，2017）。

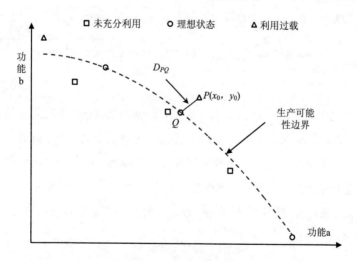

图 7-1　生产可能性边界

注：生产可能性边界的表现形式有独立模型、直线模型、凸曲线模型、凹曲线模型、非单调凹曲线模型和反"S"形曲线模型 6 种（Lester et al.，2013），图示形式最常见。

参考杨薇等（2019）的方法，基于 5 项乡村地域功能指数计算综合功能指数；而后，将综合功能指数按照升序排列，根据排序结果确定能提供最大综合功能指数值的乡村地域功能组合；随后，选用数据组合并根据数据趋势绘制 PPF 曲线，以表示理想状态下区域乡村两两功能之间的最优权衡组合。

4. 权衡强度测算

参考 Bradford 等的收益均衡思路（Bradford，2012；傅伯杰等，2016）和 PPF 曲线，在均方根误差法的基础上对公式改进，假定 PPF 曲线的表达式为 $y=f(x)$，那么该曲线上任意一点的坐标为 $(x, f(x))$，假定权衡移动的最终方向是达到两种功能的最优组合值，那么这种最优状态就可以认为是平衡状态，而且给定条件下只存在一种平衡状态，即只能获得一条 PPF 曲线，公式如下。

$$D_{PQ} = \left| P(x_0, y_0) - Q(x, f(x)) \right| = \sqrt{(x_0 - x)^2 + (y_0 - y)^2} \qquad \text{式 7.3}$$

$$D_{PQmin} = \min\left\{ \left| P(x_0, y_0) - Q(x, f(x)) \right| \right\} = \min\left\{ \sqrt{(x_0 - x)^2 + (y_0 - y)^2} \right\}$$

式 7.4

式中，坐标点 $P(x_0, y_0)$ 表示乡村两两功能在二维空间的状态值，D_{PQ} 表示点 P 到 PPF 曲线上任意一点 Q 的距离。基于此假设，在测度两两功能间的总体权衡强度（区域两两功能均值对应的点）以及乡镇两两功能间的权衡强度时，采用 P 到 PPF 曲线的最短距离 D_{PQmin} 来代表权衡强度指数值。D_{PQmin} 越大，权衡强度越强，反之则越弱。

（二）北京生态涵养区乡村地域功能空间格局

1. 乡村地域多功能评价模型

北京生态涵养区是保障首都可持续发展的关键区域。在全面推进乡村振兴战略的任务指向下，生态涵养区要坚持生态环境保护和经济发展的协调统一，实现"绿水青山就是金山银山"，乡村地域功能价值和发展特征急剧变化，乡村地域多功能间的权衡将可能激化，对制定乡村发展决策形成挑战。基于第六章的乡村地域多功能评价指标体系，同时综合考虑生态涵养区的功能特征和数据的可获得性，从经济发展、农产品生产、社会保障、生态服务、旅游休闲 5 个维度构建乡村地域功能评价指标体系（表 7-1）。由于指标效应均为正，采用正向标准化法对指标进行标准化，公式详见第五章式 5.1；借助均方差决策法确定指标权重，公式详见第五章式 5.3～式 5.5；而后，借助加权求和法计算 5 项乡村地域功能及综合功能指数，公式详见第五章式 5.6～式 5.7。

2. 研究区概况与数据处理

依据《关于推动生态涵养区生态保护和绿色发展的实施意见》和《北京市生态涵养区生态保护和绿色发展条例》，北京生态涵养区包括门头沟区、平谷区、怀柔区、密云区、延庆区以及房山区、昌平区的山区部分，土地面积 11 259.3 km^2，占全市面积的 68.61%，是保障首都可持续发展的关键区域，也是京津冀协同发展战略格局中西北部生态涵养区的重要组成部分。然而，受产业和自身功能定位的限制，生态涵养区经济发展、收入水平、基础设施建设等明显落

表 7-1 生态涵养区乡村地域功能评价指标体系

功能层及权重	指标层	指标内涵与计算方法	效应及权重
经济发展/0.251	农村人均所得（元/人）	农村人口的收入所得，包括生产性收入、经营性收入和财产性收入	+/0.051
	乡镇从业人员比例（%）	乡镇从业人员/乡镇总人口	+/0.052
	土地城镇化率（%）	乡镇建设用地面积/乡镇土地面积	+/0.083
	企业分布密度（个/hm²）	企业个数/乡镇土地面积	+/0.066
农产品生产/0.249	耕地资源禀赋①	垦殖率+耕地自然等等指数	+/0.066
	人均粮食拥有量（kg/人）	粮食总产量/乡镇总人口	+/0.069
	人均果品拥有量（kg/人）	干鲜果品产量/乡镇总人口	+/0.059
	人均蔬菜拥有量（kg/人）	蔬菜产量/乡镇总人口	+/0.055
社会保障/0.163	路网密度（km/km²）	乡镇以上级别道路长度②/乡镇土地面积	+/0.062
	医疗养老服务水平（个/千人）	千人医疗养老设施拥有量	+/0.047
	文化教育服务水平（个/千人）	千人文化教育设施拥有量	+/0.054
生态服务/0.116	生态调节功能（亿元）	气体调节+气候调节+水源涵养	+/0.059
	生态支持功能（亿元）	土壤形成与保护+废物处理+生物多样性	+/0.056
旅游休闲/0.221	景观用地面积比例（%）	（耕地+林地+水域+草地）/乡镇土地面积	+/0.083
	公园景点密度（个/hm²）	公园景点个数/乡镇土地面积	+/0.071
	观光农业景点密度（个/hm²）	农业观光类景点个数/乡镇土地面积	+/0.068

注：①为了消除量纲的影响，指标计算时，先对垦殖率、耕地自然等级指数作标准化处理，而后再取均值。

②具体计算时，对国道、对省道，省道和乡道，县道和乡道赋权为2、1.5、1和0.5。

后于全市其他地区。统计数据显示，2018 年生态涵养区①常住人口
534 万人，占全市常住人口的 24.79%；地区生产总值 2 864.2 亿元，
仅占全市的 9.45%；居民人均可支配收入不足 5 万元，远低于其他功
能区以及全市平均水平，经济发展与生态涵养之间面临剧烈的权衡。
为推动落实《北京城市总体规划（2016 年～2035 年）》的功能定位，
北京市委、市政府出台了《关于推动生态涵养区生态保护和绿色发
展的实施意见》，明确牢固树立和践行绿水青山就是金山银山的理
念，培育壮大主导功能和产业。在全面推进乡村振兴的任务指向下，
生态涵养区要坚持生态环境保护和经济发展的协调统一，实现"绿
水青山就是金山银山"，乡村地域功能必然面临剧烈的调整与重组。

　　本研究中的土地利用现状数据由 2018 年 Landsat8 影像数据（源
于地理空间数据云）解译获取，分辨率为 15m，解译后的土地利用
类型包括耕地、林地、草地、水域、建设用地和其他土地。2018 年
人口、产量、收入等社会经济统计数据来源于各区统计年鉴。需要
说明的是，由于统计指标不一致，平谷区人口、门头沟区粮食产量
和蔬菜产量数据缺省，具体处理时，结合相邻年份平谷区（门头沟
区）各乡镇相关数据占全平谷区（门头沟区）的比值和 2018 年全区
对应的统计数据值推算得来。

　　研究所需的兴趣点数据更新时点为 2020 年 5 月。其中，①结合
生态涵养区"以第二产业占主导、产业结构逐渐向'三二一'转变"
的现状特征，企业重点选取属于第二产业的工厂、公司和产业园兴
趣点，并剔除矿类公司。为进一步量化企业级别差异对经济发展功

---

① 为了便于分析，本章中的生态涵养区范围包括门头沟、平谷、怀柔、密云、
延庆、昌平和房山 7 个区，以下同。

能的影响，结合百度电子资料，将其归为 5 类。其中，国家级、市
级（知名企业）和区级由高德认证资料确定（国家级、市级、区级
主要针对产业园划分），并按级别依次赋分为 5、4、3；"其他"指
与"三废"处理有关的化工厂等，因存在环境污染隐患，尽管对区
域有带动作用，但存在治理成本问题，故赋分为 1；剩余兴趣点归入
"一般"，赋分为 2，赋值后按乡镇汇总。②医疗养老设施包括医疗
卫生设施（医院、社区卫生服务中心、卫生服务站、卫生院、卫生
室、诊所）和养老设施（晚年幸福驿站、养老院、老年活动中心、
敬老院、托老所等）两类。考虑到不同医疗机构的社会保障意义不
同，将其划分为"三甲、三级、二级、一级、其他"5 个类别，并分
别赋分为 5、4、3、2、1。其中三甲、三级、二级通过官方权威名单
核对（主要指医院）；一级和其他则根据机构所属行政级别差异划分，
一级包括卫生服务中心、卫生服务站（社区），卫生院、卫生室等归
为其他。③文化教育服务设施包括公共文化设施（文化宫、图书馆、
档案馆、会展中心、剧院等）和基础教育设施（中学和小学）。考虑
到全国乡村文化设施建设尚不健全，正在处于快速发展阶段，故不
对文化设施进行分级，统一赋分为 1；对中学按重点、普通赋分为 4、
3，对小学按一流一类、一流二类、二流一类、二流二类分别赋分为
4、3、2、1。分类依据来源于无忧考网。④公园景点包括公园、自
然景观、遗址故居、森林公园、寺庙等。结合 A 级以上景区名录对
5A、4A、3A、2A、A 和普通景点分别赋分为 6、5、4、3、2、1，
而后按乡镇统计。⑤观光农业景点包括观光园、采摘园、种植园/基
地、养殖基地、垂钓园、现代农业示范园区、农业产业园、生态园、
农场等。考虑到景区规模差异对游客的吸引程度以及乡村旅游休闲
功能的带动作用不同（郭建科等，2017），将示范园区、示范基地、

产业园区等规模较大的兴趣点赋分为 2，其他景点赋分为 1，而后按乡镇统计。对于统计年鉴中的行政单元与矢量单元不一致的情况，借助行政区划变更资料，将部分单元合并。同时，结合密云水库在生态涵养区的独特生态价值，将其单独作为一个单元，以便分析和对照，最终包括 112 个乡镇。

3. 生态涵养区乡村地域功能空间特征

基于自然断裂法对乡村分项与综合功能指数分级，绘制生态涵养区乡村地域功能分布图（图7-2）。经济发展功能中高值以上单元（0.101～0.207）集中位于昌平、房山的平原区以及平谷、密云和延庆的城区内，地势平坦且邻近北京市近郊平原区，区位优势明显，农民人均所得和就业机会均较高，经济发展水平较高（图7-2a）。其中，昌平城区（城南、城北街道）、东小口地区、沙河地区、回龙观地区、良乡镇、密云城区、平谷城区等因城镇化率高、企业密集，居民就业机会较多，经济发展功能最好，指数在 0.145 以上。中低值以下乡镇（0～0.100）多处于山区，地形起伏较大，其中，门头沟、延庆、怀柔等区内乡镇因土地城镇化率不高，企业分布密度小，经济功能偏弱。

农产品生产功能中高值以上乡镇（0.052～0.116）主要分布在密云、平谷、延庆和房山区内，地势相对平坦，耕地和林果资源丰富，农产品生产功能相对较高，并以河南寨镇、东邵渠镇、冯家峪镇、新城子镇、沈家营镇、井庄镇、大榆树镇、琉璃河镇、窦店镇、石楼镇、刘家店镇、马坊地区、马昌营镇最突出，指数在 0.080 以上。中低值以下乡镇以昌平、门头沟、房山和怀柔区内分布居多，其中，门头沟和房山山区的乡镇因地形限制，蔬菜、粮食等种植面积和人均产量有限，农产品生产功能偏低（图7-2b）。

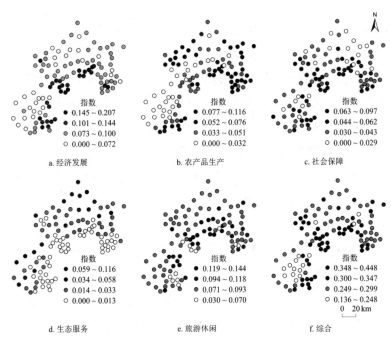

图 7-2　生态涵养区乡村地域功能分布图

社会保障功能中高值以上单元（0.044～0.097）多分布在交通便利且医疗、养老、文化、教育等设施完善的乡镇，空间格局与经济发展功能相似。其中，延庆镇、八达岭镇、庙城镇、良乡镇、窦店镇、小汤山镇、密云镇、河南寨镇、刘家店镇等因自身农业（旅游）资源丰富，经济相对发达，相关设施齐全，社会保障功能相对领先。而不老屯、冯家峪、宝山等深山区乡镇，公共服务设施建设滞后，社会保障功能最弱（图 7-2c）。

生态服务功能中高值以上（0.034～0.116）乡镇多位于怀柔、密云接壤处的深山区，少量分布在房山、延庆和门头沟区内，单元林、草地资源丰富，生态功能突出。其中，密云水库、千家店镇、清水镇和斋堂镇因水体（林、草地）资源丰富，生态调节（支持）价值极高，功能最强。中低值以下单元更注重农产品生产，生态服务功能偏低（图 7-2d）。

旅游休闲功能中高值以上（0.094～0.144）乡镇主要位于昌平、怀柔、密云、平谷、门头沟等区内，单元地势平坦，耕地资源相对丰富，且邻近朝阳、顺义、丰台、石景山等城区，发展观光农业的条件优越，旅游休闲功能较强，并以崔村镇、十三陵镇、兴寿镇和杨宋镇的发展最好。而沙河地区、马池口地区、东小口地区、青龙湖镇、城关街道、阎村镇、十里堡镇等因城市建设需要，休闲景观资源被挤占，功能最弱（图 7-2e）。

在分项功能的综合作用下，乡村综合功能中高值以上单元（0.300～0.448）主要分布在昌平和房山的平原区乡镇以及延庆、密云和平谷的城区内，农业、旅游业等发展较快，为居民提供较多的就业机会，农村居民人均所得较高，综合发展水平突出（图 7-2f）。其中，密云镇、河南寨镇、十里堡镇、昌平城区、庙城镇、杨宋镇、延庆镇、良乡等乡镇，因经济发展、农产品生产、社会保障等功能优势突出，综合功能最强。其他区尤其是房山和门头沟区的山区乡镇的综合功能较弱。

（三）生态涵养区乡村地域功能权衡协同特征

1. 生态涵养区乡村地域功能的秩相关分析

将乡村各项功能指数导入 SPSS 软件，计算 Spearman 秩次相关系数来分析乡村地域功能间的权衡—协同关系。由表 7-2 可知：①农产品生产、社会保障与经济发展之间的协同促进作用明显（显著性水平为 0.01）；②经济发展、农产品生产、社会保障与生态服务功能

之间显著权衡，并以经济发展与生态服务功能的权衡最明显
（–0.700），社会保障与生态服务功能的权衡次之（–0.413），农产品
生产与生态服务功能的权衡最弱（–0.242），表明生态涵养区乡村为
满足居民基本农产品、公共服务等需求，不可避免地要占用生态服
务资源，实现经济发展与生态环境双赢的压力较大；③社会保障与
农产品生产、旅游休闲之间，社会保障、生态服务与旅游休闲之间
也表现为协同，但不显著；④经济发展与旅游休闲功能之间的权衡
关系较弱，且不显著，表明目前区域经济发展尚未能带动旅游休闲
功能的发展，二者相互独立。总体上看，生态涵养区乡村地域功能
发展相对协调，为充分挖掘乡村地域多功能价值、促进乡村振兴发
展奠定良好基础，但也面临"经济发展与生态环境双赢"的挑战。

表 7-2   生态涵养区乡村地域功能的相关性分析

功能	经济发展功能	农产品生产功能	社会保障功能	生态服务功能	旅游休闲功能
经济发展功能	1.000	0.335**	0.457**	-0.700**	-0.162
农产品生产功能	—	1.000	0.083	-0.242*	0.065
社会保障功能	—	—	1.000	-0.413**	0.125
生态服务功能	—	—	—	1.000	0.110
旅游休闲功能	—	—	—	—	1.000

注："*和**"分别表示在显著性水平0.05和0.01下（双尾）下相关性显著。

2. 乡村地域功能权衡—协同关系的空间特征

（1）全局自相关分析

结合表 7-3 可知，乡村各项功能的空间局部自相关性总体与
Spearman 秩次相关分析相符，且相关性程度一致，仅在部分功能上

存在细微差异。除社会保障与旅游休闲功能之间的全局空间自相关性未通过显著性检验外，其他乡村地域功能之间的全局空间自相关性均通过显著水平为 10%以上的统计性检验。其中，经济发展—农产品生产/社会保障功能、生态服务—旅游休闲功能、农产品生产—社会保障功能在空间上表现为显著协同。按照相关系数排序，依次为经济发展—社会保障功能（0.248，p=0.01）＞经济发展—农产品生产功能（0.161，p=0.01）＞生态服务—旅游休闲功能（0.083，p=0.1）＞农产品生产—社会保障功能（0.079，p=0.1）。在空间上表现为显著权衡关系的功能组合中，生态服务—经济发展/农产品生产/社会保障、农产品生产—旅游休闲的权衡关系通过 1%的显著性检验，相关性较强，经济发展—旅游休闲的权衡关系通过 5%的显著性检验，相关性较弱。

表 7-3　乡村地域功能间的全局空间自相关系数

功能组合	Moran'I	E（I）	P value	Z score	sig.
JJF-NCPF	0.161**	-0.009	0.001	3.513	0.01
JJF-SHBF	0.248**	-0.009	0.001	4.959	0.01
JJF-STF	-0.324**	-0.009	0.001	-6.139	0.01
JJF-LYF	-0.111*	-0.009	0.015	-2.395	0.05
NCPF-SHBF	0.079˙	-0.009	0.047	1.692	0.1
NCPF-STF	-0.157**	-0.009	0.001	-3.425	0.01
NCPF-LYF	-0.130**	-0.009	0.005	-2.644	0.01
SHBF-STF	-0.209**	-0.009	0.001	-4.266	0.01
SHBF-LYF	0.022	-0.009	0.315	0.502	-
STF-LYF	0.083˙	-0.009	0.029	1.756	0.1

注："JJF/NCPF/SHBF/STF/LYF"分别代指经济发展、农产品生产、社会保障、生态服务、旅游休闲功能。"**、*、˙"表示分别服从显著性水平为 1%、5%、10%的统计性检验。

（2）局部自相关分析

绘制乡村地域功能双变量 LISA 图，进一步分析生态涵养区乡村地域功能彼此的局部空间权衡与协同关系（图 7-3）。需要说明的是，由于社会保障—旅游休闲的协同效应并不显著，故研究仅列出 LISA 图并未具体分析。

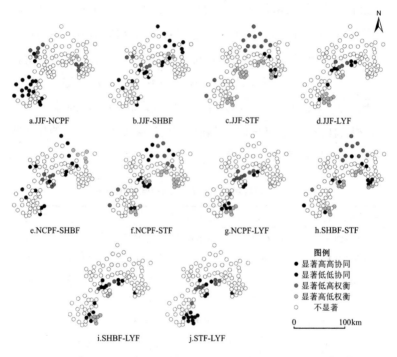

图 7-3　生态涵养区乡村地域功能 LISA 格局图

经济发展—农产品生产（JJF-NCPF）以协同为主（18/28），其中，显著高高协同单元共 5 个，分别为窦店镇、良乡镇和琉璃河镇（房山区），以及延庆镇和八达岭镇（延庆区）；显著低低协同单元共 13 个，集中位于门头沟区和房山区的山区乡镇。显著高低权衡单元共 9 个，主要分布在延庆区和平谷区；显著低高权衡单元仅 1 个，位于密云区穆家峪镇。

经济发展—社会保障（JJF-SHBF）（20/27）、农产品生产—社会保障（NCPF-SHBF）（16/28）均以协同为主，且具有相似的空间分布特征。显著高高协同单元均以昌平和房山的平原区乡镇居多，怀柔和延庆区内有少量分布。显著低低协同单元略有差异，前者以密云水库以北的乡镇居多，门头沟和怀柔区有少量分布；而后者的显著低低协同单元总体较少，主要分布在门头沟和怀柔区。就权衡格局来看，二者的显著低高权衡单元集中在昌平区；显著高低权衡单元前者主要位于密云水库以南的十里堡镇，后者则以密云水库以北的乡镇居多。

经济发展—生态服务（JJF-STF）（34/39）、社会保障—生态服务（SHBF-STF）（28/39）、农产品生产—生态服务（NCPF-STF）（25/39）之间以权衡为主，且具有相似的空间分布特征，并以经济发展—生态服务、社会保障—生态服务的权衡格局相似性更高，显著低高权衡区均以延庆、怀柔和密云区的北部乡镇居多，少量分布在斋堂镇（门头沟区）和蒲洼乡（房山区）；显著高低权衡单元以昌平区和房山区的平原区乡镇单元居多，少量分布在怀柔区、平谷区和密云区内的街道乡镇。比较而言，农产品生产—生态服务功能的显著高低权衡格局与上述二者大体相似，显著低高权衡格局略有不同，主要分布在怀柔、密云和门头沟区内，而于家店镇、珍珠泉乡、四海镇（延庆区）等原本属于经济发展/社会保障—生态服务显著低高权衡的单元在农产品生产—生态服务功能的权衡中表现为显著的高高协同，北七家镇、东小口地区（昌平区）等原属于经济发展/社会保障—

生态服务显著高低权衡的单元在农产品生产—生态服务功能的权衡协同中表现为显著的低低协同。

经济发展—旅游休闲（JJF-LYF）（16/24）、农产品生产—旅游休闲（NCPF-LYF）（15/24）均以权衡为主。其中，显著低高权衡单元集中位于昌平区内；显著高低权衡单元以房山区的平原区乡镇居多，昌平和平谷有少量分布。就协同格局而言，二者略有差异，如怀柔镇的经济发展—旅游休闲功能表现为显著的高高协同，而在农产品生产—旅游休闲方面则表现为显著的低高协同；青龙湖镇、闫村镇、燕山地区、城关街道等表现为显著的经济发展—旅游休闲高低协同的单元在农产品生产—旅游休闲功能权衡协同上表现为低低协同。

与经济发展/农产品生产—旅游休闲功能的权衡协同格局相反，生态服务—旅游休闲（STF-LYF）（16/24）功能总体表现为协同关系，并以显著的低低协同为主，主要分布在房山平原区乡镇，如长阳镇、良乡镇、琉璃河镇、窦店镇等，乡镇总体表现较强的经济发展、农产品生产以及社会保障功能，但生态服务、旅游休闲功能发展相对较弱。

3. 基于生产可能性边界的乡村地域功能权衡量化

对上述具有显著性的功能组合定量化表达，包括经济发展/农产品生产/社会保障—生态服务功能的权衡组合以及农产品生产/社会保障—经济发展功能间的协同组合。借助 excel 散点图的拟合趋势线功能绘制权衡—协同 PPF 曲线。

由图 7-4a 可知，经济发展与生态服务功能间的权衡关系是凸向原点（0，0）的非单调曲线。根据生产可能性边界的经济学概念，经济发展功能即为生态服务功能发展的机会成本，结合 a、b、c、d、e、f 点加以说明。经济发展功能从 a（0.020，0.108）→b（0.040，

0.061)、从 c（0.050，0.043）→d（0.070，0.016）减少的机会成本分别为 0.047、0.027，表明增加同等投入的生态服务功能，经济发展功能所放弃的机会成本在降低，而当生态服务功能发展至一定阶段后，如从 e（0.100，0）→f（0.116，0.004），经济发展功能随着生态服务功能的持续投入得以发展，这一趋势也印证了当前政府执行生态保护和绿色发展政策的合理性，执行该政策短期内会抑制经济发展，但随着对生态环境的持续投入，经济发展放弃的机会成本降低。经济发展—生态服务功能权衡到一定阶段后，二者间关系将转为协同。

社会保障与生态服务功能间的权衡关系是一条凹向原点（0，0）的凸曲线（图 7-4b）。当组合点由 a（0.020，0.063）→b（0.040，0.054）、由 c（0.080，0.029）→d（0.100，0.014）时，社会保障因发展生态服务而减少的机会成本分别为 0.009 和 0.014，即增加同等的生态服务投入，社会保障所放弃的机会成本在加大，这表明越向生态服务功能追加投入，越不利于社会保障功能发展，生态服务与社会保障的总体收益减少。建议在满足居民基本社会需求时，尽量避免抑制生态服务功能；在不适宜追加社会保障投入或社会保障投入成本过高的地区，强化生态服务功能。

农产品生产与生态服务功能间的权衡关系表现为凸向原点的凹曲线（图 7-4c）。当生态服务从 a（0.020，0.072）→b（0.040，0.052）、从 c（0.060，0.038）→d（0.080，0.028）时，生态服务功能每增加 0.02，农产品生产功能所放弃的机会成本分别为 0.02 和 0.01，即追加同等的生态服务投入，农产品生产放弃的机会成本在降低。表明尽管当前农产品生产与生态服务之间存在权衡，但随着对生态服务功能的持续投入，农产品生产与生态服务功能之间的组合收益趋近于最优，二者之间的权衡有减弱趋势。

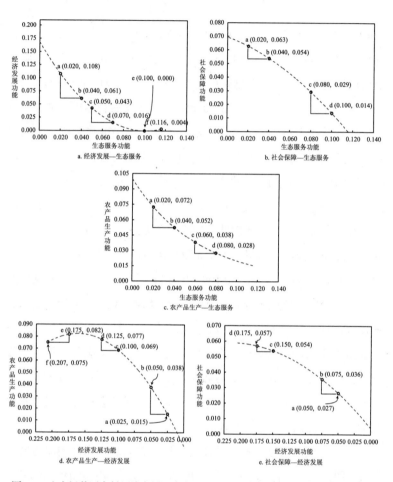

**图 7-4　生态涵养区乡村经济发展、农产品生产、社会保障、生态服务功能之间的
PPF 曲线**

农产品生产与经济发展功能间的协同关系是一条凹向原点
（0.225，0）的非单调曲线（图 7-4d）。从 a（0.025，0.015）→b（0.050，
0.038），从 c（0.100，0.069）→d（0.125，0.077），农产品生产功能

增加的机会成本由 0.023 减少至 0.008，表明当经济功能持续发展时，对农产品生产功能的促进作用减弱；而当经济发展功能从 e（0.175，0.082）→f（0.207，0.075）时，农产品生产与经济发展功能间表现为权衡，表明经济发展持续投入到一定程度后反而抑制了农产品生产功能。二者之间需要考虑改进，如从农产品生产功能系统内部注重挖掘农产品非生产功能价值，提升农业发展质量，或者对经济发展功能系统内部考虑从增量发展向结构优化提质方面改进等。

社会保障与经济发展功能间的协同关系是一条凹向原点（0.225，0）的凸曲线（图 7-4e），当组合从 a（0.050，0.027）→b（0.075，0.036）、c（0.150，0.054）→d（0.175，0.057）时，社会保障减少的机会成本分别由 0.009 减至 0.003，表明随着经济功能的发展，社会保障功能也在增强，但这种促进作用逐渐减弱。表明持续的增强一种功能，带动另一种功能发展的趋势减缓，需要考虑别的改进措施，增进二者的协同效应。

（四）乡村地域功能权衡强度探讨及协同策略

计算权衡强度指数可知，农产品生产与生态服务的权衡强度最弱（0.028），表明该组合点距生产可能性边界上最短的最优组合点越近，继续对功能追加较少的资源就能实现二者的效益均衡；而经济发展与生态服务（0.074）、社会保障与生态服务（0.066）的权衡强度接近且较大，表明经济发展（社会保障）与生态服务之间的冲突较大，即该组合点距生产可能性边界上距离最短的某一最优组合点的距离较大，资源供给有限条件下，无法通过投入更多的资源来缓解二者间的权衡，其中一种功能需要让步。基于此，设计"权衡强度越小，功能间共生发展""权衡强度越大，最多发展一种功能"的发展思路，即以追求乡村综合功能效益最大化为目标，结合乡村经济发展/农产品生产/社会保障与生态服务功能间的权衡强度结果，对权衡强度小的功能组合同时追加投入，促进功能间共生发展，对权衡强度大的功能组合进行约束，限制某一功能发展。具体方法如下，进一步计算乡镇对应的乡村地域功能间的权衡强度指数，并借助自然断裂法，将对应的经济发展—生态服务、农产品生产—生态服务、社会保障—生态服务3组功能的权衡强度指数按高、中、低分级，并编码为3、2、1；而后，借助矩阵组合法，形成不同功能间的权衡编码组合，将生态涵养区112个乡镇划分为Ⅰ、Ⅱ、Ⅲ、Ⅳ4种发展类型区（表7-4），并结合《北京城市总体规划（2016年～2035年）》以及各分区规划中的具体发展定位，提出功能协同策略（表7-5）。

Ⅰ类区共15个，包括庙城镇、杨宋镇、北房镇、密云镇、十里堡镇、良乡镇、长阳镇、阎村镇、城关街道、南邵镇、百善镇、阳坊镇、马池口地区、永定镇和大兴庄镇。多为各区辖区或规划为新城的乡镇，经济发展、农产品生产、社会保障功能发展均较好，生态服务功能较弱，乡镇经济发展/农产品生产/社会保障与生态服务功能的权衡强度低，但综合功能发展均处于中高水平以上（图7-2），表明现状水平下，持续发展4种功能仍然有利于实现乡村地域功能间的均衡，乡村综合功能仍有提升空间。结合各功能现状以及各分区规划中对市辖区和规划新城区经济绿色协同发展的功能定位，未来可适当加大建设力度、提高土地利用效益，并增加公园绿地建设和医疗、教育等设施投入，实现乡村地域多功能组合的综合效益最大化。

表 7-4　乡镇不同功能间权衡组合对应编码及内涵

类型区	组合编码	对应内涵
I	111;	经济发展/农产品生产/社会保障与生态服务功能间的权衡强度均较轻,现有技术水平下,未来 4 种功能可以共生发展,以实现乡村地域功能综合效益的最优
II	112;121;122; 132;211;212; 221;222;223; 231;232;312; 321;322;	经济发展/农产品生产/社会保障与生态服务功能间的任意 2 种组合的权衡程度均较轻,在现有技术水平下,可以保持 3 种功能共生。如编码 112 表示对应乡镇可同时发展经济、农产品生产和生态服务 3 种功能
III	331;332; 323;	经济发展/农产品生产/社会保障与生态服务功能间的任意 2 种组合的权衡十分剧烈,最多允许 2 种功能共生发展。如编码 331,表示仅社会保障与生态服务功能的权衡较轻,而经济发展和农产品生产对生态服务的权衡剧烈,最多允许生态服务功能或经济发展(农产品生产)中的一种发展,而社会保障功能发展则不受限制,即 2 种功能共生
IV	333;	表明区域经济发展、农产品生产、社会保障与生态服务的权衡均处于高级别,现有技术水平下最多允许发展其中一种功能

注:矩阵组合理论上可形成 27 种组合,但"113、123、131、133、213、233、311、313"等编码组合实际为缺省。

　　II 类区共 76 个,集中分布在延庆、昌平、怀柔、密云、平谷和房山区,乡镇经济发展/农产品生产/社会保障与生态服务功能间的任意 2 种组合的权衡程度较轻。针对平谷区内的多数乡镇以及延庆区内的四海镇、永宁镇、刘斌堡乡、大庄科乡等,其经济发展与生态服务权衡中等且农产品生产/社会保障与生态服务的权衡强度低,可结合"特色小镇""农业科技创新"等发展定位,注重从特色林果业发展、生态山水旅游建设、公共文化服务提升等方面增强农产品生产、社会保障和生态服务功能，从而提升其功能的综合效益；针对东小口地区、北七家镇、沙河地区、南口地区、回龙观地区、河南寨镇、窦店镇、九渡河镇等，农产品生产功能与生态服务功能间的权衡强度在中等以上，经济发展/社会保障与生态服务功能间的权衡强度低，建议结合昌平区未来科学城建设、房山区现代农业产业园建设等，侧重提升其经济发展、社会保障和农产品生产功能；针对冯家峪镇和不老屯镇等生态服务与社会保障功能权衡强度高、农产品生产/经济发展与生态服务功能权衡强度低的单元，侧重提升农产品生产、经济发展与生态服务功能；其他单元则结合乡镇实际和规划要求，针对性地选择 3 种功能提升，以促进区域乡村地域功能组合综合收益的提升。

Ⅲ类区共 9 个，分布在怀柔区、房山区以及延庆区内。其中，十渡镇、佛子庄乡、河北镇、大安山乡、南窖乡、琉璃庙镇、雁栖镇的经济发展/农产品生产与生态服务功能间权衡强度高，社会保障与生态服务功能之间权衡强度低，结合大安山山脉和燕山山脉生态保育需求，未来宜优先向生态服务功能和社会保障功能追加投入，以缓解乡村地域功能间的权衡。而宝山镇和张山营镇等经济发展/社会保障与生态服务功能间的权衡强度高、农产品生产与生态服务功能的权衡强度中等的单元，宜以促进农产品生产和生态服务功能为主、刺激经济发展或社会保障功能为辅，缓解功能间的权衡。

Ⅳ类区共 12 个，以门头沟和怀柔区的山区乡镇为主，区域经济发展/农产品生产/社会保障与生态服务功能的权衡强度高，未来应结合经济发展、农产品生产等分项功能占综合功能的发展比例以及综合功能发展所处的级别，确定重点发展功能，其他功能则需要让步。

表 7-5　各均衡策略组合对应乡镇

类型区	空间位置
I	密云区密云镇、十里堡镇；怀柔区庙城镇、杨宋镇、北房镇；房山区良乡镇、长阳镇、阎村镇、城关街道；平谷区大兴庄镇；昌平区南邵镇、百善镇、阳坊镇、马池口地区；门头沟区永定镇
II	昌平区昌平城区、北七家镇、小汤山镇、崔村镇、回龙观地区、沙河地区办事处、东小口地区、十三陵镇、兴寿镇、延寿镇、南口地区办事处；房山区窦店镇、琉璃河镇、石楼镇、长沟镇、大石窝镇、韩村河镇、蒲洼乡、张坊镇、青龙湖镇、周口店镇、燕山地区；怀柔区史家营乡、怀柔镇、桥梓镇、渤海镇、九渡河镇、怀北镇；门头沟区龙泉镇、妙峰山镇、潭柘寺镇、军庄镇、王平镇；密云区河南寨镇、冯家峪镇、古北口镇、新城子镇、东邵渠镇、巨各庄镇、太师屯镇、溪翁庄镇、穆家峪镇、西田各庄镇、不老屯镇、北庄镇、大城子镇、高岭镇、檀营地区；平谷区刘家店镇、马坊地区办事处、马昌营镇、东高村镇、平谷城区、夏各庄镇、镇罗营镇、大华山镇、山东庄镇、峪口地区办事处、王辛庄镇、南独乐河镇、黄松峪乡、金海湖地区、熊儿寨乡；延庆区延庆镇、井庄镇、康庄镇、八达岭镇、沈家营镇、大榆树镇、刘斌堡乡、香营乡、四海镇、旧县镇、永宁镇、珍珠泉乡、大庄科乡
III	怀柔区琉璃庙镇、宝山镇、雁栖镇；延庆区张山营镇；房山区十渡镇、佛子庄乡、河北镇、大安山乡、南窖乡
IV	昌平区流村镇；房山区霞云岭乡；怀柔区喇叭沟门乡、长哨营乡、汤河口镇；门头沟区斋堂镇、清水镇、雁翅镇、大台街道；密云区石城镇、密云水库；延庆区千家店镇

二、特色小镇建设引领下的乡村振兴发展

（一）特色小镇的发展背景

《住房城乡建设部　国家发展改革委　财政部关于开展特色小镇培育工作的通知》（建村〔2016〕147 号）提出，培育 1 000 个左右

各具特色、富有活力的休闲旅游、商贸物流、现代制造、教育科技、传统文化、美丽宜居等特色小镇，引领带动全国小城镇建设，不断提高建设水平和发展质量，特色小镇的培育和建设工作在全国范围内展开。随后，十九大报告、《关于促进乡村产业振兴的指导意见》（国发〔2019〕12 号）、《全国乡村产业发展规划（2020～2025 年）》（农产发〔2020〕4 号）以及"十四五"规划等文件也都强调按照区位条件、资源禀赋和发展基础，因地制宜发展小城镇，促进特色小镇规范健康发展。近年来，各地区特色小镇建设取得一定成效，涌现出一批精品特色小镇，促进了经济转型升级和乡村振兴发展。然而，由于国内特色小镇的实践先于其理论研究、诸多政策文件颁布的背景差异等原因，出现了部分特色小镇概念混淆、内涵不清、主导产业薄弱、产业同质化加剧等问题（方叶林等，2019；陆佩等，2020）。为加强对特色小镇发展的指导引导、规范管理和激励约束，国家发展改革委等十部门联合印发了《全国特色小镇规范健康发展导则》（发改规划〔2021〕1383 号）。

根据《全国特色小镇规范健康发展导则》（发改规划〔2021〕1383 号），特色小镇是指现代经济发展到一定阶段产生的集聚区，既非行政建制镇、也非传统产业园区。特色小镇重在培育发展主导产业，吸引人才、技术、资金等先进要素集聚，具有细分高端的鲜明产业特色、产城人文融合的多元功能特征和集约高效的空间利用特点，是产业特而强、功能聚而合、形态小而美、机制新而活的新型发展空间。在功能布局上，既体现出对产业、文化、旅游、休闲、居住等功能的叠加，也表现出对生产、生活、生态的高度融合，是一种重点围绕"精、特、强"的可持续创新的产业组织形态。

总体上看，中国特色小镇依次经历了"以缩小城乡差距为目的的小城镇建设""强调解决人口就业经济问题的重点城镇建设"以及强调"集聚"与"特色"特征的特色小镇发展阶段。前两者对"特色"关注欠缺,而《浙江省人民政府关于加快特色小镇规划建设的指导意见》首次将"特色小镇"的概念与传统行政概念上的"镇"区别开来,是新形势下探索破解空间资源瓶颈、有效供给不足和高端要素聚合不够等问题的新实践(孙喆,2020)。同时,学界深入探讨特色小镇的内涵,逐步明确了特色小镇与特色小城镇、建制镇、产业园等概念的区别(王博雅等,2020),特色小镇建设日趋规范化和创新化(张丽萍、徐清源,2019;刘继为,2021)。以特色小镇建设为契机,因地制宜发展特色产业,推动具有地方特色的产业集群发展,引领周边乡村振兴发展。

(二)特色小镇的发展现状

住房和城乡建设部分别于 2016 年和 2017 年公布了两批共 403 个国家级特色小镇名单(首批 127 个、第二批 276 个)(表 7-6),推动特色小镇健康发展。特色小镇的类型及其空间分布和产业特征如下(方叶林等,2019;陆佩等,2020;王兆峰、刘庆芳,2020):①以根植性为首要原则,结合国民经济分类,全国特色小镇可划分为一产导向型、二产导向型、三产导向型和四产导向型 4 个主类以及 8 个亚类、15 个基本类型。不同类型的特色小镇分布密度与产业基础关联密切,根植性特征明显;以农业主导型和工业主导型为主,特色小镇覆盖面不全。②国家级特色小镇呈现"总体集聚、依托经济、沿线围城、靠景"的分布特征;数量"南多北少"、省际空间集聚差异明显,中部地区集聚程度高于东部和西部。受经济发展、文化沉淀、生态功能、区位交通、旅游资源、地形地貌等因素的综合影

表 7-6 住房城乡建设部公布的国家级特色小镇名单

行政区	国家特色小镇名单
北京市	房山区长沟镇；昌平区小汤山镇；密云区古北口镇；怀柔区雁栖镇；大兴区魏善庄镇；顺义区龙湾屯镇；延庆区康庄镇
天津市	武清区崔黄口镇；滨海新区中塘镇；津南区葛沽镇；蓟州区下营镇；武清区大王古庄镇
河北省	石家庄市鹿泉区铜冶镇；秦皇岛市卢龙县石门镇；邢台市隆尧县莲子镇；柏乡县龙华镇；保定市高阳县庞口镇；曲阳县羊平镇；徐水区大王店镇；衡水市武强县周窝镇；枣强县大营镇；承德市宽城满族自治县化皮溜子镇；邢台市清河县王官庄镇；邯郸市肥乡区天台山镇
山西省	晋城市阳城县润城镇；高平市神农镇；泽州县巴公镇；晋中市昔阳县大寨镇；灵石县静升镇；吕梁市离石区信义镇；汾阳市贾家庄镇和杏花村镇；运城市稷山县翟店镇；朔州市怀仁县金沙滩镇；右玉县右卫镇；临汾市曲沃县曲村镇
内蒙古自治区	赤峰市宁城县八里罕镇；敖汉旗下洼镇；林西县新城子镇；通辽市科尔沁左翼中旗舍伯吐镇；开鲁县东风镇；呼伦贝尔市额尔古纳市黑山头镇；扎兰屯市柴河镇；鄂尔多斯市东胜区罕台镇；鄂托克前旗城川镇；乌兰察布市凉城县岱海镇；察哈尔右翼后旗土牧尔台镇；兴安盟阿尔山市白狼镇
辽宁省	大连市瓦房店市谢屯镇；庄河市王家镇；丹东市东港市孤山镇；辽阳市弓长岭汤河镇；灯塔市佟二堡镇；盘锦市大洼区赵圈河镇；盘山县胡家镇；沈阳市法库县十间房镇；营口市鲅鱼圈区熊岳镇；阜新市阜蒙县十家子镇；锦州市北镇市沟帮子镇；本溪市桓仁县二棚甸子镇；鞍山市海城市西柳镇
吉林省	辽源市东辽县辽河源镇；通化市辉南县金川镇；集安市清河镇；延边朝鲜族自治州龙井市东盛涌镇；延边州安图县二道白河镇；长春市绿园区合心镇；白山市抚松县松江河镇；四平市梨树县叶赫满族镇；吉林市龙潭区乌拉街满族镇

行政区	国家特色小镇名单
黑龙江省	齐齐哈尔市甘南县兴十四镇；牡丹江市宁安市渤海镇；穆棱市下城子镇；大兴安岭地区漠河县北极镇；绥芬河市阜宁镇；黑河市五大连池市五大池镇；北安市赵光镇；佳木斯市汤原县香兰镇；哈尔滨市尚志市一面坡镇；鹤岗市萝北县名山镇；大庆市肇源县新站镇
上海市	金山区枫泾镇；松江区车墩镇；青浦区朱家角镇；浦东新区新场镇；闵行区吴泾镇；崇明区东平镇；宝山区罗泾镇；奉贤区庄行镇；嘉定区安亭镇
江苏省	南京市高淳区桠溪镇；无锡市宜兴市丁蜀镇；徐州市邳州市碾庄镇和铁富镇；苏州市吴中区甪直镇；吴江区震泽镇；盐城市东台市安丰镇；泰州市姜堰区溱潼镇；兴化市戴南镇；泰兴市黄桥镇；昆山市陆家镇；常熟市海虞镇；惠山区阳山镇；扬州市广陵区杭集镇；镇江市扬中市新坝镇；盐城市新北区孟河镇；和七都镇；无锡市江阴市新桥镇；锡山区羊尖镇；如皋市搬经镇；常州市新北区孟河镇；盐都区大纵湖镇；南通市如东县拼茶镇
浙江省	杭州市桐庐县分水镇和富春江镇；建德市寿昌镇；温州市乐清市柳市镇；嘉兴市桐乡市濮院镇；秀洲区王店镇；嘉善县西塘镇；湖州市德清县莫干山镇；安吉县孝丰镇；绍兴市诸暨市大唐镇；金华市东阳市横店镇；越城区东浦镇；浦江县郑宅镇；义乌市佛堂镇；丽水市莲都区大港头镇；龙泉市上垟镇；宁波市江北区慈城镇；宁海县西店镇；余姚市梁弄镇；衢州市衢江区莲花镇；江山市廿八都镇；台州市仙居县白塔镇；三门县健跳镇
安徽省	铜陵市郊区大通镇；义安区钟鸣镇；安庆市岳西县温泉镇；怀宁县石牌镇；黄山市黟县宏村镇；休宁县齐云山镇；六安市裕安区独山镇；金安区毛坦厂镇；宣城市旌德县白地镇；宁国市港口镇；芜湖市繁昌县孙村镇；合肥市肥西县三河镇；马鞍山市当涂县黄池镇；滁州市来安县汊河镇；阜阳市界首市光武镇
福建省	福州市永泰县嵩口镇；福清市龙田镇；厦门市同安区汀溪镇；泉州市安溪县湖头镇；石狮市蚶江镇；晋江市金井镇；福安市穆阳镇；漳州市南靖县书洋镇；南平市武夷山市五夫镇；南平市邵武市和平镇；龙岩市上杭县古田镇；永定区湖坑镇；宁德市福鼎市点头镇；莆田市涵江区三江口镇；福安市

续表

行政区	国家特色小镇名单
江西省	南昌市进贤县文港镇、湾里区太平镇；鹰潭市龙虎山风景名胜区上清镇；宜春市明月山温泉风景名胜区温汤镇、樟树市阁山镇；上饶市婺源县江湾镇；赣州市全南县南迳镇、宁都县小布镇；吉安市吉安县永和镇；抚州市广昌县驿前镇；景德镇市浮梁县瑶里镇；九江市庐山市海会镇
山东省	青岛市胶州市李哥庄镇、平度市南村镇；淄博市淄川区昆仑镇；烟台市蓬莱市起凤镇、招远市玲珑镇；潍坊市寿光市羊口镇；泰安市新泰市西张庄镇、泰安市岱岳区满庄镇；威海市经济技术开发区崮山镇、荣成市虎山镇；临沂市费县探沂镇、蒙阴县岱崮镇；聊城市东阿县陈集镇；滨州市博兴县吕艺镇；菏泽市郓城县张营镇；济宁市曲阜市尼山镇
河南省	焦作市温县赵堡镇；许昌市禹州市神垕镇；南阳市西峡县太平镇、南阳市淅川县荆紫关镇；驻马店市确山县竹沟镇；汝州市蟒川镇；南阳市镇平县石佛寺镇；洛阳市孟津县朝阳镇；濮阳市华龙区岳村镇；周口市商水县邓城镇；巩义市竹林镇；长垣县蒲东街道；安阳市林州市石板岩乡；永城市芒山镇；三门峡市灵宝市函谷关镇；邓州市穰东镇
湖北省	宜昌市夷陵区龙泉镇、兴山县昭君镇；襄阳市枣阳市吴店镇、老河口市仙人渡镇；荆门市东宝区漳河镇；黄冈市红安县七里坪镇；随州市随县长岗镇；荆州市松滋市洈水镇；潜江市熊口镇；仙桃市彭场镇；十堰市竹溪县汇湾镇；咸宁市嘉鱼县官桥镇；神农架林区红坪镇；武汉市蔡甸区玉贤镇；天门市岳口镇；恩施州利川市谋道镇
湖南省	长沙市望城区乔口镇、浏阳市大瑶镇、宁乡县灰汤镇；邵阳市邵东县廉桥镇、邵阳县下花桥镇；郴州市汝城县热水镇；娄底市双峰县荷叶镇、冷水江市禾青镇；湘西土家族苗族自治州花垣县边城镇；龙山县里耶镇；常德市临澧县新安镇；永州市宁远县湾井镇；株洲市攸县皇图岭镇；湘潭市湘潭县花石镇；岳阳市华容县东山镇；衡阳市珠晖区茶山坳镇

续表

行政区	国家特色小镇名单
广东省	佛山市顺德区北滘镇和乐从镇、南海区西樵镇、南海区里水镇；江门市开平市赤坎镇、蓬江区荷塘镇；肇庆市高要区回龙镇、鼎湖区凤凰镇；梅州市梅县区雁洋镇、丰顺县留隍镇；河源市江东新区古竹镇；中山市古镇镇、大涌镇；广州市番禺区沙湾镇；珠海市斗门区斗门镇；揭阳市揭东区埔田镇；茂名市电白区沙琅镇；湛江市廉江市安铺镇；潮州市湘桥区意溪镇；清远市英德市连江口镇
广西壮族自治区	柳州市鹿寨县中渡镇；桂林市恭城瑶族自治县莲花镇、兴安县溶江镇；北海市铁山港区南康镇、银海区侨港镇；贺州市八步区贺街镇、昭平县黄姚镇；河池市宜州市刘三姐镇；贵港市港南区桥圩镇、桂平市木乐镇；南宁市横县校椅镇；崇左市江州区新和镇；梧州市苍梧县六堡镇；钦州市灵山县陆屋镇
海南省	海口市云龙镇、石山镇；琼海市潭门镇、澄迈县福山镇；儋州市那大镇、中原镇；文昌市会文镇
重庆市	万州区武陵镇、涪陵区蔺市镇、黔江区濯水镇；江津区白沙镇、铜梁区安居镇；永川区朱沱镇、綦江区东溪镇；酉阳县龙潭镇、大足区龙水镇；合川区涞滩镇；南川区大观镇、长寿区长寿湖镇
四川省	成都市郫都区三道堰镇、郫都区洛带镇、邛崃市平乐镇、大邑县安仁镇；泸州市纳溪区大渡口镇；南充市西充县多扶镇、宜宾市翠屏区李庄镇；达州市渠县三汇镇；攀枝花市盐边县红格镇；自贡市自流井区仲权镇；广元市昭化区昭化镇；眉山市洪雅县柳江镇、甘孜州稻城县香格里拉镇；绵阳市江油市青莲镇；雅安市雨城区多营镇；阿坝州汶川县水磨镇；遂宁市安居区拦江镇；德阳市罗江县金山镇；资阳市安岳县龙台镇；巴中市平昌县驷马镇
贵州省	贵阳市花溪区青岩镇、开阳县龙岗镇；六盘水市六枝特区郎岱镇、水城县玉舍镇；遵义市仁怀市茅台镇、播州区鸭溪镇、湄潭县永兴镇；安顺市西秀区旧州镇、镇宁县黄果树镇；黔东南州黎平县肇兴镇、黔西南州兴义县万峰林镇；黔南州惠水县好花红镇；铜仁市万山区万山镇；贵安新区高峰镇；贞丰县者相镇

续表

行政区	国家特色小镇名单
云南省	红河州建水县西庄镇、大理州大理市喜洲镇、剑川县沙溪镇；德宏州瑞丽市畹町镇；楚雄州姚安县光禄镇；玉溪市新平县戛洒镇；西双版纳州勐腊县勐仑镇；保山市隆阳区潞江镇；临沧市双江县勐库镇；昭通市彝良县小草坝镇；保山市腾冲市和顺镇；昆明市嵩明县杨林镇；普洱市孟连县勐马镇
西藏自治区	拉萨市尼木县吞巴乡、当雄县羊八井镇；山南市扎囊县桑耶镇；贡嘎县杰德秀镇；阿里地区普兰县巴嘎乡；昌都市芒康县曲孜卡乡；日喀则市定日县珠峰镇
陕西省	西安市蓝田县汤峪镇、铜川市耀州区照金镇；宝鸡市眉县汤峪镇；凤翔县柳林镇；扶风县法门镇；汉中市宁强县青木川镇、勉县武侯镇；杨陵区五泉镇；安康市平利县长安镇；商洛市山阳县漫川关镇；咸阳市长武县亭口镇；延安市黄陵县店头镇；延川县文安驿镇
甘肃省	兰州市榆中县青城镇、永登县苦水镇；武威市凉州区清源镇；临夏州和政县松鸣镇；庆阳市华池县南梁镇；天水市麦积区甘泉镇；嘉峪关市峪泉镇；定西市陇西县首阳镇
青海省	海东市化隆回族自治县群科镇、民和县官亭镇；海西州蒙古族藏族自治州乌兰县茶卡镇；海西州德令哈市柯鲁柯镇；海南州共和县龙羊峡镇；西宁市湟源县日月乡
宁夏回族自治区	银川市西夏区镇北堡镇、兴庆区掌政镇、永宁县闽宁镇；固原市泾源县泾河源镇；吴忠市利通区金银滩镇；同心县韦州镇；石嘴山市惠农区红果子镇
新疆维吾尔自治区	喀什地区巴楚县色力布亚镇、塔城地区沙湾县乌兰乌苏镇；阿勒泰地区富蕴县可可托海镇；克拉玛依市乌尔禾区乌禾镇；吐鲁番市高昌区亚尔镇；伊犁州新源县那拉提镇；博州精河县托里镇；巴州焉耆县七个星镇；昌吉州吉木萨尔县北庭镇；阿克苏地区沙雅县古勒巴格镇；新疆生产建设兵团第八师石河子市北泉镇；图木舒克市草湖镇；铁门关市博古其镇

注: 根据建村〔2016〕221 号和建村〔2017〕178 号整理。

响，国家级特色小镇主要分布在两类区域：一类是坡度和地形起伏度小、海拔低、地势相对平坦的亚热带和暖温带地区；另一类是经济基础好、市场发育程度高和文化产业发达的地区。具体到空间上，主要形成了环渤海地区、长三角地区、东南沿海区、西南成渝区、中原地带 5 大集聚区。

（三）特色小镇典型案例

为进一步引导特色小镇规范健康发展，国家发展改革委会同有关部门组织各地区全面梳理特色小镇建设情况，形成特色小镇典型经验和警示案例。结合国家发展改革委规划司"第一轮全国特色小镇典型经验"中的 16 个精品特色小镇和《国家发展改革委办公厅关于公布特色小镇典型经验和警示案例的通知》（发改办规划〔2020〕481 号）中的 20 个精品特色小镇，以及大都市区代表性强、政府重点支持的小镇，从中遴选出若干个对乡村地域功能发展与乡村振兴具有重要启示的特色小镇（表7-7），分析其引领乡村振兴发展的途径及启示。

特色小镇建设实质上是对乡村生态、文化、旅游、产业、服务等特色资源整合聚集的过程（吉玫成、白雪，2022）。特色小镇多依托区域特色产业，从要素、功能、空间等方面对乡村资源进行凝集与优化，引领乡村振兴发展。在产业定位方面，充分结合区位条件、资源禀赋、产业积淀和地域特征，兼顾特色化的文化、功能和建筑，找准特色、凸显特色、放大特色；聚焦高端产业和产业高端方向，着力发展优势特色产业，延伸产业链、提升价值链、创新供应链，吸引高端要素集聚，打造特色产业集群。在运行模式方面，结合产业集聚、传统产业转型升级、城镇化建设、文化传承等方式，结合

表 7-7 精品特色小镇及其典型经验

特色小镇名称	运行模式	发展特征	地域多功能与乡村振兴启示
浙江杭州梦想小镇	打造新兴产业集聚发展新引擎（便利创业社区+创业生态系统建设）	信息服务类小镇；明确产业定位（互联网+金融）；提供人才（引进知名孵化器和平台，集聚创业人才），组织（引导园区自治），技术平台支撑；打造宜居宜业宜游配套环境和形态完备的创业社区；塑造互联网特色文化，形成独特文化风貌；整合市场资源	充分利用小镇特色产业，构筑全景式孵化链条，发挥小镇生产、生活、生态功能，整合土地资源，引入相关项目孵化，促进产业振兴；利用创新项目，形成手游村、电商村、健康产业村、物联网村等
江苏镇江句容绿色新能源小镇	打造新兴产业集聚发展新引擎（政府引导+企业主体+市场化运营）	先进制造类小镇；以光伏、电动生态圈产业为主导，新能源设备为发展两翼，科技、休闲、农业、教育医疗服务为基底，构建"一轴两翼四基"的产业体系；加强政策支撑和政企协调会机制建设	依托特色文旅资源，打造宜居绿色的生活生态空间，强化生活、生态功能，并发展特色水利和低碳文化；利用生态优势吸引创源人才集聚；通过安实城市发展大循环和产业发展小循环体系，纵向延伸能源服务环节，形成能源新能源产业生态圈，以产业振兴助力乡村振兴
浙江诸暨袜艺小镇	探索传统产业转型升级新路径（政府引导与企业主体结合+以点带面与整体推进结合+项目建设与环境整治结合）	时尚产业类小镇；积极打造供给侧小镇经济新模式，大力推进有效投资，形成四个"+"模式（创意+、创新+、互联网+、资本+）；注重功能分区与环境整治，结合规划打造多条旅游客线路，保证游客流量；降低企业成本，鼓励民营经济创新	产业、文化、旅游三位一体，生产、生活、生态三生功能融合，以发展袜艺产业为核心，发展"文化+"形态和挖掘历史脉络，深化文化功能，赋予产业的独特性；提升就业功能，保障乡村居民收入增长

续表

特色小镇名称	运行模式	发展特征	地域多功能与乡村振兴启示
广东佛山禅城陶谷小镇	探索传统产业转型升级新路径（市场运作+政府、企业、社会协同善冶+PPP为主投资建设运营）	特色产业类小镇，以陶瓷产业为核心，坚持创新引领；打造陶都旅游景区时，注重保护历史原貌和强化续体宣传；注重政策支持和配套设施的完善	利用工业遗产凸显陶瓷产业文化、建设融城市、乡村、产业和自然景观于一体的陶都旅游景区，提升景观旅游功能；依托小镇"显山露水"的生态格局，"小桥流水"的岭南特征和"多元化"的城市景观动线，提升"三生"功能；依托"互联网+"和产业链整合，探索传统陶瓷产业向互联网产业及文化创的意设计产业转型、强化就业功能
江苏苏州苏绣小镇	开拓城镇建设新空间（区级统筹规划+企业主体建设+政府附组织保障+多方运营管理）	先进制造类小镇，以苏绣产业为核心，拥有载体，结构、特色和人才的独特优势；集聚效应明显、产业结构合理、特色优势显著，人才队伍丰富；通过构建多元合作机制、践行共享发展理念，强化产业多元政策对接以及完善非遗传承体系来创新机制制政策	立足特色产业的长远发展，注重完善生产功能（苏绣产业高端集聚和融合发展）、生活功能（居民生活基础设施和公共配套设施建设）、生态功能（依托生态资源，发展生态游憩、休闲旅游、苏绣展览体验等衍生功能）、文化体验、文化交流等功能；以产促镇，提升苏绣文化发展本地及周边就业的带动能力

续表

特色小镇名称	运行模式	发展特征	地域多功能与乡村振兴启示
云南曲靖麒麟职教小镇	开拓城镇建设新空间（企业主导开发+明确各方职责+构建平台化运营机制）	产教融合类小镇，以麒麟职教集团为核心区，围绕产教融合、校企合作，重点打造新能源、新材料、大数据服务、轻纺服装、生物医疗制剂、高原特色农产品等产业集群；基础设施配套完善，居住功能配套齐全，创新创业氛围浓厚，生态旅游资源丰富	依托小镇特色元素，培育新兴业态，通过人才培养、公司化的运作模式，打造教育培训+实训调研+匠人文化+高效就业+商业繁荣的产教融合小镇，促进就业；挖掘地方民俗文化特色，强化繁荣文化、红色文化以及职教文化交流与教育功能，提升游客吸引力
吉林安图红丰矿泉水小镇	开拓城镇建设新空间（政府引导+企业主体+多元运营）	集工业、旅游、休闲于一体，坚持"高标准、高定位、建名厂、创名牌"的发展思路，打造特色鲜明的产业集群；区位独特、资源异禀、功能齐全；坚持创新管理、高位运作，坚持依法保护、科学开发，坚持政策合作，政策叠加，环境利好	高位运作，统筹兼顾，以"人地钱"等要素带动产业发展，进而带动人口就地市民化的发展思路，做强矿泉水工业带动观光农业等服务业发展，探索出村民"失地不失业、就地可致富"的发展模式，坚持特色产业、依托资源施策，依托产业兴镇，促进农村三产融合；打造别具风格的企业工业、"现代农业+服务业"等旅游新模式

续表

特色小镇名称	运行模式	发展特征	地域多功能与乡村振兴启示
江西大余丫山小镇	构筑城乡融合发展新支点（政府引导+企业主导+市场化运作）	休闲体育类小镇，以生态旅游产业为核心，注重拓展运动竞技、探险拓展、康乐游戏等体育休闲特色产业；提升生态宜居水平，全力发展乡村旅游；依托禅宗文化基地，播音主持等既有文化产业，拓展特色产业文化内涵；坚持组织引领、规划引领、政策支持，创新经营模式	依托特色产业，以"体育+"为思路，充分发挥生态、文化、旅游、康养等功能价值，提升经济发展功能和就业功能；发挥龙头企业牵引作用，形成产权明晰，符合市场规律，具备可持续特征的商业运营模式，确保社会资本进得来、留得住、能受益
安徽合肥三瓜公社小镇	构筑城乡融合发展新支点（政府推介+企业培训）	商贸文旅类小镇，以电商产业为核心，通过建设电商基地和集聚电商企业促进特色产业发展；注重彰显农耕文化和历史文化；通过完善公用设施和增强旅游体验，提升小镇生产生活生态功能	注重保护乡村风貌，将村庄和田野打造成诗意栖居、宜游宜业的家园乐园，尽可能挖掘其游玩、体验功能价值，强化农旅小镇特色；通过电子商务带动乡村振兴，"互联网+三农"实现农民增收致富，吸引年轻人返乡创业、新农人入乡创业，激活乡村市场、盘活乡村资源，让乡村再次焕发出生命力
北京市昌平区小汤山镇	构筑城乡融合发展新支点（政府主导+科学规划）	农旅休闲类小镇，现代农业资源与技术优势突出，形成集生产、科研、旅游、采摘等功能为一体的现代农业和旅游休闲业；温泉资源丰富，文化底蕴深厚；地理位置优越，项目吸引力强；旅游企业密集，休闲旅游附加值高	依托特色农业、温泉养生、产业科技示范等资源，发展国家农业科技园区、观光旅游，文化教育等功能；强化农业生产、增强农民收入能力；依托温泉古镇，推动现代农业和休闲农业发展，形成农旅融合新业态，通过会展农业促进产业融合

续表

特色小镇名称	运行模式	发展特征	地域多功能与乡村振兴启示
天津西青杨柳青文旅小镇	搭建传统文化传承保护新平台（区级统筹规划+企业主体建设+政府组织保障+多方运营管理）	文旅产业类小镇、产业集聚效应强、产业结构优、特色优势明显；社会和谐稳定、功能配套齐全、生态资源丰富、明清民居风格独特、节庆品牌特色彰显、非遗文化交流频繁；践行共享发展理念、强化产业政策对接、完善非遗传承体系、机制	保持年画产业的独特性、打造与其匹配的软硬件环境；以年画产业为主导、植入文化、生活、生态元素、激发产业活力；促进文旅产业高端集聚和融合发展；多主体参与为产业发展注入活力；为居民提供优良的生活配套和生态环境、提升居民幸福感、实现"三生"功能深度融合
北京市密云区古北水镇	搭建传统文化传承保护新平台（企业整体产投资主体+整体产权开发+度假商务并重+资产全面增值）运营	文化休闲旅游类小镇、特色资源丰富、观光、文化会展、度假旅游并重；挖掘长城文化、民俗文化等特色、打造国际历史文化休闲旅游度假区、游客旅游体验多样化；对古镇统一规划和管理、积极完善基础设施、注意外部整治与内部改造过程中开发与保护的平衡、社区配套服务设施一流	依托特色资源、挖掘文化、旅游、生态等多功能价值；利用"互联网+长城IP（古镇）"，强化品牌效应、推进小镇整体建设；强化休闲文化旅游产业规模效应、构建"一村一品"，形成以"古北口、司马台、河西、汤河"为重点民俗村、其他村采摘业等为辅的旅游发展格局、促进三产融合；举办职业技能培训班、向村民传授美食技艺、增强其就业能力与游客黏性

注：根据国家发展改革委网站资料以及张馨月和黄映辉（2019），韦宁等（2021）文献整理。

"互联网+""产业+"等开发思路，拓展乡村功能价值，实现三产融合。在组织方面，转变完全依赖政府引导的模式，考虑"多主体参与+市场化运作"的思路，保障产业发展可持续、有活力。在机制政策方面，强调规划引领、政策支撑和健全体制机制。基于地方资源与基础设施，深入挖掘资源特色，发展新产业，推进农村产业特色化发展。在产业经营规模方面，培育壮大新型农业经营主体，稳固乡村利益联结机制，推动城乡一体化发展。

三、现代农业产业园建设引领下的乡村振兴发展

（一）现代农业产业园的建设背景

建设现代农业产业园，是实现乡村振兴、产业兴旺的重要载体，是党中央、国务院在新时期对农业现代化建设及实施乡村振兴战略的具体决策部署。2017～2022 年间，中央一号文件连续六年明确提出推进现代农业产业园建设。与此同时，农业农村部与财政部连续六年联合下文，部署开展国家现代农业产业园创建工作，特别是《农业农村部、财政部关于开展 2018 年国家现代农业产业园创建工作的通知》（农计发〔2018〕11 号）明确了国家现代农业产业园的创建思路、目标任务和创建条件等。根据农计发〔2018〕11 号，按照"政府引导，市场主导""以农为本，创新发展""多方参与，农民受益""绿色发展，生态友好"的基本原则，建成一批产业特色鲜明、要素高度聚集、设施装备先进、生产方式绿色、一二三产融合、辐射带动有力的国家现代农业产业园，构建各具特色的乡村产业体系，推动乡村产业振兴。申报创建国家现代农业产业园的基本条件包括主导产业特色优势明显、规划布局科学合理、建设水平区域领先、

绿色发展成效突出、带动农民作用显著、政策支持措施有力、组织
管理健全完善；重点围绕"做大做强主导产业，建设乡村产业兴旺
引领区""促进生产要素集聚，建设现代技术与装备集成区""推
进产加销、贸工农一体化发展，建设一二三产融合发展区""推进
适度规模经营，建设新型经营主体创业创新孵化区""提升农业质
量效益和竞争力，建设高质量发展示范区"等任务开展建设。农业
农村部、财政部组织竞争性选拔，符合创建条件的且经公示后可批
准创建国家现代农业产业园；经一定时间建设达到国家现代农业产
业园认定标准的，可认定为国家现代农业产业园。在国家产业园创
建和认定工作的带动下，全国各地已创建一大批省级和市、县级现
代农业产业园。

（二）现代农业产业园发展现状

2017 年以来，全国各地在创建国家现代农业产业园方面进行了
大量探索和实践，在打造农业全产业链、构建联农带农机制、转变
农业生产方式、提高农业科技水平等方面取得显著成效。2017～2021
年间，共批准创建了 203 个国家级现代农业产业园（包含纳入国家
现代农业产业园创建管理体系的 15 个省级现代农业产业园）。由图
7-5 可知，广东省获批的国家现代农业产业园数量最多，共计 16 个；
四川省次之，获批 15 个；江苏省、黑龙江省和山东省也比较多，分
别获批 12、11、11 个；河南省获批 8 个；河北省、浙江省、湖南省、
贵州省、新疆维吾尔自治区获批数量均为 7 个；山西省、吉林省、
安徽省、江西省、广西壮族自治区、重庆市、西藏自治区、陕西省
获批数量均为 6 个；辽宁省、福建省、湖北省、甘肃省获批 5 个；
北京市、内蒙古自治区、海南省、云南省获批 4 个；其余省份获批

数量则在 2～3 个之间。

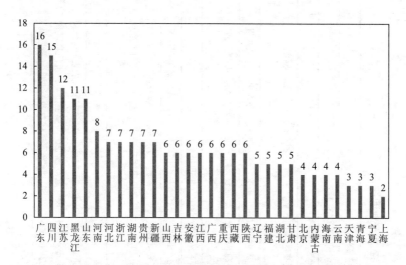

图 7-5　2017～2021 年各省已创建的国家现代农业产业园数量

注：根据中华人民共和国农业农村部官网公开资料整理（截至 2022 年 1 月）

资料来源：http://www.moa.gov.cn/so/s?siteCode=bm21000007&tab=
gk&qt=%E5%9B%BD%E5%AE%B6%E7%8E%B0%E4%BB%A3%E5%86%9C%E4%B
8%9A%E4%BA%A7%E4%B8%9A%E5%9B%AD

经国家现代农业产业园所在地政府申请、省级农业农村和财政
部门审核推荐、专家评审和公示等程序，现已认定 4 批共计 130 个
国家现代农业产业园（表 7-8）。其中，第一批次 20 个，第二批次 29
个，第三批次 38 个，第四批次 43 个，认定数量呈现增加趋势。从
分布来看，广东省获得认定的国家现代农业产业园的个数最多，共
计 12 个；四川省和江苏省次之，各认定 10 个；山东省、黑龙江省
和河南省分别认定了 8 个、7 个和 6 个；浙江省、湖南省和陕西省各
认定 5 个；安徽省、广西壮族自治区、贵州省、甘肃省和新疆维吾

表 7-8　已认定的国家现代农业产业园统计

所在省	产业园名称（认定）	个数
北京市	房山区现代农业产业园（第二批）；密云区现代农业产业园（第三批）	2
天津市	宁河区现代农业产业园（第三批）	1
河北省	邯郸市洺东现代农业产业园（第二批）；石家庄市鹿泉区现代农业产业园（第三批）；平泉市现代农业产业园（第四批）	3
山西省	大谷县现代农业产业园（第二批）；万荣县现代农业产业园（第三批）；隰县现代农业产业园（第四批）	3
内蒙古自治区	扎赉特旗现代农业产业园（第一批）；科尔沁左翼中旗现代农业产业园（第三批）；乌兰察布市察右前旗现代农业产业园（第四批）	3
辽宁省	盘锦市大洼区现代农业产业园（第三批）；东港市现代农业产业园（第四批）	2
吉林省	集安市现代农业产业园（第一批）；东辽县现代农业产业园、吉林市昌邑区现代农业产业园（第四批）	3
黑龙江省	五常市现代农业产业园、宁安市现代农业产业园、庆安县现代农业产业园（第一批）；黑龙江农垦宝泉岭富锦市现代农业产业园（第三批）；北大荒农垦集团有限公司建三江分公司七星现代农业产业园、铁力市现代农业产业园（第四批）	7
上海市	金山区现代农业产业园（第三批）	1
江苏省	泗阳县现代农业产业园（第一批）；无锡市锡山区现代农业产业园（第二批）；东台市现代农业产业园、南京市高淳区现代农业产业园、邳州市现代农业产业园、沭阳县现代农业产业园（第三批）；宝应县现代农业产业园、苏州市吴江区现代农业产业园、泰兴市现代农业产业园、盱眙县现代农业产业园（第四批）	10

续表

所在省	产业园名称（认定）	个数
浙江省	慈溪市现代农业产业园（第一批）；诸暨市现代农业产业园（第二批）；杭州市余杭区现代农业产业园（第三批）；湖州市吴兴区现代农业产业园（第四批）	5
安徽省	和县现代农业产业园、金寨县现代农业产业园（第一批）；宿州市埇桥区现代农业产业园（第二批）；天长市现代农业产业园（第三批）	4
福建省	安溪县现代农业产业园（第一批）；古田县现代农业产业园、平和县现代农业产业园（第三批）	3
江西省	信丰县现代农业产业园（第一批）；彭泽县现代农业产业园、樟树市现代农业产业园（第三批）	3
山东省	金乡县现代农业产业园、潍坊市寒亭区现代农业产业园（第一批）；泰安市泰山区现代农业产业园（第二批）；滨州市滨城区现代农业产业园、栖霞市现代农业产业园（第三批）；东阿县现代农业产业园、庆云县现代农业产业园（第四批）	8
河南省	正阳县现代农业产业园（第一批）；泌阳县现代农业产业园、温县现代农业产业园（第三批）；灵宝市现代农业产业园、内乡县现代农业产业园、延津县现代农业产业园（第四批）	6
湖北省	潜江市现代农业产业园（第一批）；随县现代农业产业园、宜昌市夷陵区现代农业产业园（第四批）	3
湖南省	靖州县现代农业产业园（第一批）；宁乡市现代农业产业园、安化县现代农业产业园（第二批）；鼎城区现代农业产业园、长沙市芙蓉区现代农业产业园（第三批）	5

续表

所在省	产业园名称（认定）	个数
广东省	湛江垦区现代农业产业园、江门市新会区现代农业产业园、徐闻县现代农业产业园（第二批）；湛江农垦（雷州半岛）现代农业产业园、广州市从化区现代农业产业园、梅州市梅县区现代农业产业园、普宁市现代农业产业园、翁源县现代农业产业园、新兴县现代农业产业园、云浮市云城区现代农业产业园、湛江市坡头区现代农业产业园（第四批）；茂名市现代农业产业园（第三批）	12
广西壮族自治区	来宾市现代农业产业园（第一批）；横县现代农业产业园、柳州市柳南区现代农业产业园（第一批）；广西壮族自治区都安县现代农业产业园（第四批）	4
海南省	陵水县现代农业产业园（第二批）；儋州市现代农业产业园、三亚市崖州区现代农业产业园（第三批）	3
重庆市	涪陵区现代农业产业园、潼南区现代农业产业园（第二批）；江津区现代农业产业园（第三批）	3
四川省	眉山市东坡区现代农业产业园（第一批）；峨眉山市现代农业产业园、蒲江县现代农业产业园、广汉市现代农业产业园（第二批）；安岳县现代农业产业园、苍溪县现代农业产业园、邛崃市现代农业产业园（第三批）；崇州市现代农业产业园、南江县现代农业产业园、资中县现代农业产业园（第三批）	10
贵州省	水城县现代农业产业园（第一批）；湄潭县现代农业产业园、修文县现代农业产业园（第三批）；麻江县现代农业产业园（第四批）	4
云南省	普洱市思茅区现代农业产业园（第一批）；开远市现代农业产业园、芒市现代农业产业园（第三批）	3
西藏自治区	白朗县现代农业产业园、拉萨市城关区现代农业产业园（第四批）	2

续表

所在省	产业园名称（认定）	个数
陕西省	陕西省洛川县现代农业产业园（第一批）；陕西省旬邑县现代农业产业园、杨凌示范区现代农业产业园（第二批）；陕西省陇县现代农业产业园、榆林市榆阳区现代农业产业园（第四批）	5
甘肃省	定西市安定区现代农业产业园、临洮县现代农业产业园（第二批）；甘肃省酒泉市肃州区现代农业产业园、宁县现代农业产业园（第三批）	4
青海省	都兰县现代农业产业园（第二批）；泽库县现代农业产业园（第三批）	2
宁夏回族自治区	贺兰县现代农业产业园（第二批）；吴忠市利通区现代农业产业园（第四批）	2
新疆维吾尔自治区	新疆生产建设兵团阿拉尔市现代农业产业园（第二批）；博乐市现代农业产业园、昌吉市现代农业产业园、福海县现代农业产业园（第四批）	4
合计		130

注：根据 2018~2022 年农业农村部、财政部官网公布的国家现代农业产业园认定名单整理。

尔自治区各认定 4 个；河北省、山西省、内蒙古自治区、吉林省、福建省、江西省、湖北省、海南省、重庆市、云南省等各认定 3 个；其他省市认定数量在 1～2 个之间。

（三）现代农业产业园发展典型案例

产业、人才、组织、资金等要素是乡村振兴的关键内容，借助现代农业产业园建设，以培育壮大新型农业经营主体、推进一二三产业融合为重点，聚焦做大做强主导产业、促进生产要素集聚、推进适度规模经营、创新农民利益共享机制等任务，通过明确功能定位、推进创建措施、创新运营机制、完善保障措施等方式，推动人才、土地、资本、科技等现代要素向产业园聚集，延伸产业链、拓展功能链、提升价值链，形成上下游紧密协作的集聚状态，继而形成一批主导产业特色鲜明、规划合理布局有序、配套基础设施完善、绿色发展引领、农民增收提效、政策支持有力、组织管理健全的现代农业发展平台。以密云区现代农业产业园和房山区现代农业产业园作为案例，梳理产业园的发展特色和典型经验。

1. 密云区现代农业产业园[①]

（1）建设概况

园区涵盖密云区东邵渠镇、河南寨镇、穆家峪镇、巨各庄镇四个镇，总占地面积 32.27 万亩，包括水果标准种植基地 4.9 万亩、干果标准种植基地 3.8 万亩和蔬菜种植基地 3.5 万亩。按照生态涵养区的功能定位，立足山地多耕地少、生态资源优势明显的特征，园区打造了"1+3+N"的总体空间布局，即 1 个核心区（蔡家洼核心区）、

---

① 资料来源：http://www.moa.gov.cn/xw/qg/202009/t20200917_6352263.htm。

3个高效农业创新中心（北京极星农业有限公司现代农业科技园、北京汇源集团有限公司汇源密云农谷和邑仕山谷葡萄沟示范园）、N个果蔬生产基地，引进了以特色林果、精品蔬菜为主导的初级农产品加工、物流、冷链、配送的企业和农产品电商企业，同时加快发展"高精尖"农业，促进了产村融合和农民增收。目前已形成了标准化、规范化、信息化的产业园区，带动多个农民果蔬基地实现"一镇一业""一村一品"，打造了一批知名度高、影响力大的农业单品品牌和电商等现代农业销售品牌，"密云农业"区域品牌影响力不断增强，2021年被认定为国家级现代农业产业园。

（2）发展特色

①立足首都"生态涵养区"功能定位，谋篇布局绿色发展。依托穆家峪镇、东邵渠镇、巨各庄镇等的观光农业基础，结合密云水库自然风光和天然山水特色，统筹特色种植资源，打造绿色干鲜果种植、都市农业体验、农产品加工、康体养生等相融合的特色产业链，推动区域特色农业与精品旅游休闲产业融合发展，打造生态富民的乡村振兴样板。②生产管理智能化，科技助力农业现代化。引进先进蔬菜种植模式和技术，推广新技术、新装备和新工艺，打造高标准、规模化的产业基地，夯实产业发展基础；建设智慧农业服务管理平台，通过农业物联网信息采集系统实现快速、多维、多尺度的农业信息实时监测，用科学数据赋能现代农业发展。③注重营销和品牌建设。依托智慧平台，建设农产品销售营销、管理、社区团购直销、密云农业品牌推广等系统，为农户和其他生产经营主体提供农产品销售信息服务，确保销售渠道畅通。④种管标准化，运营多主体化。探索建立区、镇、村三级管控体系，引导镇村建立专业合作社，促进蔬菜标准化生产和品牌化销售。同时，完善主导产

业发展与小农户生产的利益联结机制，通过保底分红、股份合作、利润返还等形式，让小农户合理分享全产业链增值收益。

（3）经验启示

立足生态涵养区功能定位，以生态立区为根本，坚持绿色发展，走高质量发展之路；明确"产业促村"目标，发挥行政推动的"杠杆"作用，建立政策体系，促进目标落实；培育各类经营主体，有效推动资金、科技、人才等要素向经营主体聚集，强化公共服务，解决企业难题，推动产业快速发展；挖掘生态资源优势，打造绿色产业体系，将生态环境优势转化为绿色发展优势，提升鲜活农产品供给能力和附加值。

2. 房山区现代农业产业园[①]

（1）建设概况

园区位于房山区良乡镇（覆盖全镇域），是典型的城乡结合地区，区位优势明显；园区总面积 3.89 万亩，其中农用地面积 2.26 万亩（耕地面积 1.5 万亩）。近年来，按照国家现代农业产业园的创建要求，依托首都科技、人才、市场、金融等优势，产业园确定了"1+6+N"的建设思路，以"生态农业、高效农业、特色农业、品牌农业"为重点、以功能蔬菜为主导产业、以康养园艺为主题，积极打造"一带（滨水休闲景观带）、两轴（科技农业示范轴和生态高效农业轴）、多板块（镇区综合服务板块、功能蔬菜设施生产板块、功能蔬菜露地生产板块+康养园艺休闲板块、科研孵化板块、加工物流板块）"的空间布局，并围绕主导产业发展、技术装备提升、绿色发展、农民增收等方面实施重点工程。该产业园已于 2019 年由农业农村部、

---

① 资料来源：https://bj.zhaoshang.net/yuanqu/detail/18019。

财政部认定为国家级现代农业产业园。

（2）发展特色

①定位高端市场，大力发展主导产业。"十二五"以来，为凸显北京都市型现代农业的生产、生活、生态和示范四大功能，房山区现代农业产业园基本形成绿色蔬菜和特色园艺两大优势产业。随着居民收入的持续提升，高端功能蔬菜成为新热点。据此，结合《国民营养计划（2017～2030年）》"加快营养健康与产业发展融合"的要求和产业园"健康颐养特色小镇"建设主题，将功能蔬菜和康养园艺定位为主导产业，依托北京老田农业科技发展有限公司、北京凯达恒业农业技术开发有限公司等重点发展高端蔬菜并拓展其多功能属性。同时，推进农业与旅游、教育、文化、康养等产业深度融合，拓展产业园的多功能价值。②打造科研平台，智慧农业引领发展。科技赋能现代农业，通过创新要素集聚，率先开展新品种、新技术、新装备的集成应用；立足北京面向全国构建了"全要素、全周期、全视角"云服务平台，将产业园涉农数据资源、物联网监测数据汇聚整合到大数据中心，通过大数据分析决策服务于主导产业全产业链各环节。开展全产业园遥感及基础地理等数字化资源采集、涉农部门大数据专题资源整合集成，使园区规划布局和智慧农业建设实现"一张图"。③全力打造公共品牌，总部经济创新发展。联合国家权威机构及行业龙头企业，共同创建"良乡优品"公共品牌服务体系，沉淀重要品种全产业链大数据，共同打造农业农村领域的"中国服务"国家品牌，发展现代农业产业园总部经济。④完善基础设施，倡导绿色发展。通过实施基础设施提升工程、主导产业提升工程和公共服务能力提升工程，完善基础设施建设；紧密围绕产业园发展定位，整合园区土地资源与产业布局；秉承"绿水青山

就是金山银山"理念，探索可持续发展模式。

（3）经验启示

以培育壮大新型农业经营主体、推进一二三产业融合为重点，聚焦做大做强主导产业、促进生产要素集聚、推进适度规模经营、创新农民利益共享机制等任务，通过明确功能定位、精准确定产业方向、推进创建措施、创新运营机制等方式，破解产业发展中的用地难、贷款难、融合难、农民增收难等问题。通过建设"生产+加工+科技"的现代农业产业园来推进农业供给侧结构性改革，优化农业产业结构，拓展农业多功能价值，促进农业提质增效、农民增收致富。

四、新型经营主体引领下的乡村振兴发展

（一）新型农业经营主体培育的背景

新型农业经营主体和服务主体根植于农村，服务于农户和农业，在破解"谁来种地"难题、提升农业生产经营效率等方面发挥着重要作用。为加快培育新型农业经营主体和服务主体，国家及相关部委相继出台了《关于加快构建政策体系培育新型农业经营主体的意见》《关于实施家庭农场培育计划的指导意见》《关于开展农民合作社规范提升行动的若干意见》《关于促进小农户和现代农业发展有机衔接的意见》等文件，指出要在坚持家庭承包经营基础上，加快培育新型农业经营主体，加快形成以农户家庭经营为基础、合作与联合为纽带、社会化服务为支撑的立体式复合型现代农业经营体系。十九大报告指出，构建现代农业产业体系、生产体系、经营体系，完善农业支持保护制度，发展多种形式适度规模经营，培育新型农业经营主体，健全农业社会化服务体系，实现小农户和现代农业发

展有机衔接。2020 年，农业农村部印发了《新型农业经营主体和服务主体高质量发展规划（2020～2022 年）》（农政改发〔2020〕2 号），指出到 2022 年，家庭农场、农民合作社、农业社会化服务组织等各类新型农业经营主体和服务主体蓬勃发展，现代农业经营体系初步构建，各类主体质量、效益进一步提升，竞争能力进一步增强。在国家政策的大力扶持下，新型农业经营主体和服务主体整体数量快速增长，发展质量不断提升，带动效果越发明显。

（二）新型农业经营主体的发展现状

《国务院关于加快构建新型农业经营体系推动小农户和现代农业发展有机衔接情况的报告》显示，在坚持农村基本经营制度和家庭经营基础性地位的前提下，探索家庭农场改造提升小农户和农民合作社、农业社会化服务组织、农村集体经济组织、农业产业化龙头企业组织带动小农户发展的多种有效形式，初步形成了以家庭农场为基础、农民合作社为中坚、农业产业化龙头企业为骨干、农业社会化服务组织为支撑，引领带动小农户发展的立体式复合型现代农业经营体系。近年来，我国农民合作社和家庭农场蓬勃发展，呈现出多种多样的发展模式，在组织带动小农户、激活资源要素、引领乡村产业发展、维护农民权益等方面发挥了重要作用。截至 2021 年 11 月底，全国依法登记的农民合作社超过 221.9 万家，组建联合社 1.4 万家，辐射带动近一半农户；全国纳入农业农村部门名录的家庭农场超过 100 万家。为进一步总结推广农民合作社和家庭农场因地制宜探索发展的实践经验，引导全国新型农业经营主体高质量发展，农业农村部于 2019～2021 年连续发布三批共 123 个农民合作社典型案例（详见表 7-9～表 7-11）和 123 个家庭农场典型案例。这些典型案例以规范发展和质量提升为主题，注重主体融合、规范管理、

表 7-9　全国农民合作社典型案例名单（第一批）

类型	名称	特点
党支部领办扶贫类农民合作社	内蒙古扎鲁特旗玛拉沁艾力养牛专业合作社	共筑牧民之家，实现共同致富
	山东烟台格瑞特果品专业合作社	党建带社建，村民变股东
粮食规模经营类农民合作社	河北南和县金沙河农作物种植专业合作社	拧紧利益纽带，实现跨域合作
	河南荥阳市新田地种植专业合作社	用工业理念种粮，打造农业生产要素车间
	福建清流县嵩溪豆珍豆腐皮专业合作社	发展合作经营，促进共同富裕
农产品加工销售类农民合作社	湖北宜昌市晓曦红柑橘专业合作社	深耕柑橘产业，打造行业龙头
	新疆昌吉市新峰奶牛养殖专业合作社	实现牛羊集中养，打造富民产业联盟
三产融合类农民合作社	北京奥金达蜂产品专业合作社	坚持高质量发展，实现养蜂富民兴村
	山东沂源越水种植养殖专业合作社	发展特色产业，引领转型发展
	陕西平利县宏俊富硒种养殖专业合作社	破"茧"为金生产业，助力乡村振兴
农机服务类农民合作社	山东郯城县恒丰农机化服务农民专业合作社	创新服务模式，助力乡村振兴
	湖南锦绣千村农业专业合作社	始于农户需求，终于农户满意
	四川邻水县盛世华种植专业合作社	规范发展强服务，服务三农促多赢

续表

类型	名称	特点
品牌果蔬经营类农民合作社	山西临猗县王万保果品种植专业合作社	品牌兴社，合作共赢
	北京北菜园农产品产销专业合作社	专注健康有机蔬菜，打造供应链服务体系
	辽宁丹东市圣野浆果专业合作社	视品质如生命，将产品销往全国
	重庆市涪陵区睦和龙哥果品专业合作社	靠科技兴农，创品牌强社
	青海大通丰鑫良种繁育专业合作社	育良种传技术，推动成员增收致富
"三位一体"类农民合作社	浙江瑞安市梅屿蔬菜专业合作社	坚定"三位一体"方向，提升合作社发展水平
	江苏阜宁县沟墩禽蛋专业合作社	以"蛋"为媒，合作致富
"三变"改革类农民合作社	贵州盘州市普古银湖种植养殖农民专业合作社	聚"三变"之源，促农旅融合，助乡村振兴
	江苏南京市高淳区淳和水稻专业合作社	股份合作激活农村发展新动力
农民合作社联合社类	浙江台州市台联九生猪专业合作社联合社	发挥联合优势，促进互利共赢
	山西和之瑞种植专业合作社联合社	党组织赋能合作社，推动党建与产业齐飞

注：根据《农业农村部办公厅关于推介全国农民合作社典型案例的通知》（农经办〔2019〕7号）整理。

表 7-10　全国农民合作社典型案例名单（第二批）

类型	名称	特点
党建引领强社，提升规范发展水平	内蒙古自治区阿拉善右旗苏恩达来骆驼养殖驯化专业合作社	戈壁党旗红，助力百姓富
	上海市红刚青扁豆生产专业合作社	党建引领拓思路，产业发展惠农民
	山东省青州市南小王晟丰土地股份专业合作社	产业融合发展，助力乡村振兴
	广东省茂名市电白区谭儒萝卜种养专业合作社	党建引领促合作，合作发展富农户
	贵州省安顺市大坝村延年果种植农民专业合作社	党建聚人心，产业拔穷根
	贵州省安县细寨布依人家茶叶专业合作社	抱团壮大茶产业，利益共享带农富
	陕西省米脂县杨家沟村寺沟亨享枣养殖专业合作社	合作引领壮大村集体经济
助力脱贫攻坚，带动农户增收致富	河北省邢台市任泽区盛世农业棉种植专业合作社	利益联结促增收，扶贫助力谋共赢
	辽宁省西丰县芝草养生灵芝专业合作社	发展特色产业，助力精准扶贫
	安徽省六安市裕安区固镇军明白鹅养殖专业合作社	合作振兴皖西白鹅产业，加快脱贫攻坚步伐
	江西省吉安市青原区子平食用菌种植专业合作社	合作兴产业，帮扶助共富
	湖北省钟祥市荆沙蔬菜种植专业合作社	发挥产业优势，助力脱贫攻坚
	四川省石棉县坪阳黄果柑专业合作社	多元合作，创新治理，赋能山区产业振兴
	西藏自治区芒康县纳西民族乡三江农民专业合作社	科学种植美雪域，绿水青山促增收
	陕西省眉县猴娃桥果业专业合作社	承担社会责任，助力脱贫攻坚
	甘肃省景泰县常顺养殖专业合作社	特色养殖添富路，合作共赢惠民生

续表

类型	名称	特点
创新经营模式，加强成员利益联结	河北省沙河市金福临农机服务专业合作社	智慧托管提效益，多元合作促共赢
	吉林省梨树县卢伟农机农民专业合作社	推进"四化"经营，实现合作共赢
	黑龙江省甘南县柔朗玉米种植专业合作社	创新经营方式，致富一方农户
	湖南省衡南县碧峰有机枣业禽畜产销专业合作社	能人带社，"红色沙漠"变"绿色银行"
	重庆市涪陵区群胜衣榨菜股份合作社	聚力"三链"协同，助脱贫、促振兴
	四川省成都市温江区富农蔬菜专业合作社	探索"三共"运营路径发展共享农业
	青海省德令哈金安祥柏种植专业合作社	拧紧利益纽带，实现合作共赢
	宁夏回族自治区贺兰县丰谷稻业产销专业合作社	织牢联农带农纽带，铺实强农富农新路
增强服务能力，促进乡村产业振兴	山西省新绛县珍粮粮食种植专业合作社	强化为农服务功能
	内蒙古自治区包头市广恒农牧专业合作社	创品牌、强科技、拓市场
	辽宁省建昌县绿源兔业养殖专业合作社	打造全产业链服务
	安徽省霍山徽之元茶叶农民专业合作社	合作搭上电商快车
	山东省嘉祥县仲山农机作业服务专业合作社	发挥优势强合作，拓展服务促增收
	海南省富丰芒果农民专业合作社	专注标准化生产，带动农户做强芒果产业
	新疆维吾尔自治区阿克苏新和县小牛果品农民专业合作社	发挥技术服务优势，提升现代林果业水平
	新疆兵团第五师双河市天益诚种植专业合作社	促进葡萄产业新发展

续表

类型	名称	特点
开展联合合作，提升市场竞争能力	河北省邯郸市肥乡区康源蔬菜种植专业合作社联合社	综合服务体助力联合社做大做强
	山西省曲沃县龙汾蔬菜农民专业合作社联合社	联合发展兴产业，规模增效树标杆
	吉林省乾溢农业发展专业合作社联合社	发挥联合社引领作用，打造服务吉林新模式
	江苏省句容市丁庄万亩葡萄专业合作社联社	实施强强联合，推动产业升级
	浙江省海宁市钱江潮粮油专业合作社联合社	联动资源要素，提升服务水平
	福建省邵武市台福源果蔬种植专业合作社联合社	凝心聚力聚力联合，勇谋产业发展
	陕西省绥德县蒿头农副产品购销专业合作社	资源共享，共同致富
走绿色发展道路，推动产业转型	北京市圣泉农业专业合作社	紧盯城乡融合发展，打造"红泥+"产业模式
	浙江省湖州南浔千金永根生态渔业专业合作社	创"非常6+2"模式，促水产养殖转型升级
	福建省安溪县山格淮山专业合作社	抓特色，促转型，合作共赢
	河南省清丰县惠农农机农民专业合作社	创新土地托管模式，助力农业"智慧"转型
	江西省靖安县黄龙凤凰山种养专业合作社	拓新"循环农业"模式，发展绿色有机农业
	广东省东莞市厚街桂冠荔枝专业合作社	全产业链发力，多措并举助推荔枝产业升级
	广西壮族自治区河池市环江南大门蚕业合作社	养好蚕宝宝，带富一方人
	云南省宾川县宏源农副产品销专业合作社	创新发展添动能，共同致富谱新篇

注：根据《农业农村部办公厅关于推介第二批全国农民合作社典型案例的通知》整理。

表 7-11 全国农民合作社典型案例名单（第三批）

类型	名称	特点
党支部领办农民合作社	北京市北寨红杏产销专业合作社	党建引领强示范，联动带动促发展
	辽宁省义县存仁花卉种植专业合作社	振兴乡村产业，共育致富之花
	江西省吉安县永阳江南蜜柚专业合作社	支部领办拓新业，合作经营谱新篇
	河南省中牟县孙庄农业专业合作社	创新经营模式，激发乡村活力
	四川省西充县双凤跳蹬河村兴旺种植农民专业合作社	党支部带动，合作社经营，高质量发展
	云南省芒市同心茶叶专业合作社	打好生态品牌，创优绿色产品
	西藏自治区白朗县东木扎娟姗奶牛养殖农民专业合作社	立足高原草场优势，合作发展富民奶业
家庭农场组建农民合作社	江苏省盐城市盐都区秦南镇农业综合服务专业合作社	开展农业综合服务，助力乡村振兴
	浙江省嘉兴市进知莲藕营销专业合作社	发挥规模效应，实现共享共富
	浙江省湖州得澳生态种养专业合作社	打造种养循环体系，实现产业融合发展
农民合作社（联合社）办公司	安徽省当涂县均庆河蟹生态养殖专业合作社	科技支撑产业兴
	湖北省宜昌众赢药材种植专业合作社	做强全产业链条，推动中药材出口
	新疆维吾尔自治区昌吉州奇台县丰裕农业服务专业合作社	村级小舞台演绎融合大发展

续表

类型	名称	特点
农民合作社开展粮食规模经营	内蒙古自治区林西县荣盛达种植农民专业合作社	三方联动，打造坡地杂粮全产业链
	吉林省四平市铁西区永信农民专业合作社	推行带地入社，破解种地难题
	黑龙江省通河县新乡水稻农民专业合作社	立足农机作业优势，打造多元发展模式
	安徽省颍上县臻润农业专业合作社联合社	多措并举强效促振兴
	江西省贵溪市溪源村裘衣老农有机绿色大米基地专业合作社	优化利益联结机制，带动成员增效增收
	山东省沂水县旭阳现代农业发展农民专业合作社	凝聚产业发展合力，打造规模粮食基地
	湖南省岳阳县润升水稻专业合作社	科技引领，服务示范，合作发展
	大连市联合社众邦土地股份农业专业合作社	搭平台促规模经营，提效益保粮食安全
农民合作社内强素质外强能力	河北省昌黎县新金铺贵强果菜种植专业合作社	专注优化服务，实现富民兴社
	江苏省高邮市兴旺禽业产销专业合作社	创新发展多元化，倾心服务养鸭人
	福建省芗宁县臻锌园葡萄专业合作社	创新服务多元化，推动产业现代化
	山东省邹城市益菇源农业种植专业合作社	把小蘑菇做成振兴乡村大产业
	河南省濮阳县盛达种植农民专业合作社	品牌强农，合作共赢
	湖北省红日子阳硒蔬菜种植专业合作社	多措并举聚合力，创新机制促发展
	广东省廉江市良垌日升荔枝专业合作社	以质取胜，把小特产卖向全世界

续表

类型	名称	特点
农民合作社内强素质外强能力	重庆市奉节县铁佛脐橙种植股份联合合作社	发展特色产业，合作促农增收
	四川省广元市朝天区英明农机专业合作社	因地制宜精准服务，实现山区机械化种菜
	陕西省铜川市耀州区有明种养殖专业合作社	人兴产业旺，带农促增收
	甘肃省定西陇源农产品农民专业合作社	合作社带头走好现代农业发展之路
	宁波市宁海富甬哈密瓜专业合作社	万亩飘香"富民瓜"
	新疆生产建设兵团阿拉尔市方圆林果业农民专业合作社	抱团发展色产业，合作勇闯市场
农民合作社开展多种形式联合合作	北京市老栗树聚源德种植专业合作社	合作共赢塑品牌，融合发展添活力
	天津市京冀质朴农民专业合作社联合社	整合产业资源，深化农业服务
	河北省曲周县致远蔬菜育苗专业合作社联合社	合力助推蔬菜育苗产业增效
	山西省芮城惠丰果品专业合作社	铸年合作纽带，开辟增收新路
	内蒙古自治区扎鲁特旗沃源部落种植专业合作社联合社	多方协同，共筑沙丘绿色梦
	浙江省玉环市白云果蔬专业合作社	专注产业发展，实现可持续大发展
	山东省莒县汇丰花生专业合作社	组建产业化联合体，专业为民服务
	湖南省浏阳市新期绿种植专业合作社联合社	联合谋发展，合作促共赢

续表

类型	名称	特点
农民合作社开展	广东省智慧三农（阳春市）农业专业合作社联合社	创新服务机制，助力农业现代化
多种形式联合合作	海南省乐东民利种养殖专业合作社	坚持守正创新，打造产业新模式
	甘肃省静宁县红六福农民专业合作社联合社	做强助农产业，带动农户致富
	天津市东山鹊山鸡养殖专业合作社	作特色养殖文章，走合作共赢之路
	山西省闻喜县口福蔬菜种植专业合作社	为耕者谋利，为食者造福
农民合作社参与	贵州省开阳县南江乡醉美水果种植农民专业合作社	推动水果产业绿色发展，服务的脚步永不停歇
全面推进乡村振兴	陕西省西安市长安区果优特种植专业合作社	多措并举，提升产业，回馈社会
	宁夏回族自治区海原县农腾种养殖专业合作社	科技先行，产业支撑，服务三农
	新疆维吾尔自治区巴州和硕县迎宾大棚种植农民专业合作社	强化统一服务，做强做大食用菌产业
	青岛市丰诺保植专业合作社	聚焦三产融合，服务三农发展

注：根据《农业农村部办公厅关于推介第三批全国农民合作社和家庭农场典型案例的通知》整理。

业务拓展和联接小农户，围绕党建引领、产业振兴、品牌创建、服务小农户等方面进行了组织创新、制度创新和管理创新，在保障重要农产品有效供给、提高农业综合效益、促进现代农业发展和乡村振兴等方面发挥了重要作用。

（三）新型农业经营主体发展的典型案例

选取北京奥金达蜂产品专业合作社和北京绿富隆农业股份有限公司，阐释新型农业经营主体推动乡村振兴发展的典型做法与路径。

1.　"合作社+特色蜂业+精准帮扶"——北京奥金达蜂产品专业合作社[①]

（1）发展现状

北京奥金达蜂产品专业合作社位于密云水库北岸的高岭镇，涉及北京市 3 个区 9 个乡镇 91 个自然村，拥有社员 920 户，养蜂 6.4 万群。近年来，合作社围绕夯实产业基础、优化产品品质、提升品牌影响力、推进关键技术革新等方面重点突破，实现了跨越式发展。建设标准化养殖基地 140 余个、生态原产地保护示范蜂场 83 个、绿色蜂产品基地 16 个、授粉蜂繁育示范蜂场 2 个，年产蜂蜜 2 000 余吨，产值近 5 000 万；建设 GMP 标准车间 3 500m²、引进国际先进的现代化全自动蜂蜜生产线 2 条，并率先建立了成熟的蜂蜜生产体系，实现了品牌产品销售从线下走入线上、双线并存、合力共进辐射全国的销售体系。已先后被评为"国家级合作社示范社""全国优秀合作社""全国农民专业合作社先进单位""全国农民专业合作社加工示范单位"和"全国百强农民专业合作社"，是典型的依

---

① 资料来源：http://www.bjmy.gov.cn/art/2021/1/4/art_4189_299481.html。

托三产融合类农民专业合作社。

（2）具体做法与启示

①立足地方特色，践行绿色发展。依托密云优良的生态环境，践行"绿水青山就是金山银山"的发展理念，推进三产融合，延长产业链条。以发展特色养蜂业和休闲观光采摘业为抓手，做大一产、做强二产、做优三产，不断延伸蜂业产业链，拓展蜂业多种功能，打造以"蜜蜂授粉"为主方向的授粉观光旅游基地（密云蔡家洼授粉观光园）以及农旅品牌"高岭蜜蜂小镇"（国内首个大规模室外蜜蜂主题小镇），将蜜蜂授粉、果蔬采摘与蜂业观光旅游有机结合，建设综合型旅游产业园区，建立蜂业与当地农业的可持续发展模式，实现产业与社会经济的融合发展。②坚持品牌引领，推动供需升级。围绕标准化体系生产、供给与需求结构升级，强化品牌基础建设，形成品牌发展梯队，推动城乡消费升级。目前，已形成"花彤"牌驰名商标，高端成熟蜂蜜质量被行业熟知，荆花蜂蜜被国家质检总局评为"中华人民共和国生态原产地保护产品"（京津冀地区首家获得该项认证的食品类保护产品）。③实施创新驱动，实现科学发展。合作社研发"蜂三宝""野芙蓉蜂蜜""蜂巢蜜"等新品种，获得多项知识产权，开发建立智慧蜂业管理平台，塑造蜂产业"物联网+互联网+蜂场实时监控+环境气象数据监控分析+信息化蜜蜂认养+产业链动态监控"的全新管理模式，实现全产业链动态化透明监控追溯，推动蜂产业走向高端化、产业化、智慧化和融合化发展。④全面深化合作，实现互利共赢。加强与科研院所、知名企业、周边及其他地区的合作，提高合作社产品核心竞争力、推动合作社现代化、带动周边及其他地区蜂产业发展，并解决自身原料需求问题。⑤完善服务模式，促进低收入户增产增收。通过技术帮扶、托底帮扶、

财政帮扶实现对本地及周边区域养蜂农户的精准帮扶。合作社已成功带动全区 148 户低收入户实现养蜂脱低和致富，形成的养蜂脱低模式被作为国家标准在全国范围内推广。⑥增加社员增收渠道和就业岗位，加大富民力度，共享发展成果。

（3）经验启示

①规模化经营，推动产业转型。紧密结合地区资源特色与发展需求，带动成员开展规模饲养，壮大优势特色产业，拓宽产业门类，拓展农业功能，丰富业态类型，让农民更多分享农业全产业链和价值链增值收益。改变传统小农户生产经营方式，借助合作社统一蜂产品收购、加工、销售等的"七统一"经营管理模式，依托北京农业科技服务优势，开发智慧蜂业管理平台，实现全生产过程动态透明监控，推动了养蜂产业标准化生产、产业化经营。②坚持绿色发展，实现生态宜居。坚持可持续发展理念，创新生态种植养殖模式，在促进产业高质量发展的同时打造生态宜居环境。③党建引领强社，加强党建引领提升农民合作社规范发展水平。④创新经营模式，加强成员利益联结。明晰成员出资收益，农民合作社通过多种要素合作、多维利益联结，创新经营管理模式。

2. "农业公司+合作社+蔬菜产业"——北京绿富隆农业股份有限公司①

（1）发展现状与成就

北京绿富隆农业股份有限公司由北京绿富隆菜蔬公司和北京龙庆峡果树厂共同成立，是北京市延庆区属国有全资农业企业、北京市农业产业化重点龙头企业、北京市政府蔬菜应急储备单位，是旧

---

① 资料来源：https://www.chinapp.com/pinpai/129099.html。

县镇现代农业产业园的核心承载体，注册资金 3 300 万元。公司有 1 000 亩标准化种植基地，是国家农业标准化示范区、国家农业科技园（延庆园区）园中园、北京市"菜篮子"工程优级标准化生产基地及北京市"七统一"生态标准园区，承担着引领延庆区农业产业化发展的任务。近年来，公司专注于科技创新和提供公共研发服务，在农业科技成果转化方面积极探索。在政府支持下，先后成立了北京市绿富隆菜蔬公司、北京绿富隆蔬菜产销专业合作社（国家级农民合作社示范社）、北京腾隆农产品产销专业合作社，蔬菜已逐渐由露天生产向生产设施化、有机化的方向发展。目前，已通过ISO9002、ISO14001 认证，被北京市农委等部门认定为"北京市农业产业化重点龙头企业"，连续被评为"北京京郊外贸出口先进企业"，被国家外经贸认定为"全国园艺产品出口示范企业"，"绿富隆"商标被认定为"北京市著名商标"，被国家商务部授予外贸进出口经营权，是"全国第二批良好农业规范 GAP"认证试点单位、"2008奥运食品供应先进单位"。

（2）具体做法

公司采取"农业公司+合作社+蔬菜产业"的运营模式，通过成立绿富隆蔬菜产销专业合作社，实现对农户土地的流转和规模经营，并统一负责蔬菜的生产、销售、流通。作为农民利益的代表，合作社是农户和企业之间的沟通桥梁。农户经由合作社与龙头企业签订合同，经济利益得到保障，流转意愿更强，从而加速蔬菜产业规模化发展。目前，"农业公司+合作社+蔬菜产业"运营模式下的绿富隆涵盖了有机蔬菜和水果种植基地（北京博绿园有机农业科技发展有限公司）、种苗繁育基地、国家性天敌昆虫工厂化繁育与应用基地（北京诺创安美生物控制技术有限公司）和绿富隆农产品加工配送中心（北京中农绿安食品有限责任公司）等，形成集传统蔬菜及有机蔬菜科研、生产、加工、销售、配送等于一体的产业链，产业发展日趋绿色化、品牌化和科技化。已辐射全区 20 个蔬菜专业村 4 400户，种植面积 2.3 万亩，年产蔬菜 9 万吨。

（3）经验启示

①注重主体融合。农民专业合作社和联合社创办公司实体，发挥农民合作社法人的组织优势、衔接农户与公司主体的联结优势以及公司法人的市场优势，提升管理和决策效率。②注重业务拓展。农民合作社在从事传统种植业基础上，立足资源禀赋和优势条件，向产加销一体化延伸产业链，向生产服务、电商营销、农旅融合、物流运输拓展经营范围，向品种培优、品质提升、品牌打造和标准化生产要效益要质量，推进乡村全面振兴。③注重联结小农户。农民合作社通过订单合作、要素合作、服务带动、物流配送等联结方式，建立契约型、股权型等利益分享机制，帮助小农户提升生产经营水平、拓宽增收渠道。

第八章　乡村地域多功能评价与优化决策支持

基于上述理论分析与实践，针对农业农村资源高效管理、乡村地域多功能评价与可视化、乡村振兴发展科学决策等应用需要，基于乡村发展基础数据库数据，研发了乡村地域多功能评价与优化决策支持系统，实现农业农村数据管理以及乡村地域多功能评价、空间可视化展示、查询统计、辅助决策等应用功能，为规范开展乡村地域多功能评价分析工作提供技术支撑。

一、系统的总体设计

（一）总体设计目标与原则

构建乡村地域多功能评价与优化决策支持系统是监测乡村地域多功能演化状态，进而诊断乡村发展问题、支撑完善乡村振兴政策的关键环节。在贯彻落实乡村振兴战略的关键阶段，面向首都乡村振兴和率先基本实现农业农村现代化的目标要求，依托地理学、经济学、土地资源管理学等专家知识支撑，基于信息技术构建乡村地域多功能评价与决策支持系统，实现乡村地域多功能定量评价、可视化展示、查询统计、辅助决策等应用功能，提升乡村地域多功能监测评价的规范性和可操作性。

　　在用户需求调研基础上，以信息资源整合为重点，按照"整合资源、协同共享，突出重点、注重实效，深化应用、创新驱动"的思路，遵循"一致性、实用性、可靠性、模块化设计、应用模块与数据分离"的基本原则，研发乡村地域多功能评价与决策支持系统。

　　（1）一致性原则。在系统设计和数据库建设过程中，参照国家相关行业标准和成熟 GIS 系统的研发经验，应用最新的行政区划代码，根据需要确定评价底图范围；建立统一的系统编码体系和基础属性数据库，便于属性数据的导入；另外，本系统具有统一的结构化组织、界面风格和操作模式。

　　（2）实用性原则。系统设计充分考虑具体业务需求，以建立性能稳定的实用软件为基本原则，在操作上满足不同层次的用户需求。系统设计采用合理的数据组织、科学的数学模型、灵活的运算算法，数据的编辑处理操作简便；数据查询检索速度快、效率高；数据接口灵活，便于实现本地数据和多种数据源的快速链接；用户界面简洁友好，业务功能简单、易于操作。

　　（3）可靠性原则。系统的可靠性是指系统在运行过程中抵抗异常情况干扰以及保证系统正常工作的能力。只有可靠的系统，才能保证系统的运行质量并得到用户信任。因此，在系统研发过程中，要充分考虑系统的稳定性，充分考虑各类用户、角色、权限以及访问流程、访问量等多方面因素，进行合理设计。

　　（4）模块化设计原则。采用软件工程开发中的结构化和原型化相结合的方法，根据不同用户的业务要求，对系统进行自上而下的功能解析与模块划分。基于用户需求设计系统用户子模块，建立最底层的"积木块"，然后通过连接形成面向用户应用的

"上层模块"。

（5）应用模块与数据分离的原则。在系统的结构化组织中坚持系统软件尽可能与矢量数据库、属性数据库分离，数据资源集中管理、集中维护、分步使用；空间数据、非空间数据分开存储，并通过相关特征进行关联，使系统维持良好的可移植性和可维护性。

基于此，系统架构整体上遵从面向服务的软硬件架构，并在用户访问控制、数据安全、业务服务等方面进行了必要的扩展以满足要求。

（二）技术路线

为了满足人机交互的灵活性、数据安全性和完整性、较强的数据操纵能力和业务处理能力等需求，乡村地域多功能评价与决策支持系统采用 C/S（客户机／服务器）模式，并将功能模块按使用权限分别制定。由 C/S 模式实现系统与各业务部门的接口、数据的采集与维护，并实现资源的共享和评估信息的浏览发布。整个系统自下而上分为数据库、模型库和可视化分析三部分（图 8-1）。数据库层主要保存矢量数据和社会经济基础数据，并提供数据库访问引擎，实现基础数据的存取、数据检索浏览等功能；模型库主要实现指标运算、模型构建、条件参数设置与修改等功能；可视化分析应用层重点实现可视化表达、信息查询、统计分析等功能。

（三）系统框架设计

乡村地域多功能评价与优化决策支持系统是集地理信息、社会经济、兴趣点、遥感影像、土地利用等数据于一体的农业农村数据汇交、存储管理、处理和决策分析的业务应用系统。遵循《中华人

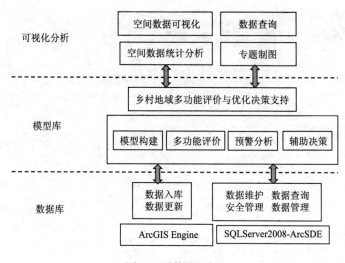

图 8-1　总体技术路线

民共和国测绘法》《中华人民共和国统计法》《中华人民共和国政府信息公开条例》《中华人民共和国测绘成果管理条例》《重要地理信息数据审核公布管理规定》《农业农村部信息系统建设技术规范》（农办办〔2018〕13 号）等相关要求，应用大数据技术、GIS 技术、网络通信技术、系统集成技术和信息安全技术等，构建安全保障体系和标准规范体系，整合北京市地理信息、社会经济、兴趣点、遥感影像、土地利用等数据，通过数据的标准化管理、灵活的汇交处理、多形式的信息展示服务和安全运维管理机制，开发建设数据库和应用服务系统，服务于北京市乡村地域多功能评价分析工作。

（四）数据库设计

数据库设计是系统开发的核心技术。为了保障系统的稳定性、功能性和高效性，在设计数据库时要充分满足不同用户的应用需求，

图 8-2　系统整体构架

同时尽可能提高数据的存取速度。为了满足系统对数据库的基本要求，采用 Microsoft SQL Server2008 对所有数据进行统一的存储与维护管理。支持系统包括空间数据（基于行政区划分的矢量数据文件、相关图件等）和非空间数据（与评价相关的属性数据、文档等）两类基本的数据格式，其中空间数据是主体。在对空间数据查询需求的基础上创建相关的属性表，通过相同的属性字段实现空间数据和属性数据的关联。本系统的核心内容是社会经济基础数据库的建设和评价分析模型的构建。空间数据采用 ESRI Shape file 格式统一存储在矢量库中。Shapefile 是一种基于文件方式存储 GIS 数据的文件格式，它将空间信息存储在 shp 文件中，而属性信息则存储在 dbf 文件中，由系统维护二者之间的关联。基于 shape 格式的文件结构，将所有的空间数据保存在一个矢量库中，由系统负责数据的管理和维护。非空间数据库中主要存储和管理社会经济基础信息、文档图件、元数据库等。采用数据库对全部类型的数据进行统一保存和管理，其中文件图像采用二进制形式保存在数据库中（图 8-3）。

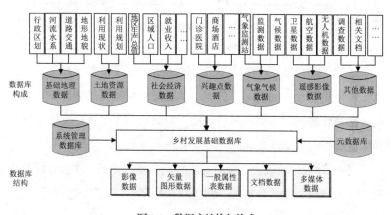

图 8-3　数据库结构与构成

（五）功能结构设计

系统功能架构可以分为基础地图操作、数据汇交检查、乡村地域多功能评价与辅助决策、查询展示等 4 个模块（图 8-4）。

（1）基础地图操作模块。研发地图操作功能和视图操作服务功能，包括地图放大、地图缩小、图层控制、漫游、符号化、测量等功能，以及成果输出等功能。

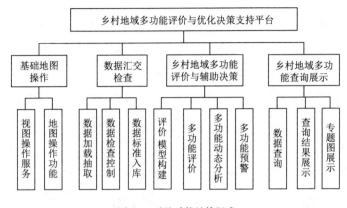

图 8-4　系统功能结构组成

（2）数据汇交检查模块。汇交基础地理信息、社会经济、兴趣点、遥感影像、土地利用等数据；实现对汇交数据的清洗、检查控制、标准化转换、数据入库等功能，对数据基本属性、空间属性和异常值进行初步处理分析。

（3）评价分析模块。评价分析模块是乡村地域多功能评价与决策支持系统模型的具体实现，系统将采用耦合方式管理乡村地域多功能系统评价、动态分析及预警分析模型等。选择评价指标、对指标权重进行赋值计算，以及乡村单项功能和综合功能的指数和分级；基于乡村地域多功能评价分析数据，实现乡村地域多功能评价结果的可视化展示以及不同时期的对比分析，分析乡村地域多功能的空间分异特征及变化状况。

（4）乡村地域多功能查询展示模块。开发多条件检索模块，能够实现多条件组合查询，并以地图分布展示、图表展示和结果数据展示等形式，实现对查询结果的展示，达到更直观的效果。

二、主要功能模块设计与实现

政府部门、事业单位、研究人员以及社会公众等不同用户的需求不尽相同，系统在功能设计上也会有所体现。本节主要介绍系统的通用功能，包括系统主界面设计、数据汇交检查、空间数据管理、模型库管理、评价与预警分析、查询展示与制图输出 5 个模块。

（一）系统主界面

通过输入用户口令进入系统主界面（图 8-5），主要由菜单栏、工具栏、图层列表框、图形显示区等组成，包括文件、数据汇交检查、评价与预警分析、查询展示与制图输出等功能模块。

图 8-5　系统用户界面

（二）数据汇交检查

数据汇交检查模块包括数据加载抽取、数据检查控制、数据浏览、数据标准化等子功能模块。实现对乡村发展基础数据的汇交、质量控制、标准化处理、数字制图、上图入库。实现数据处理人机交互，规则配置化、检查自动化、控制全面化、处理标准化、结果可视化。

（1）数据加载抽取。加载抽取模块主要是设置系统使用的文件数据库路径和账号信息，实现通过光盘、U 盘、硬盘等媒介从其他数据库进行乡村地域多功能评价数据的导入与存储等。在数据管理中点击"连接数据库"，在弹出的对话框中，浏览到数据库保存位置，若数据库中有用户名和密码，则输入用户名和密码后，点击"测试连接按钮"可以测试当前设置的数据库连接是否有效，点击确认按钮即可。数据入库模块主要实现已有格式数据的转换入库，方便表格数据的录入和管理。点击数据库管理中的"数据入库"，弹出数据入库设置窗口，首先浏览到要导入的 excel 文件，然后选择要导入的工作簿，输入新的表名，点击确定按钮即可。

（2）数据检查控制。根据相关规则，对乡村地域多功能评价矢量数据和属性数据连接后的中间数据按照个性化检查方案进行检查分析，包括属性字段命名规范性、属性结构规范性和属性值域规范性 3 个方面。将通过质量控制检查出的错误或不规范数据按照数据库的内容、要素属性结构等对数据进行标准处理，核心是保证数据命名、结构、值域等均符合数据库规范。例如，字段命名不规范时，按照标准名称进行转换；属性结构不规范时，按照数据库要求进行自动补齐字段，并将对应的值域赋值；属性值域不规范时，根据实际错误类型，将其对应记录标注为“保留”“弃用”或“修改”。另外，所有的操作均可对单条记录进行处理，也可选中多条记录进行批量修改。

（3）数据浏览。数据浏览模块可以实现入库数据的浏览，展示入库数据的结构特征和属性特征。点击数据浏览，弹出浏览对话框，在左侧的列表框中选中需要的表名，则右侧将刷新显示该表数据（图8-6）。在右侧的表格列标题中用鼠标左键单击，则可以按该列排列数据；在列标题中用鼠标右键单击，则可以选择删除该列。

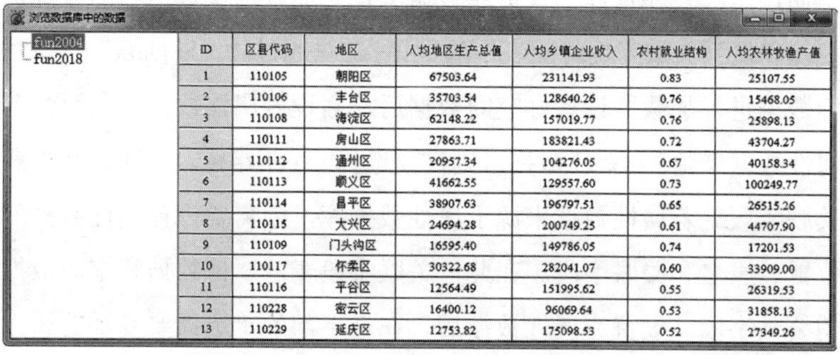

ID	区县代码	地区	人均地区生产总值	人均乡镇企业收入	农村就业结构	人均农林牧渔产值
1	110105	朝阳区	67503.64	231141.93	0.83	25107.55
2	110106	丰台区	35703.54	128640.26	0.76	15468.05
3	110108	海淀区	62148.22	157019.77	0.76	25898.13
4	110111	房山区	27863.71	183821.43	0.72	43704.27
5	110112	通州区	20957.34	104276.05	0.67	40158.34
6	110113	顺义区	41662.55	129557.60	0.73	100249.77
7	110114	昌平区	38907.63	196797.51	0.65	26515.26
8	110115	大兴区	24694.28	200749.25	0.61	44707.90
9	110109	门头沟区	16595.40	149786.05	0.74	17201.53
10	110117	怀柔区	30322.68	282041.07	0.60	33909.00
11	110116	平谷区	12564.49	151995.62	0.55	26319.53
12	110228	密云区	16400.12	96069.64	0.53	31858.13
13	110229	延庆区	12753.82	175098.53	0.52	27349.26

图 8-6　属性数据的基本格式

（4）数据标准化。数据标准化模块可以将属性数据库中的数据、excel 中的数据和空间数据按照指定的方法标准化。点击数据库管理中的“数据标准化”，弹出标准化对话框，首先选择数据来源，以选择 excel 数据为例，浏览选择了 excel 数据之后，再选择对应的要标准化的工作簿。本系统提供了使用极值法标准化、根据指定的极值进行标准化和 Z-Score 法标准化三种方法。标准化处理后的数据进行入库管理。

（三）空间数据管理

空间数据管理模块主要包括矢量库路径设置和矢量库数据浏览两项子功能。通过"矢量库路径设置"设置导入矢量库的路径，而矢量库浏览功能用于查询矢量库中的文件列表，并加载选中的矢量文件。作为一个开放性系统，不同用户可以有针对性地选择自己需要的工作底图，开展不同区域、不同尺度的乡村地域多功能评价分析。

（1）空间数据关联。矢量数据可以通过两种方式加载导入：一是通过"矢量库管理—矢量库数据浏览—加载选中数据"的方式加载已存储到矢量库文件列表中的数据；二是通过"Add Data"查找目标数据进行加载。设置好空间数据后，需设置属性数据的来源。若属性数据来源于 excel 数据，则需要选择 excel 路径、工作簿名称和关联字段。若属性数据来源于属性数据库，则需要设置属性数据库位置、表名和关联字段。在此，关联字段表示属性数据和空间数据的公共字段。设置完属性数据后，在最下部的"选择要复制的属性数据字段"下拉框中，勾选一个或者多个要复制的属性字段，然后点击关联按钮。

（2）点击查询。点击主窗口工具条上的 ❶ 形按钮，再点击地图某处后显示有关该处的属性信息。可以在"Identify from"字样后的下拉列表中选择当前查询所针对的图层（图 8-7）。

（3）查找。点击主窗口工具条上的 🔍 形按钮，则弹出属性查询对话框。在查找一栏中输入要查询的值，在设置图层和字段后点击"查找"按钮即可，查询到后直接在下方的列表中单击查询到的要素，即可查看该要素（图 8-8）。

（4）属性查询。点击"地图管理"中的"属性查询"，打开属

性查询界面。在最下方的"编辑框"中输入属性查询语句，点击确
定即可查询到对应的对象（图 8-9）。

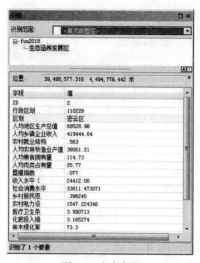

图 8-7　点击查询

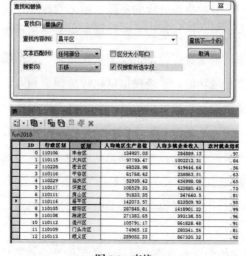

图 8-8　查找

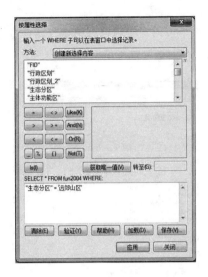

图 8-9　属性查询

（四）模型库管理

模型定制是辅助决策分析的基础，用来管理自定义模型，与实际情况相结合给用户提供更加真实的辅助模型，用户可以结合自身数据对乡村地域多功能评价分析模型实现定制，包括模型增加、删除、修改、查看等功能。系统提供默认评价模型和方法，以及评价模型的自定义功能，用户可以通过模型定制界面灵活配置评价模型和评价标准。评价结果以专题地图和统计图表的方式展现，用户可以定制评价分级阈值以及符号的颜色、大小、亮度等地图风格，统计图上显示基准值线，以达到直观表达分析结果的效果。

本系统共设计了新增模型、模型编辑、模型浏览三个子功能模块。

（1）新增模型。本系统中包括了主要的数学和三角函数，能满足评价函数的基本需求。点击"数据管理"中的"新增模型"，弹出新增模型对话框（图8-10），首先在对话框中输入模型名称，选择模型种类，构造一个模型计算公式；对公式中用到的每个变量，在右侧变量含义框输入其对应的含义，设置好后点击新增即可。

图 8-10　新增模型

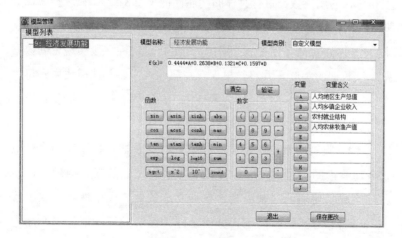

图 8-11　模型编辑

（2）模型编辑。用户可根据实际需要对模型的变量和权重进行增加、修改等操作，使操作系统具有较强的开放性。点击"数据管理"中的"模型编辑"，弹出模型编辑对话框，首先在左侧的模型列表框中选择要编辑的模型，则右侧会显示该模型的信息。对于基本模型，其模型名称不能更改，模型也不能删除。在右侧对应的位置更新公式或者参数后，点击"保存更改"按钮可以将更改保存到数据库中（图8-11）。

（3）模型浏览。模型浏览模块主要是对新增模型和固有模型进行浏览分析，查看模型名称、模型类别、函数公式以及模型变量含义是否准确等，便于发现问题、及时修正。

（五）评价分析与决策支持

（1）乡村地域多功能评价（以乡村经济发展功能评价为例）。乡村地域多功能评价与预警分析模块主要是根据已设计好的评价模型和导入的属性数据进行具体的功能评价（图8-12）。在选择属性数据来源时，设计了三种形式：来自excel表格；来自现有数据库表；来自空间数据库。在评价过程中，通过特定属性字段实现空间数据和属性数据的关联，并将结果保存在属性表中。在此模块中，可以通过设定未来年份不同指标的属性值，借助固有模型或者新增模型实现乡村地域多功能的情景模拟与决策支持。

（2）限制因素诊断模型。基于乡村发展基础数据库和乡村地域多功能诊断模型库，科学"把脉"乡村发展的限制问题，诊断乡村地域多功能的限制因素。包括立地条件、土壤性状、农田管理、环境等方面的障碍因素分析功能。经济发展功能、农产品生产功能、社会保障功能、生态服务功能、旅游休闲功能等的限制因素分析功能。

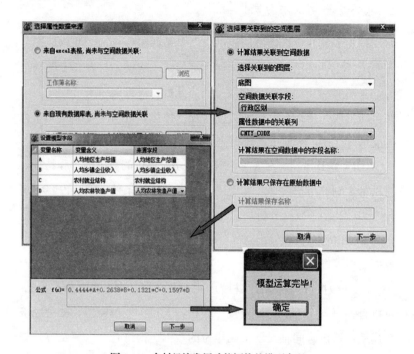

图 8-12　乡村经济发展功能评价的模型实现

（3）绩效考核模型。横向绩效考核模型可以将每一个评价单元的功能指数放到一定的横向空间范围内，考核其功能并与全区发展功能的对比。

（4）预警分析模型。基于地区生产总值、耕地面积等乡村地域多功能的关键表征指标，设定预警阈值，根据历年变化趋势、变化速度等进行预警分析，并对达到阈值的区域进行高亮显示。

（六）查询展示与制图输出

开发多条件检索模块，能够实现多条件组合查询，并以地图分布展示、图表展示和结果数据展示等形式，实现乡村发展专题数据的一张图展示及动态组合查询与统计分析，对查询结果可视化展示并自动生成数据报表，实现数据管理一体化、查询项目配置化、数据展示可视化、数据报表定制化、报表生成自动化。

（1）统计分析。依据乡村地域多功能评价的数据内容和特征，提供可定制的用户接口，实现用户自定义统计条件、统计内容、统计方式以及多种统计分析功能。提供可自由定制报表数据生成条件、报表数据内容、报表输出方式（excel、word、pdf 等）、报表打印、数据交换等报表定制功能。

（2）数据查询。以行政村为工作底图，展示全市乡村分布状况；可以查询每一个行政村的位置、面积、人口、地貌类型、社会经济等属性；通过时间轴显示不同年份的数据。提供查询内容及方式如下：按照行政区查询，查询结果高亮，并显示查询到的该图层对象的详细信息；拉框查询，绘制矩形区域，查询矩形区域范围内的要素；多边形查询，手工绘制多边形，在多边形范围内查询要素；按行政区、按空间范围、按属性、按时间多维组合查询。

（3）空间专题图。空间专题图主要针对属性表的单一属性或者功能指数进行制图，形象的表现特定主题。本系统中设计了唯一专题图、分级专题图、饼状专题图、柱状专题图等，并设置了"恢复所有图层为默认"按钮取消所进行的操作。在此部分，可以实现北京市地形地貌、行政区划、河流水系、道路交通、地名、土地利用等地理信息数据的空间展示，以及门诊医院、商场酒店、现代农业发展等数据的空间展示。

（4）地图制图与成果输出。为了输出一张完整的地图，本系统设置了地图制图的基本要素，具体包括图形要素、背景要素、调整要素、纸张选择等；输出成果有 JPEG、TIFF、PDF 三种格式。

（5）其他功能。图形操作模块主要实现图形显示、导航以及图层管理。

三、系统运行环境

（一）硬件环境

CPU：主频 2.4 G 以上；

内存：4G 或以上；

硬盘：100GB 可用空间。

（二）软件环境

操作系统：Windows 7、Windows Server 2008 系列；

DBMS：Microsoft SQL Server 2008 R2；

GIS 支持软件：ArcGIS Engine10.0 Runtime；

部署环境：Microsoft. Net Framework 4.0。

参 考 文 献

[1] Aizaki, H., K. Sato, H. Osari 2006. Contingent valuation approach in measuring the multifunctionality of agriculture and rural areas in Japan. *Paddy and Water Environment*, Vol. 4, No. 4, pp. 217-222.

[2] Bañski, J., M. Mazur 2016. Classification of rural areas in Poland as an instrument of territorial policy. *Land Use Policy*, Vol. 54, pp. 1-17.

[3] Bañski, J., W. Stola 2002. Transformation of the spatial and functional structure of rural areas in Poland. *Rural Studies*, Vol. 3, pp. 1-12.

[4] Barkmann, J., K. M. Helming 2004. Multifunctional landscapes: Towards an analytical framework for sustainability assessment of agriculture and forestry in Europe. *Fifth Framework Programme, 1998-2002*. Thematic Programme: Environment and Sustainable Development, p. 93.

[5] Batty, M., P. Longley 1994. *Fractal cities: A geometry of form and function*. London: Academic Press.

[6] Berkel, D. B. V., R. S. Carvalho, P. H. Verburg et al. 2011. Identifying assets and constraints for rural development with qualitative scenarios: A case study of Castro Laboreiro, Portugal. *Landscape and Urban Planning*, Vol. 102, No. 2, pp. 127-141.

[7] Berkel, D. B., P. H. Verburg 2010. Sensitising rural policy: Assessing spatial variation in rural development options for Europe. *Land Use Policy*, Vol. 28,

No. 3, pp. 447-459.

[8] Bollman, R. D. 2010. An overview of rural and small town Canada. *Canadian Journal of Agricultural Economics / Revue Canadienne Dagroeconomie*, Vol. 39, No. 4, pp. 805-817.

[9] Boron, V., E. Payán, D. Macmillan et al. 2016. Achieving sustainable development in rural areas in Colombia: Future scenarios for biodiversity conservation under land use change. *Land Use Policy*, Vol. 59, pp. 27-37.

[10] Bradford, J. B., A. W. D'Amato 2012. Recognizing trade-offs in multi-objective land management. *Frontiers in Ecology and the Environment*, Vol. 10, No. 4, pp. 210-216.

[11] Brunstad, R. J., I. Gaasland, E. Vaordal 2005. Multifunctionality of agriculture: An inquiry into the complementarity between landscape preservation and food security. *European Review of Agricultural Economics*, Vol. 32, No. 4, pp. 469-488.

[12] Chen, Q. Z., J. Sumelius, K. Arovuori 2009. The evolution of policies for multifunctional agriculture and rural areas in China and Finland. *European Countryside*, Vol. 1, No. 4, pp. 202-209.

[13] Cord, A. F., B. Bartkowski, M. Beckmann et al. 2017. Towards systematic analyses of ecosystem service trade-offs and synergies: Main concepts, methods and the road ahead. *Ecosystem Services*, Vol. 28, No. 5, pp. 264-272.

[14] Costanza, R., R. D'arge, R. D. Groot et al. 1997. The value of the world's ecosystem services and natural capital. *Nature*, Vol. 387, pp. 253-260.

[15] Crooks, A., D. Pfoser, A. Jenkins et al. 2015. Crowdsourcing urban form and function. *International Journal of Geographical Information Science*, Vol. 29, No. 5, pp. 720-741.

[16] De Groot, R. S., M. A. Wilson, R. M. J. Boumans 2002. A typology for the classification, description and valuatin of ecosystem functions, goods and services. *Ecological Economics*, Vol. 41, No. 3, pp. 393-408.

[17] DeRosa, M., G. McElwee, R. Smith 2019. Farm diversification strategies in response to rural policy: A case from rural Italy. *Land Use Policy*, Vol. 81, pp. 291-301.

[18] Dulal, C. R., B. Thomas 2014. A grid-based approach for refining population data in rural areas. *Journal of Geography & Regional Planning*, Vol. 7, No. 3, pp. 47-57.

[19] Egoh, B., B. Reyers, M. Rouget et al. 2008. Mapping ecosystem services for planning and management. *Agriculture, Ecosystems & Environment*, Vol. 127, No. 1-2, pp. 135-140.

[20] Elton, C. 1927. *Animal Ecology*. London: Sidgwick and Jackson.

[21] Fleischer, A., A. Tchetchik 2005. Does rural tourism benefit from agriculture? *Tourism Management*, Vol. 26, No. 4, pp. 493-501.

[22] Garbach, K., J. C. Milder, F. Declerck et al. 2016. Examining multi-functionality for crop yield and ecosystem services in five systerms of agroecological intensification. *International of Agricultural Sustainability*, Vol. 15, No. 1, pp. 11-28.

[23] Groot, R. D. 2006. Function-analysis and valuation as a tool to assess land use conflicts in planning for sustainable, multi-functional landscapes. *Landscape Urban Planning*, Vol. 75, No. 3, pp. 175-186.

[24] Helming, K., K. Tscherning, B. König et al. 2008. Exante impact assessment of land use changes in European regions —The SENSOR approach. *Springer Berlin Heidelberg*, pp. 77-105.

[25] Holmes, J. 2006. Impulses towards a multifunctional transition in rural Australia: Gaps in the research agenda. *Journal of Rural Studies*, Vol. 22, No. 2, pp. 142-160.

[26] Holtslag-Broekhof, S. 2018. Urban land readjustment: necessary for effective urban renewal? Analysing the Dutch quest for New Legislation. *Land Use Policy*, Vol. 77, pp. 821-828.

[27] Hoyt, H. 1939. *The structure and growth of residential neighborhoods in*

American cities. Washington: Homer Hoyt Associates.

[28] Huang, J., M. Tichit, M. Poulot et al. 2015. Comparative review of multifunctionality and ecosystem services in sustainable agriculture. *Journal of Environmental Management*, Vol. 149, pp. 138-147.

[29] Hutchinson, G. E. 1957. Concluding remarks: cold spring harbor symposium. *Quantitative Biology*, Vol. 22, pp. 415-427.

[30] Huylenbroeck, G. V., V. Vandermeulen, E. Mettepenningen et al. 2007. Multifunctionality of agriculture: A review of definitions, evidence and instruments. *Living Reviews in Landscape Research*, Vol. 1, No. 3, pp. 3.

[31] Ivolga, A., J. Zawadka 2016. Agritourism as a raising driver of multifunctional development of rural areas in Russia. *Agricultural Bulletin of Stavropol Region*, Vol. S, No. 2, pp. 107-113.

[32] John, H. 2006. Impulses towards a multifunctional transition in rural Australia: Gaps in the research agenda. *Journal of Rural Studies*, Vol. 22, No. 2, pp. 142-160.

[33] Jung, H. 2020. Estimating the social value of multifunctional agriculture （MFA） with choice experiment. *Agricultural Economics-Zemedelska Ekonomika*, Vol. 66, No. 3, pp. 120-128.

[34] Kim, K. H., S. Pauleit 2009. Woodland changes and their impacts on the landscape structure in South Korea, Kwangju City Region. *Landscape Research*, Vol. 34, No. 3, pp. 257-277.

[35] Kim, T. W. 2020. Multifunctional agriculture and rural society in change: a case study of Hongdong and Janggok-Myeon, Hongseong-Gun. *The Journal of Rural Society*, Vol. 30, No. 2, pp. 7-64.

[36] King, P., D. Annandale, J. Bailey 2003. Integrated economic and environmental planning in Asia: a review of progress and proposals for policy reform. *Progress in Planning*, Vol. 59, No. 4, pp. 233-315.

[37] Kizos, T., J. I. Marin-Guirao, M. E. Georgiadi et al. 2011. Survival strategies of farm households and multifunctional farms in Greece. *Geographical*

Journal, Vol. 177, No. 4, pp. 335-346.

[38] Knickel, K., H. Renting 2010. Methodological and conceptual issues in the study of multifunctionality and rural development. *Sociologia Ruralis*, Vol. 40, No. 4, pp. 512-528.

[39] Koopmans, M. E., E. Rogge, E. Mettepenningen et al. 2018. The role of multi-actor governance in aligning farm modernization and sustainable rural development. *Journal of Rural Studies*, Vol. 34, No. 59, pp. 252-262.

[40] Kroll, F., F. Müller, D. Haase et al. 2012. Rural-urban gradient analysis of ecosystem services supply and demand dynamics. *Land Use Policy*, Vol. 29, No. 3, pp. 521-535.

[41] Laterra, P., M. E. Orue, G. C. Booman 2012. Spatial complexity and ecosystem services in rural landscapes. *Agriculture Ecosystems & Environment*, Vol. 154, No. 3, pp. 56-67.

[42] Lebel, L., P. Garden, M. R. N. Banaticla et al. 2007. Management into the development strategies of urbanizing regions in Asia: Implications of urban function, form and role. *Journal of Industrial Ecology*, Vol. 11, No. 2, pp. 61-81.

[43] Lester, S. E., C. Costello, B. S. Halpern et al. 2013. Evaluating tradeoffs among ecosystem services to inform marine spatial planning. *Marine Policy*, Vol. 38, No. 1, pp. 80-89.

[44] Liu, Y. S., H. L. Long, Y. F. Chen et al. 2016. Progress of research on urban-rural transformation and rural development in China in the past decade and future prospects. *Journal of Geographical Sciences*, Vol. 26, No. 8, pp. 1117-1132.

[45] Liu, Y. S., Y. H. Li 2017. Revitalize the world's countryside. *Nature*, Vol. 548, No. 7667, pp. 275-277.

[46] Liu, Y., C. Chen, Y. Li 2015. Differentiation regularity of urban-rural equalized development at prefecture-level city in China. *Journal of Geographical Sciences*, Vol. 25, No. 9, pp. 1075-1088.

[47] Liu, Y., S. Lu, Y. Chen 2013. Spatio-temporal change of urban-rural equalized development patterns in China and its driving factors. *Journal of Rural Studies*, Vol. 32, No. 32, pp. 320-330.

[48] Lu, D. D. 2009. Objective and framework for territorial development in China. *Chinese Geographical Science*, Vol. 19, No. 3, pp. 195-202.

[49] Ma, W. Q., G. H. Jiang, W. Q. Li et al. 2019. Multifunctionality assessment of the land use system in rural residential areas: Confronting land use supply with rural sustainability demand. *Journal of Environmental Management*, No. 231, pp. 73-85.

[50] Mander, U., H. Wiggering, K. Helming 2007. Multifunctional land use: meeting future demands for landscape goods and services. *Springer Berlin Heidelberg*, Chapter 1, pp. 1-13.

[51] Marsden, T., R. Sonnino 2008. Rural development and the regional state: Denying multifunctional agriculture in the UK. *Journal of Rural Studies*, Vol. 24, No. 4, pp. 422-431.

[52] Mccarthy, J. 2005. Rural geography: Multifunctional rural geographies-reactionary or radical. *Progress in Human Geography*, Vol. 29, No. 6, pp. 773-782.

[53] Meeus, J. H. A., M. P. Wijermans, M. J. Vroom 1990. Agricultural landscapes in Europe and their transformation. *Landscape & Urban Planning*, Vol. 18, No. 3, pp. 289-352.

[54] Mekdjian S. 2018. Urban artivism and migrations. Disrupting spatial and political segregation of migrants in European cities. *Cities*, No. 77, pp. 39-48.

[55] Mi, J., Y. N. Lu, Z. M. Du 2019. Environmental study on the influencing mechanism of integration of education and knowledge poverty alleviation on the development of multifunctional agricultural clusters in poverty areas. *Ekoloji*, Vol. 28, No. 107, pp. 4553-4561.

[56] Milestad, R., J. Björklund 2008. Strengthening the adaptive capacity of rural

communities: Multifunctional farms and village action groups. *Clermont-Ferrand（France）: 8th European IFSA Symposium*, pp. 361-371.

[57] Nelson, H. J. 1955. A service classification of American cities. *Economic Geography*, Vol. 31, No. 3, pp. 189-211.

[58] OECD. 2001. Multifunctionality: Towards an analytical framework. *Agriculture and Food*. Paris: OECD Publications.

[59] Peng, J., X. Chen, Y. Liu et al. 2015. Multifunctionality assessment of urban agriculture in Beijing City, China. *Science of the Total Environment*, Vol. 537, pp. 343-351.

[60] Pérez-Soba, M., S. Petit, L. Jones et al. 2008. Land use functions-a multifunctionality approach to assess the impact of land use changes on land use sustainability. In: Helming K., Pérez-Soba M., Tabbush P.（eds）*Sustainability Impact Assessment of Land Use Changes*. Springer, Berlin, Heidelberg.

[61] Plieninger, T., O. Bens, R. F. Hüttl 2007. Innovations in land-use as response to rural change-a case report from Brandenburg, Germany. In: *Multifunctional land use-meeting future demands for landscape goods and services*. In: Mander U, Wiggering H, Helming K（eds）, Heidleberg.

[62] Potter, C., J. Burney 2002. Agricultural multifunctionality in the WTO-legitimate non-trade concern or disguised protectionism? *Journal of Rural Studies*, Vol. 18, No. 1, pp. 35-47.

[63] Renting, H., W. Rossing, J. Groot et al. 2009. Exploring multifunctional agriculture. A review of conceptual approaches and prospects for an integrative transitional framework. *Journal of Environmental Management*, Vol. 90, No. suppl.2, pp. 112-123.

[64] Rostow, W. W. 1990. *The stages of economic growth: A non-communist manifesto*. Cambridge University Press.

[65] Serra, P., A. Vera, A. Francesc 2014. Beyond urbanerural dichotomy: Exploring socioeconomic and land-use processes of change in Spain

（1991-2011）. *Applied Geography*, Vol. 55, No. 9, pp. 71-81.

[66] Shen, Y., K. Karimi 2016. Urban function connectivity: Characterisation of functional urban streets with social media check-in data. Cities, No. 55, pp. 9-21.

[67] Sigura, M. 2010. Rural landscape multifunctionality: A GIS based approach for assessing areas characterised by ecological functions. *Journal of Agricultural Engineering*, Vol. 41, No. 4, pp. 29-36.

[68] Slee, B. 2007. Social indicators of multifunctional rural land use: The case of forestry in the UK. Agriculture, *Ecosystems & Environment*, Vol. 120, No. 1, pp. 31-40.

[69] Slee, R. W. 2005. From countryside of production to countryside of consumption. *Journal of Agricultural Science*, Vol. 143, No. 4, pp. 255-266.

[70] Spearman, C. 1904. The proof and measurement of association between two things. *The American Journal of Psychology*, Vol. 15, No. 1, pp. 72-101.

[71] Stola, W. 1984. An attempt at a functional classification on rural areas in Poland. A methodological approach. *Geographia Polonica*, Vol. 50, pp. 113-129.

[72] Stola, W. 1992. Functional classification of communes in Poland. in: Noor Mohammad （ed.）. *Socio-economic dimension of agriculture*. New Delhi, pp. 99-108.

[73] Stürck, J., P. H. Verburg 2017. Multifunctionality at what scale? A landscape multifunctionality assessment for the European Union under conditions of land use change. *Landscape Ecology*, Vol. 32, No. 3, pp. 481-500.

[74] Tao, H. Y., K. L. Wang, L. Zhuo et al. 2019. Re-examining urban region and inferring regional function based on spatial-temporal interaction. *International Journal of Digital Earth*, Vol. 12, No. 3, pp. 293-310.

[75] Tu, S. S., H. L. Long, Y. N. Zhang et al. 2018. Rural restructuring at village level under rapid urbanization in metropolitan suburbs of China and its implications for innovations in land use policy. *Habitat International*, Vol.

77, pp. 143-152.

[76] Tuazon, D., G. Corder, M. Powell 2012. A practical and rigorous approach for the integration of sustainability principles into the decision-making processes at minerals processing operations. *Minerals Engineering*, Vol. 29, No. 3, pp. 65-71.

[77] Tzanopoulos, J., P. J. Jones, S. R. Mortimer 2012. The implications of the 2003 Common Agricultural Policy reforms for land-use and landscape quality in England. *Landscape and Urban Planning*, Vol. 108, No. 1, pp. 39-48.

[78] Velapurkar, B. G., H. B. Rathod, A. A. Kalgapure 2009. A study of functional classification of urban settlements in Latur district. *International Research Journal*, Vol. 2, No. 5, pp. 457-458.

[79] Wiggering, H., C. Dalchow, M. Glemnitz et al. 2006. Indicators for multifunctional land use-Linking socio-economic requirements with landscape potentials. *Ecological Indicators*, Vol. 6, No. 1, pp. 238-249.

[80] Willemen, L., P. H. Verburg, L. Hein et al. 2008. Spatial characterization of landscape functions. *Landscape and Urban Planning*, Vol. 88, No. 1, pp. 34-43.

[81] Willemen, L. 2010. Space for people, plants, and livestock? Quantifying interactions among multiple landscape functions in a Dutch rural region. *Ecological Indicators Landscape Assessment for Sustainable Planning*, Vol. 10, No. 1, pp. 62-73.

[82] Wilson, G. A. 2008. From "weak" to "strong" multifunctionality: conceptualising farm-level multifunctional transitional pathways. *Journal of Rural Studies*, Vol. 24, No. 3, pp. 367-383.

[83] Yang, Y., L. Wang, F. Yang et al. 2021. Evaluation of the coordination between eco-environment and socioeconomy under the "Ecological County Strategy" in western China: A case study of Meixian. *Ecological Indicators*, Vol. 125, pp. 107-585.

[84] Yin, P. H., X. Q. Fang, Q. Tian et al. 2006. The changing regional distribution of grain production in China in the 21st century. *Journal of Geographical Sciences*, Vol. 16, No. 4, pp. 396-404.

[85] Zander, P., U. Knierim, J. C. J. Groot et al. 2007. Multifunctionality of agriculture: Tools and methods for impact assessment and valuation. *Agriculture, Ecosystems & Environment*, Vol. 120, No. 1, pp. 1-4.

[86] Zhang, R. J., G. H. Jiang, Q. Zhang 2019. Does urbanization always lead to rural hollowing? Assessing the spatio-temporal variations in this relationship at the county level in China 2000-2015. *Journal of Cleaner Production*, Vol. 220, pp. 9-22.

[87] 阿布都瓦力・艾百、吴碧波、玉素甫・阿布来提："中国城乡融合发展的演进、反思与趋势"，《区域经济评论》，2020 年，第 44 卷第 2 期，第 99～108 页。

[88] 安悦、周国华、贺艳华等："基于'三生'视角的乡村功能分区及调控——以长株潭地区为例"，《地理研究》，2018 年，第 37 卷第 4 期，第 695～703 页。

[89] 北京市规划和自然资源委员会：《北京规划和自然资源年鉴（2019）》，中国发展出版社，2019 年。

[90] 北京市统计局网站："新中国成立 70 周年北京经济社会发展成就系列报告之一 筚路蓝缕七十载 砥砺前行新时代——新中国成立 70 周年北京经济社会发展成就综述"，2019 年 8 月 26 日，http://www.beijing.gov.cn/gongkai/shuju/sjjd/201908/t20190826_1838028.html。

[91] 蔡海生、陈艺、张学玲："基于生态位理论的富硒土壤资源开发利用适宜性评价及分区方法"，《生态学报》，2020 年，第 40 卷第 24 期，第 9208～9219 页。

[92] 蔡运龙、陈睿山："土地系统功能及其可持续性评价"，《中国山区土地资源开发利用与人地协调发展研究中国自然资源学会会议论文集》，2010 年。

[93] 曹智、李裕瑞、陈玉福："城乡融合背景下乡村转型与可持续发展路径

探析",《地理学报》, 2019 年, 第 74 卷第 12 期, 第 2560～2571 页。

[94] 曾春水、柯文前、伍世代等:"京津冀城市群城市职能演变机理",《城市发展研究》, 2020 年, 第 27 卷第 9 期, 第 72～81 页。

[95] 曾亿武、邱东茂、沈逸婷等:"淘宝村形成过程研究:以东风村和军埔村为例",《经济地理》, 2015 年, 第 35 卷第 12 期, 第 90～98 页。

[96] 曾尊国、陆诚:"江苏省乡村经济类型的初步分析",《地理研究》, 1989 年, 第 8 卷第 3 期, 第 78～84 页。

[97] 陈婧、史培军:"土地利用功能分类探讨",《北京师范大学学报(自然科学版)》, 2005 年, 第 41 卷第 5 期, 第 536～540 页。

[98] 陈坤秋、王良健、李宁慧:"中国县域农村人口空心化——内涵、格局与机理",《人口与经济》, 2018 年第 1 期, 第 28～37 页。

[99] 陈丽、刘娟、郝晋珉等:"大都市区耕地系统多功能运行效应综合评价——以北京为例",《北京师范大学学报(自然科学版)》, 2018 年, 第 54 卷第 3 期, 第 284～291 页。

[100] 陈丽珍:"自驾车需求下的城郊旅游公路网布局及评价研究"(硕士学位论文), 北京建筑大学, 2019 年。

[101] 陈柳钦:"基于产业视角的城市功能研究",《西华大学学报(哲学社会科学版)》, 2009 年, 第 28 卷第 1 期, 第 80～84 页。

[102] 陈秋珍、John Sumelius:"国内外农业多功能性研究文献综述",《中国农村观察》, 2007 年第 3 期, 第 71～79 页。

[103] 陈绍愿、林建平、杨丽娟等:"基于生态位理论的城市竞争策略研究",《人文地理》, 2006 年, 第 21 卷第 2 期, 第 11、72～76 页。

[104] 陈世莉、陶海燕、李旭亮等:"基于潜在语义信息的城市功能区识别——广州市浮动车 GPS 时空数据挖掘",《地理学报》, 2016 年, 第 71 卷第 3 期, 第 471～483 页。

[105] 陈世强、时慧娜:"中国乡村从业人员就业结构演化及对农民收入的影响",《经济地理》, 2008 年, 第 28 卷第 3 期, 第 469～474 页。

[106] 陈涛、陈池波:"人口外流背景下县域城镇化与农村人口空心化耦合评价研究",《农业经济问题》, 2017 年, 第 38 卷第 4 期, 第 58～66 页。

[107] 陈文胜：“城镇化进程中乡村经济发展的变迁”，《浙江学刊》，2019年第3期，第22～29页。

[108] 陈锡文：“从农村改革四十年看乡村振兴战略的提出”，《农村工作通讯》，2018年第9期，第19～23页。

[109] 陈锡文：“乡村振兴的核心在于发挥好乡村的功能”，《中国人大》，2019年第8期，第30～35页。

[110] 陈锡文：“乡村振兴应重在功能”，《乡村振兴》，2021年第10期，第16～18页。

[111] 陈小良、樊杰、孙威等：“地域功能识别的研究现状与思考”，《地理与地理信息科学》，2013年，第29卷第2期，第72～79页。

[112] 陈秧分、黄修杰、王丽娟：“多功能理论视角下的中国乡村振兴与评估”，《中国农业资源与区划》，2018年，第39卷第6期，第201～209页。

[113] 陈秧分、刘玉、李裕瑞：“中国乡村振兴背景下的农业发展状态与产业兴旺途径”，《地理研究》，2019年，第38卷第3期，第632～642页。

[114] 陈秧分、刘玉、王国刚：“大都市乡村发展比较及其对乡村振兴战略的启示”，《地理科学进展》，2019年，第38卷第9期，第1403～1411页。

[115] 陈秧分、王国刚、孙炜琳：“乡村振兴战略中的农业地位与农业发展”，《农业经济问题》，2018年第1期，第20～26页。

[116] 陈秧分、王介勇：“对外开放背景下中国粮食安全形势研判与战略选择”，《自然资源学报》，2021年，第36卷第6期，第1616～1630页。

[117] 陈秧分：“生产要素非农化对乡村系统发展的影响评价及其作用机理研究——以山东省为例”（博士学位论文），中国科学院研究生院，2010年。

[118] 陈玉英：“城市休闲功能扩展与提升研究”（博士学位论文），河南大学，2009年。

[119] 陈瑞媛、廖和平、刘愿理等：“滇西县域乡村地域多功能分类与乡村振兴路径研究”，《西南大学学报（自然科学版）》，2021年，第43卷第6期，第1～9页。

[120] 成素梅：“后疫情时代休闲观与劳动观的重塑——兼论人文为科技发展奠基的必要性”，《华东师范大学学报（哲学社会科学版）》，2021

年，第 53 卷第 4 期，第 33~40、180 页。

[121] 程明洋、刘彦随、蒋宁："黄淮海地区乡村人—地—业协调发展格局与机制"，《地理学报》，2019 年，第 74 卷第 8 期，第 1576~1589 页。

[122] 崔莉、厉新建、程哲："自然资源资本化实现机制研究——以南平市'生态银行'为例"，《管理世界》，2019 年，第 35 卷第 9 期，第 95~100 页。

[123] 崔文华："河南省乡村地域功能的空间分异与优化策略"（硕士学位论文），东北师范大学，2020 年。

[124] 单玉红、王琳娜："农户分化对农地功能供给多样化的影响路径"，《资源科学》，2020 年，第 42 卷第 7 期，第 1405~1415 页。

[125] 丁鼎、葛军莲、龙毅等："基于运营商客流大数据的乡村旅游点类型划分研究——以南京市江宁区为例"，《南京师大学报（自然科学版）》，2018 年，第 41 卷第 3 期，第 116~121 页。

[126] 丁四保："中国主体功能区划面临的基础理论问题"，《地理科学》，2009 年，第 29 卷第 4 期，第 587~592 页。

[127] 樊杰、孙威、陈东："'十一五'期间地域空间规划的科技创新及对'十二五'规划的政策建议"，《中国科学院院刊》，2009 年，第 24 卷第 6 期，第 601~609 页。

[128] 樊杰、王亚飞、梁博："中国区域发展格局演变过程与调控"，《地理学报》，2019 年，第 74 卷第 12 期，第 2437~2454 页。

[129] 樊杰、周侃："以'三区三线'深化落实主体功能区战略的理论思考与路径探索"，《中国土地科学》，2021 年，第 35 卷第 9 期，第 1~9 页。

[130] 樊杰："我国主体功能区划的科学基础"，《地理学报》，2007 年，第 62 卷第 4 期，第 339~350 页。

[131] 樊杰："中国主体功能区划方案"，《地理学报》，2015 年，第 70 卷第 2 期，第 186~201 页。

[132] 樊杰："'人地关系地域系统'是综合研究地理格局形成与演变规律的理论基石"，《地理学报》，2018 年，第 73 卷第 4 期，第 597~607 页。

[133] 樊杰："地域功能—结构的空间组织途径—对国土空间规划实施主体

功能区战略的讨论",《地理研究》,2019 年,第 38 卷第 10 期,第 2373～2387 页。

[134] 樊杰:"中国人文地理学 70 年创新发展与学术特色",《中国科学:地球科学》,2019 年,第 49 卷第 11 期,第 1697～1719 页。

[135] 范明:"新中国初期北京市农业政策述评",《北京社会科学》,2012 年第 1 期,第 22～27 页。

[136] 范业婷、金晓斌、项晓敏等:"苏南地区耕地多功能评价与空间特征分析",《资源科学》,2018 年,第 40 卷第 5 期,第 980～992 页。

[137] 范业婷、金晓斌、项晓敏等:"江苏省土地利用功能变化及其空间格局特征",《地理研究》,2019 年,第 38 卷第 2 期,第 383～398 页。

[138] 方创琳:"城乡融合发展机理与演进规律的理论解析",《地理学报》,2022 年,第 77 卷第 4 期,第 759～776 页。

[139] 方叶林、黄震方、李经龙等:"中国特色小镇的空间分布及其产业特征",《自然资源学报》,2019 年,第 34 卷第 6 期,第 1273～1284 页。

[140] 方远平、彭婷、陆莲芯等:"粤港澳大湾区城市职能演变特征与影响因素",《热带地理》,2019 年,第 39 卷第 5 期,第 647～660 页。

[141] 房艳刚、刘本城、刘建志:"农业多功能的地域类型与优化策略——以吉林省为例",《地理科学进展》,2019 年,第 38 卷第 9 期,第 1349～1360 页。

[142] 房艳刚、刘继生:"基于多功能理论的中国乡村发展多元化探讨——超越'现代化'发展范式",《地理学报》,2015 年,第 70 卷第 2 期,第 257～270 页。

[143] 冯海建、周忠学:"城市化与都市农业功能交互耦合关系及时空特征分析",《地理与地理信息科学》,2014 年,第 30 卷第 6 期,第 57～63 页。

[144] 冯建超:"日本首都圈城市功能分类研究"(博士学位论文),吉林大学,2009 年。

[145] 冯喆、蒋洪强、卢亚灵:"基于大数据方法和 SOFM 聚类的中国经济—环境综合分区研究",《地理科学》,2019 年,第 39 卷第 2 期,第 242～251 页。

[146] 傅伯杰、于丹丹："生态系统服务权衡与集成方法"，《资源科学》，2016年，第38卷第1期，第1～9页。

[147] 高凌、姚士谋、李昌峰："中国省会城市功能的定位方法——以沈阳为例"，《经济地理》，2007年，第27卷第6期，第913～917页。

[148] 高杨、芦晓春、王晓霞："北京农业瞄准首都功能定位再升级"，《前线》，2020年第11期，第77～79页。

[149] 高宜程、申玉铭、王茂军等："城市功能定位的理论和方法思考"，《城市规划》，2008年第10期，第21～25页。

[150] 戈大专、孙攀、周贵鹏等："传统农区粮食生产转型机制及其安全效应——基于乡村空间治理视角"，《自然资源学报》，2021年，第36卷第6期，第1588～1601页。

[151] 龚迎春："县域乡村地域功能演化与发展模式研究——以河南省修武县为例"（博士学位论文），华中师范大学，2014年。

[152] 谷晓坤、陶思远、卢方方等："大都市郊野乡村多功能评价及其空间布局——以上海89个郊野镇为例"，《自然资源学报》，2019年，第34卷第11期，第2281～2290页。

[153] 谷岩岩、焦利民、董婷等："基于多源数据的城市功能区识别及相互作用分析"，《武汉大学学报（信息科学版）》，2018年，第43卷第7期，第1113～1121页。

[154] 顾朝林："中国城市发展的新趋势"，《城市规划》，2006年，第30卷第3期，第26～31页。

[155] 顾晓君："都市农业多功能发展研究"（博士学位论文），中国农业科学院，2007年。

[156] 关小克、张凤荣、郭力娜等："北京市耕地多目标适宜性评价及空间布局研究"，《资源科学》，2010年，第32卷第3期，第580～587页。

[157] 郭焕成、李晶宜：《中国农村经济区划——中国农村经济区域发展研究》，科学出版社，1999年。

[158] 郭焕成、徐勇、姚建衢：《黄淮海地区乡村地理》，河北科学技术出版社，1991年。

[159] 郭建科、王绍博、王辉等：“国家级风景名胜区区位优势度综合测评”，《经济地理》，2017 年，第 37 卷第 1 期，第 187～195 页。

[160] 郭晓燕、胡志全：“农业的多功能性评价指标初探”，《中国农业科技导报》，2007 年，第 9 卷第 1 期，第 69～73 页。

[161] 郭远智、刘彦随：“中国乡村发展进程与乡村振兴路径”，《地理学报》，2021 年，第 76 卷第 6 期，第 1408～1421 页。

[162] 国家统计局北京调查总队：《北京统计年鉴》，中国统计出版社，2014 年。

[163] 国家统计局北京调查总队：《北京统计年鉴》，中国统计出版社，2018 年。

[164] 国家统计局北京调查总队：《北京统计年鉴》，中国统计出版社，2019 年。

[165] 国家统计局北京调查总队：《北京统计年鉴》，中国统计出版社，2020 年。

[166] 韩春萌、刘慧平、张洋华等：“基于核密度函数的多尺度北京市休闲农业空间分布分析”，《农业工程学报》，2019 年，第 35 卷第 6 期，第 271～278、323 页。

[167] 韩非、蔡建明、刘军萍：“大都市郊区乡村旅游地发展的驱动力分析——以北京市为例”，《干旱区资源与环境》，2010 年，第 24 卷第 11 期，第 195～200 页。

[168] 韩延星、张珂、朱竑：“城市职能研究述评”，《规划师》，2005 年，第 21 卷第 8 期，第 68～70 页。

[169] 蒿慧杰：“城乡融合发展的制度困境及突破路径”，《中州学刊》，2019 年第 11 期，第 49～52 页。

[170] 浩飞龙、施向、白雪等：“多样性视角下的城市复合功能特征及成因探测——以长春市为例”，《地理研究》，2019 年，第 38 卷第 2 期，第 247～258 页。

[171] 何佳：“城乡统筹视角下的乡村旅游与乡村功能重构研究”，《农业经济》，2011 年第 4 期，第 35～36 页。

[172] 何仁伟：“城乡融合与乡村振兴：理论探讨、机理阐释与实现路径”，《地理研究》，2018 年，第 37 卷第 11 期，第 2127～2140 页。

[173] 胡春丽：“郑州市休闲农业空间分布及其评价”，《中国农业资源与区划》，2018 年，第 39 卷第 10 期，第 263～268 页。

[174] 胡美娟、侯国林、周年兴等："庐山森林景观空间分布格局及多尺度特征",《生态学报》,2015 年,第 35 卷第 16 期,第 5294~5305 页。

[175] 胡晓亮、李红波、张小林等："乡村概念再认知",《地理学报》,2020年,第 75 卷第 2 期,第 398~409 页。

[176] 黄国勤："我国乡村生态系统的功能、问题及对策",《中国生态农业学报(中英文)》,2019 年,第 27 卷第 2 期,第 177~186 页。

[177] 黄姣、马冰滢、李双成："农业多功能性与都市区土地利用管理——框架和案例分析",《地理研究》,2019 年,第 38 卷第 7 期,第 1791~1806 页。

[178] 黄姣、李双成："中国快速城镇化背景下都市区农业多功能性演变特征综述",《资源科学》,2018 年,第 40 卷第 4 期,第 664~675 页。

[179] 黄金川、黄武强、张煜："中国地级以上城市基础设施评价研究",《经济地理》,2011 年,第 31 卷第 1 期,第 47~54 页。

[180] 黄莉："城市功能复合:模式与策略",《热带地理》,2012 年,第 32卷第 4 期,第 402~408 页。

[181] 黄震方、祝晔、袁林旺等："休闲旅游资源的内涵、分类与评价——以江苏省常州市为例",《地理研究》,2011 年,第 30 卷第 9 期,第 1543~1553 页。

[182] 黄祖辉、姜霞："以'两山'重要思想引领丘陵山区减贫与发展",《农业经济问题》,2017 年,第 38 卷第 8 期,第 4~10 页。

[183] 霍雅勤、蔡运龙、王瑛："耕地对农民的效用考察及耕地功能分析",《中国人口·资源与环境》,2004 年,第 14 卷第 3 期,第 105~108 页。

[184] 吉玫成、白雪："新型城乡关系视角下乡村振兴的内在逻辑与实现路径",《小城镇建设》,2022 年,第 40 卷第 1 期,第 99~103 页。

[185] 贾卉："区域发展中的空间管制问题研究——以咸阳市为例"(硕士学位论文),西北大学,2009 年。

[186] 贾晓婷、雷军、武荣伟等："基于 POI 的城市休闲空间格局分析——以乌鲁木齐市为例",《干旱区地理》,2019 年,第 42 卷第 4 期,第 943~952 页。

[187] 贾真真、黎有为、高占冬等："喀斯特洞穴康养功能适宜性评价——以贵州红果树景区天缘洞为例"，《中国岩溶》，2019 年，第 38 卷第 5 期，第 815~822 页。

[188] 江泽林："当代农业多功能性的探索——兼析海南多元特色农业"，《中国农村经济》，2006 年第 5 期，第 45~48 页。

[189] 姜棪峰、龙花楼、唐郁婷："土地整治与乡村振兴——土地利用多功能性视角"，《地理科学进展》，2021 年，第 40 卷第 3 期，第 487~497 页。

[190] 蒋婷："浙江省特色小镇旅游功能评价体系构建"，《中国农业资源与区划》，2019 年，第 40 卷第 6 期，第 227~232 页。

[191] 金凤君、王成金、李秀伟："中国区域交通优势的甄别方法及应用分析"，《地理学报》，2008 年，第 63 卷第 8 期，第 787~798 页。

[192] 金其铭："我国农村聚落地理研究历史及近今趋向"，《地理学报》，1988 年，第 43 卷第 4 期，第 311~317 页。

[193] 孔祥斌、靳京、刘怡等："基于农用地利用等别的基本农田保护区划定"，《农业工程学报》，2008 年，第 24 卷第 10 期，第 46~51 页。

[194] 匡丽红："山地型乡村景观功能评价探讨"（硕士学位论文），西南大学，2007 年。

[195] 李冰："京津冀都市圈县域经济功能定位研究"（博士学位论文），河北工业大学，2008 年。

[196] 李富强、董直庆、王林辉："制度主导、要素贡献和我国经济增长动力的分类检验"，《经济研究》，2008 年第 4 期，第 53~65 页。

[197] 李俊岭："东北农业功能分区与发展战略研究"（博士学位论文），中国农业科学院，2009 年。

[198] 李苗裔、马妍、孙小明等："基于多源数据时空熵的城市功能混合度识别评价"，《城市规划》，2018 年，第 42 卷第 2 期，第 97~103 页。

[199] 李敏纳、程叶青、蔡舒等："国际旅游岛建设以来海南省产业空间分异格局及其驱动机制"，《地理科学》，2019 年，第 39 卷第 6 期，第 967~977 页。

[200] 李明杰、王国刚、张红日："山东省县域粮食生产格局演变及其影响因素"，《农业现代化研究》，2018 年，第 39 卷第 2 期，第 248~255 页。

[201] 李平星、陈诚、陈江龙："乡村地域多功能时空格局演变及影响因素研究——以江苏省为例"，《地理科学》，2015 年，第 35 卷第 7 期，第 845~851 页。

[202] 李平星、陈雯、孙伟："经济发达地区乡村地域多功能空间分异及影响因素——以江苏省为例"，《地理学报》，2014 年，第 69 卷第 6 期，第 797~807 页。

[203] 李实、沈扬扬："中国的减贫经验与展望"，《农业经济问题》，2021 年第 5 期，第 12~19 页。

[204] 李婷婷、龙花楼："基于'人口—土地—产业'视角的乡村转型发展研究——以山东省为例"，《经济地理》，2015 年，第 35 卷第 10 期，第 149~155 页。

[205] 李广东、方创琳："城市生态—生产—生活空间功能定量识别与分析"，《地理学报》，2016 年，第 71 卷第 1 期，第 49~65 页。

[206] 李同升："乡村地域共同体及其结构与功能研究"，《西北大学学报（自然科学版）》，1998 年，第 28 卷第 5 期，第 455~460 页。

[207] 李文华、张彪、谢高地："中国生态系统服务研究的回顾与展望"，《自然资源学报》，2009 年，第 24 卷第 1 期，第 1~10 页。

[208] 李小建、乔家君："20 世纪 90 年代中国县际经济差异的空间分析"，《地理学报》，2001 年，第 56 卷第 2 期，第 136~145 页。

[209] 李小建、周雄飞、郑纯辉："河南农区经济发展差异地理影响的小尺度分析"，《地理学报》，2008 年，第 63 卷第 2 期，第 147~155 页。

[210] 李亚静、孔雪松、何建华等："湖北省乡村地域功能评价与转向特征分析"，《中国土地科学》，2021 年，第 35 卷第 3 期，第 79~87 页。

[211] 李娅、刘亚岚、任玉环等："城市功能区语义信息挖掘与遥感分类"，《中国科学院大学学报》，2019 年，第 36 卷第 1 期，第 56~63 页。

[212] 李燕凌、高猛："农村公共服务高质量发展：结构视域、内在逻辑与

现实进路",《行政论坛》，2021 年，第 28 卷第 1 期，第 18～27 页。

[213] 李耀武："城市功能研究：以湖北大中城市为例"，《武汉城市建设学院学报》，1997 年，第 14 卷第 1 期，第 5～11 页。

[214] 李玉恒、阎佳玉、刘彦随："基于乡村弹性的乡村振兴理论认知与路径研究"，《地理学报》，2019 年，第 74 卷第 10 期，第 2001～2010 页。

[215] 李玉平、朱琛、张璐璇等："基于改进层次分析法的水环境生态安全评价与对策——以邢台市为例"，《北京大学学报（自然科学版）》，2019 年，第 55 卷第 2 期，第 310～316 页。

[216] 李政通、姚成胜、梁龙武："中国粮食生产的区域类型和生产模式演变分析"，《地理研究》，2018 年，第 37 卷第 5 期，第 937～953 页。

[217] 李智、张小林："中国地理学对乡村发展的多元视角研究及思考"，《人文地理》，2017 年，第 32 卷第 5 期，第 1～8 页。

[218] 刘春艳、张继飞、赵宇鸾等："基于生态位理论的国土空间功能重要性评估——以攀西地区为例"，《城市规划》，2018 年，第 42 卷第 4 期，第 84～93 页。

[219] 刘继为："特色小镇研究的现状、热点与趋势——基于 CNKI 和 CiteSpace 的可视化分析"，《中国农业资源与区划》，2021 年，第 42 卷第 8 期，第 107～117 页。

[220] 刘建志、房艳刚、王如如："山东省农业多功能的时空演化特征与驱动机制分析"，《自然资源学报》，2020 年，第 35 卷第 12 期，第 83～97 页。

[221] 刘军会、高吉喜、马苏等："中国生态环境敏感区评价"，《自然资源学报》，2015 年，第 30 卷第 10 期，第 1607～1616 页。

[222] 刘俊杰："我国城乡关系演变的历史脉络：从分割走向融合"，《华中农业大学学报（社会科学版）》，2020 年第 1 期，第 84～92 页。

[223] 刘伟："工业化后大城市地区城乡关系转型研究——以北京市为例"（博士学位论文），首都经济贸易大学，2014 年。

[224] 刘晓琼、张瑜洋、赵新正等："可持续农业和农村发展研究进展与展

望——基于 1990～2020 年 WoS 核心合集的文献计量分析"，《人文地理》，2021 年，第 36 卷第 2 期，第 91～101 页。

[225] 刘娅、朱文博、韩雅等："基于 SOFM 神经网络的京津冀地区水源涵养功能分区"，《环境科学研究》，2015 年，第 28 卷第 3 期，第 369～376 页。

[226] 刘彦随、陈百明："中国可持续发展问题与土地利用/覆被变化研究"，《地理研究》，2002 年，第 21 卷第 3 期，第 324～330 页。

[227] 刘彦随、刘玉、陈玉福："中国地域多功能性评价及其决策机制"，《地理学报》，2011 年，第 66 卷第 10 期，第 1379～1389 页。

[228] 刘彦随、刘玉："中国农村空心化问题研究的进展与展望"，《地理研究》，2010 年，第 29 卷第 1 期，第 35～42 页。

[229] 刘彦随、龙花楼、李裕瑞："全球乡城关系新认知与人文地理学研究"，《地理学报》，2021 年，第 76 卷第 12 期，第 2869～2884 页。

[230] 刘彦随、龙花楼、张小林等："中国农业与乡村地理研究进展与展望"，《地理科学进展》，2011 年，第 30 卷第 12 期，第 1498～1505 页。

[231] 刘彦随、张紫雯、王介勇："中国农业地域分异与现代农业区划方案"，《地理学报》，2018 年，第 73 卷第 2 期，第 203～218 页。

[232] 刘彦随、周扬、李玉恒："中国乡村地域系统与乡村振兴战略"，《地理学报》，2019 年，第 74 卷第 12 期，第 2511～2528 页。

[233] 刘彦随、曹智："精准扶贫供给侧结构及其改革策略"，《中国科学院院刊》，2017 年，第 32 卷第 10 期，第 1066～1073 页。

[234] 刘彦随："中国东部沿海地区乡村转型发展与新农村建设"，《地理学报》，2007 年，第 62 卷第 6 期，第 563～570 页。

[235] 刘彦随："中国新时代城乡融合与乡村振兴"，《地理学报》，2018 年，第 73 卷第 4 期，第 637～650 页。

[236] 刘彦随："新时代乡村振兴地理学研究"，《地理研究》，2019 年，第 38 卷第 3 期，第 461～466 页。

[237] 刘彦随："现代人地关系与人地系统科学"，《地理科学》，2020 年，第 40 卷第 8 期，第 1221～1234 页。

[238] 刘耀彬、李仁东、宋学锋："中国区域城市化与生态环境耦合的关联分析",《地理学报》,2005 年,第 60 卷第 2 期,第 237～247 页。

[239] 刘玉、冯健："城乡结合部农业地域功能实现程度及变化趋势——以北京为例",《地理研究》,2017 年,第 36 卷第 4 期,第 673～683 页。

[240] 刘玉、郜允兵、潘瑜春等："基于多源数据的乡村功能空间特征及其权衡协同关系度量",《地理研究》,2021 年,第 40 卷第 7 期,第 2036～2050 页。

[241] 刘玉、蒋治、王浩森："北京农业地域功能空间分异及影响因素",《自然资源学报》,2020 年,第 35 卷第 10 期,第 2444～2459 页。

[242] 刘玉、刘彦随、郭丽英："环渤海地区粮食生产地域功能综合评价与优化调控",《地理科学进展》,2010 年,第 29 卷第 8 期,第 920～926 页。

[243] 刘玉、刘彦随、郭丽英："乡村地域多功能的内涵及其政策启示",《人文地理》,2011 年,第 26 卷第 6 期,第 103～106 页。

[244] 刘玉、刘彦随："乡村地域多功能的研究进展与展望",《中国人口•资源与环境》,2012 年,第 22 卷第 10 期,第 164～169 页。

[245] 刘玉、任艳敏、潘瑜春等："面向乡村振兴战略的乡村发展格局及其分区研究",《农业工程学报》,2019 年,第 35 卷第 12 期,第 281～289 页。

[246] 刘玉、唐林楠、潘瑜春："村域尺度的不同乡村发展类型多功能特征与振兴方略",《农业工程学报》,2019 年,第 35 卷第 22 期,第 9～17 页。

[247] 刘玉、唐林楠、任艳敏等："基于多维组合特征的北京密云区乡村休闲功能评价",《山地学报》,2020 年,第 38 卷第 5 期,第 751～762 页。

[248] 刘玉："环渤海地区乡村地域多功能性及其土地优化配置研究"(博士学位论文),中国科学院研究生院,2011 年。

[249] 刘云刚："中国资源型城市的职能分类与演化特征",《地理研究》,2009 年,第 28 卷第 1 期,第 153～160 页。

[250] 刘永强、廖柳文、龙花楼等："土地利用转型的生态系统服务价值效应分析——以湖南省为例",《地理研究》,2015 年,第 34 卷第 4 期,第 691～700 页。

[251] 刘自强、李静、鲁奇："乡村空间地域系统的功能多元化与新农村发展模式",《农业现代化研究》,2008 年,第 29 卷第 5 期,第 532~536 页。

[252] 刘自强、周爱兰、鲁奇："乡村地域主导功能的转型与乡村发展阶段的划分",《干旱区资源与环境》,2012 年,第 26 卷第 4 期,第 49~54 页。

[253] 龙花楼、陈坤秋："基于土地系统科学的土地利用转型与城乡融合发展",《地理学报》,2021 年,第 76 卷第 2 期,第 295~309 页。

[254] 龙花楼、戈大专、王介勇："土地利用转型与乡村转型发展耦合研究进展及展望",《地理学报》,2019 年,第 74 卷第 12 期,第 2547~2559 页。

[255] 龙花楼、胡智超、邹健："英国乡村发展政策演变及启示",《地理研究》,2010 年,第 29 卷第 8 期,第 1369~1378 页。

[256] 龙花楼、李婷婷、邹健："我国乡村转型发展动力机制与优化对策的典型分析",《经济地理》,2011 年,第 31 卷第 12 期,第 2080~2085 页。

[257] 龙花楼、刘彦随、邹健："中国东部沿海地区乡村发展类型及其乡村性评价",《地理学报》,2009 年,第 64 卷第 4 期,第 426~434 页。

[258] 龙花楼、屠爽爽："论乡村重构",《地理学报》,2017 年,第 72 卷第 4 期,第 563~576 页。

[259] 龙花楼、屠爽爽："乡村重构的理论认知",《地理科学进展》,2018 年,第 37 卷第 5 期,第 581~590 页。

[260] 龙花楼、邹健、李婷婷等："乡村转型发展特征评价及地域类型划分——以'苏南—陕北'样带为例",《地理研究》,2012 年,第 31 卷第 3 期,第 495~506 页。

[261] 娄昭君："崇阳县乡村地域功能空间分异及主导功能选择研究"(硕士学位论文),湖北大学,2021 年。

[262] 卢亚灵、颜磊、许学工："环渤海地区生态脆弱性评价及其空间自相关分析",《资源科学》,2010 年,第 32 卷第 2 期,第 303~308 页。

[263] 鲁奇："论我国社会主义新农村建设理念与实践的统一",《中国人口·资源与环境》,2009 年,第 19 卷第 1 期,第 6~12 页。

[264] 鲁莎莎、刘彦随、关兴良："农业地域功能的时空格局与演进特征——

以 106 国道沿线典型样带区为例"，《中国土地科学》，2014 年，第 28 卷第 3 期，第 67～75 页。

[265] 鲁莎莎、刘彦随、秦凡："环渤海地区农业地域功能演进及其影响因素"，《地理学报》，2019 年，第 74 卷第 10 期，第 2011～2026 页。

[266] 陆大道、樊杰：《2050：中国的区域发展》，科学出版社，2009 年。

[267] 陆大道、刘卫东："论我国区域发展与区域政策的地学基础"，《地理科学》，2000 年，第 20 卷第 6 期，第 487～493 页。

[268] 陆大道、刘彦随、方创琳等："人文与经济地理学的发展和展望"，《地理学报》，2020 年，第 75 卷第 12 期，第 2570～2592 页。

[269] 陆大道：《区域发展及其空间结构》，科学出版社，1995 年。

[270] 陆大道：《中国环渤海地区持续发展战略研究》，科学出版社，1995 年。

[271] 陆大道："关于'十四五'规划：领域与认识"，《地理科学》，2020 年，第 40 卷第 1 期，第 1～5 页。

[272] 陆佩、章锦河、王昶等："中国特色小镇的类型划分与空间分布特征"，《经济地理》，2020 年，第 40 卷第 3 期，第 52～62 页。

[273] 栾峰、陈洁、臧珊等："城乡统筹背景下的乡村基本公共服务设施配置研究"，《上海城市规划》，2014 年第 3 期，第 21～27 页。

[274] 罗其友、唐华俊、陶陶等："我国农业功能的地域分异与区域统筹定位研究"，《农业现代化研究》，2009 年，第 30 卷第 5 期，第 519～523 页。

[275] 罗翔、李崇明、万庆等："贫困的'物以类聚'：中国的农村空间贫困陷阱及其识别"，《自然资源学报》，2020 年，第 35 卷第 10 期，第 2460～2472 页。

[276] 吕晨："人口空间集疏的地域偏好与规律研究"，《东北师大学报（哲学社会科学版）》，2016 年第 5 期，第 90～96 页。

[277] 吕敬堂、吕大明、张浩："基于 SPSS 的农业功能聚类分区方法"，《中国农业资源与区划》，2010 年，第 31 卷第 1 期，第 68～74 页。

[278] 吕宁、吴新芳、韩霄等："游客与居民休闲满意度指数测评与比较——以北京市为例"，《资源科学》，2019 年，第 41 卷第 5 期，第 967～979 页。

[279] 吕微、唐伟："农村公共服务体系建设的现状与对策建议",《中国行政管理》,2009 年第 7 期,第 87～90 页。

[280] 吕耀："基于多维评价模型的农业多功能性价值评估",《经济地理》,2008 年,第 28 卷第 4 期,第 650～655 页。

[281] 毛汉英:《人地系统与区域可持续发展研究》,中国科学技术出版社,1995 年。

[282] 毛祺、彭建、刘焱序等："耦合 SOFM 与 SVM 的生态功能分区方法——以鄂尔多斯市为例",《地理学报》,2019 年,第 74 卷第 3 期,第 460～474 页。

[283] 门明新、张俊梅、刘玉等："基于综合生产能力核算的河北省耕地重点保护区划定",《农业工程学报》,2009 年,第 25 卷第 10 期,第 264～271 页。

[284] 孟望生、张扬："自然资源禀赋、技术进步方式与绿色经济增长:基于中国省级面板数据的经验研究",《资源科学》,2020 年,第 42 卷第 12 期,第 2314～2327 页。

[285] 念沛豪、蔡玉梅、谢秀珍等："基于生态位理论的湖南省国土空间综合功能分区",《资源科学》,2014 年,第 36 卷第 9 期,第 1958～1968 页。

[286] 欧名豪、王坤鹏、郭杰："耕地保护生态补偿机制研究进展",《农业现代化研究》,2019 年,第 40 卷第 3 期,第 357～365 页。

[287] 潘承仕："城市功能综合评价研究"(硕士学士论文),重庆大学,2004 年。

[288] 潘乐："城市用地结构与城市功能的研究",《四川师范大学学报(自然科学版)》,1999 年,第 22 卷第 5 期,第 599～602 页。

[289] 潘顺安："中国乡村旅游驱动机制与开发模式研究"(博士学位论文),东北师范大学,2007 年。

[290] 彭建、刘志聪、刘焱序："农业多功能性评价研究进展",《中国农业资源与区划》,2014 年,第 35 卷第 6 期,第 1～8 页。

[291] 彭建、吕慧玲、刘焱序等："国内外多功能景观研究进展与展望",《地球科学进展》,2015 年,第 30 卷第 4 期,第 465～476 页。

[292]　戚伟、王开泳："中国城市行政地域与实体地域的空间差异及优化整合"，《地理研究》，2019 年，第 38 卷第 2 期，第 207～220 页。

[293]　乔家君：《中国乡村地域经济论》，科学出版社，2008 年。

[294]　乔伟峰、戈大专、高金龙等："江苏省乡村地域功能与振兴路径选择研究"，《地理研究》，2019 年，第 38 卷第 3 期，第 522～534 页。

[295]　邱彭华、徐颂军、谢跟踪等："基于景观格局和生态敏感性的海南西部地区生态脆弱性分析"，《生态学报》，2007 年，第 27 卷第 4 期，第 1257～1264 页。

[296]　冉钊、周国华、吴佳敏等："基于 POI 数据的长沙市生活性服务业空间格局研究"，《世界地理研究》，2019 年，第 28 卷第 3 期，第 163～172 页。

[297]　任国平、刘黎明、李洪庆等："都市郊区乡村景观多功能权衡—协同关系演变"，《农业工程学报》，2019 年，第 35 卷第 23 期，第 273～285 页。

[298]　任国平、刘黎明、孙锦等："基于 GRA 和 TOPSIS 模型的都市郊区乡村景观多功能定位"，《地理研究》，2018 年，第 37 卷第 2 期，第 263～280 页。

[299]　盛科荣、樊杰、杨昊昌："现代地域功能理论及应用研究进展与展望"，《经济地理》，2016 年，第 36 卷第 12 期，第 1～7 页。

[300]　盛科荣、樊杰："地域功能的生成机理：基于人地关系地域系统理论的解析"，《经济地理》，2018 年，第 38 卷第 5 期，第 11～19 页。

[301]　石丹、关婧文、刘吉平："基于 DPSIR−EES 模型的旅游型城镇生态安全评价研究"，《生态学报》，2021 年，第 41 卷第 11 期，第 4330～4341 页。

[302]　石忆邵："中国乡村地区功能分类初探：以山东省为例"，《经济地理》，1990 年，第 10 卷第 3 期，第 20～25 页。

[303]　石忆邵："乡村地理学发展的回顾与展望"，《地理学报》，1992 年，第 47 卷第 1 期，第 80～88 页。

[304]　石正方："城市功能转型的结构优化分析"（博士学位论文），南开大学，2002 年。

[305]　史玉丁、李建军："乡村旅游多功能发展与农村可持续生计协同研究"，《旅游学刊》，2018 年，第 33 卷第 2 期，第 15～26 页。

[306] 宋长青、程昌秀、史培军："新时代地理复杂性的内涵"，《地理学报》，2018 年，第 73 卷第 7 期，第 1204～1213 页。

[307] 宋志军、刘黎明："北京市城郊农业区多功能演变的空间特征"，《地理科学》，2011 年，第 31 卷第 4 期，第 427～433 页。

[308] 宋志军、刘黎明："我国现代城郊农业区的功能演变及规划方法研究"，《中国农业大学学报》，2010 年，第 15 卷第 6 期，第 120～126 页。

[309] 隋洪鑫、杨秀、徐姗等："城市功能空间更新研究进展与新时期重点方向"，《热带地理》，2020 年，第 40 卷第 6 期，第 1150～1160 页。

[310] 孙海燕、王富喜："区域协调发展的理论基础探究"，《经济地理》，2008 年，第 28 卷第 6 期，第 928～931 页。

[311] 孙婧雯、马远军、王振波等："基于锁定效应的乡村旅游产业振兴路径"，《地理科学进展》，2020 年，第 39 卷第 6 期，第 1037～1046 页。

[312] 孙久文、肖春梅："乌鲁木齐城市功能定位实现途径研究"，《城市发展研究》，2009 年，第 16 卷第 10 期，第 65～70 页。

[313] 孙盘寿、杨廷秀："西南三省城镇的职能分类"，《地理研究》，1984 年，第 3 卷第 3 期，第 17～28 页。

[314] 孙新章："新中国 60 年来农业多功能性演变的研究"，《中国人口·资源与环境》，2010 年，第 20 卷第 1 期，第 71～75 页。

[315] 孙艺惠、陈田、王云才："传统乡村地域文化景观研究进展"，《地理科学进展》，2008 年，第 27 卷第 6 期，第 90～96 页。

[316] 孙喆："全国特色小镇空间分布特征及影响因素"，《中国农业资源与区划》，2020 年，第 41 卷第 5 期，第 205～214 页。

[317] 孙志刚："论城市功能的叠加性发展规律"，《经济评论》，1999 年第 1 期，第 81～85 页。

[318] 谭雪兰、安悦、苏洋等："长株潭地区农业功能的时空变化特征及发展策略研究"，《地理科学》，2018 年，第 38 卷第 5 期，第 708～716 页。

[319] 谭雪兰、蒋凌霄、安悦等："湖南省传统农区乡村功能时空演变及影响因素研究"，《地理科学》，2021 年，第 41 卷第 12 期，第 2168～2178 页。

[320] 谭雪兰、欧阳巧玲、于思远等："基于 CiteSpace 中国乡村功能研究的

知识图谱分析",《经济地理》,2017 年,第 37 卷第 10 期,第 181～187 页。

[321] 谭雪兰、于思远、陈婉铃等:"长株潭地区乡村功能评价及地域分异特征研究",《地理科学》,2017 年,第 37 卷第 8 期,第 1203～1210 页。

[322] 汤爽爽:"法国快速城市化进程中的乡村政策与启示",《农业经济问题》,2012 年,第 33 卷第 6 期,第 104～109 页。

[323] 唐承丽、贺艳华、周国华等:"基于生活质量导向的乡村聚落空间优化研究",《地理学报》,2014 年,第 69 卷第 10 期,第 1459～1472 页。

[324] 唐华俊、罗其友、李应中等:《农业区域发展学导论》,科学出版社,2008 年。

[325] 唐魁玉、梁宏姣:"后疫情时代生活方式的选择",《哈尔滨工业大学学报(社会科学版)》,2021 年,第 23 卷第 1 期,第 50～57 页。

[326] 唐丽霞:"乡村振兴背景下农村集体经济社会保障功能的实现——基于浙江省桐乡市的实地研究",《贵州社会科学》,2020 年第 4 期,第 143～150 页。

[327] 唐林楠、刘玉、潘瑜春等:"基于 BP 模型和 Ward 法的北京市平谷区乡村地域功能评价与分区",《地理科学》,2016 年,第 36 卷第 10 期,第 1514～1521 页。

[328] 唐林楠、潘瑜春、刘玉等:"北京市乡村地域多功能时空分异研究",《北京大学学报(自然科学版)》,2016 年,第 52 卷第 2 期,第 303～312 页。

[329] 唐秀美、潘瑜春、刘玉:"北京市耕地生态价值评估与时空变化分析",《中国农业资源与区划》,2018 年,第 39 卷第 3 期,第 132～140 页。

[330] 田榆寒:"耕地生态系统服务协同与权衡关系及管理策略——以慈溪市为例"(硕士学位论文),浙江大学,2018 年。

[331] 田志会、郑大玮、郭文利等:"北京山区旅游气候舒适度的定量评价",《资源科学》,2008 年,第 30 卷第 12 期,第 1846～1851 页。

[332] 涂丽、乐章:"城镇化与中国乡村振兴:基于乡村建设理论视角的实证分析",《农业经济问题》,2018 年第 11 期,第 78～91 页。

[333] 屠爽爽、龙花楼、张英男等："典型村域乡村重构的过程及其驱动因素"，《地理学报》，2019 年，第 74 卷第 2 期，第 323～339 页。

[334] 王博雅、张车伟、蔡翼飞："特色小镇的定位与功能再认识——城乡融合发展的重要载体"，《北京师范大学学报（社会科学版）》，2020 年第 1 期，第 140～147 页。

[335] 王成、彭清、唐宁等："2005～2015 年耕地多功能时空演变及其协同与权衡研究——以重庆市沙坪坝区为例"，《地理科学》，2018 年，第 38 卷第 4 期，第 590～599 页。

[336] 王成、唐宁："重庆市乡村三生空间功能耦合协调的时空特征与格局演化"，《地理研究》，2018 年，第 37 卷第 6 期，第 1100～1114 页。

[337] 王传荣、冯秀菊："中国乡村产业结构演进的环境效应研究"，《山东财经大学学报》，2021 年，第 33 卷第 4 期，第 67～76 页。

[338] 王刚、赵松岭、张鹏云等："关于生态位定义的探讨及生态位重叠计测公式改进的研究"，《生态学报》，1984 年，第 4 卷第 2 期，第 119～127 页。

[339] 王姣娥、焦敬娟、黄洁等："交通发展区位测度的理论与方法"，《地理学报》，2018 年，第 73 卷第 4 期，第 666～676 页。

[340] 王洁、摆万奇、田国行："土地利用生态风险评价研究进展"，《自然资源学报》，2020 年，第 35 卷第 3 期，第 576～585 页。

[341] 王劲峰、徐成东："地理探测器：原理与展望"，《地理学报》，2017 年，第 72 卷第 1 期，第 116～134 页。

[342] 王晶："大连市城市功能扩展研究"（硕士学位论文），大连理工大学，2002 年。

[343] 王俊珏、叶亚琴、方芳："基于核密度与融合数据的城市功能分区研究"，《地理与地理信息科学》，2019 年，第 35 卷第 3 期，第 66～71 页。

[344] 王凯歌、栗滢超、张凤荣等："基于要素配置功能识别的差异化乡村发展策略"，《农业工程学报》，2021 年，第 37 卷第 3 期，第 250～258 页。

[345] 王磊："城市综合体的功能定位与组织研究"（硕士学位论文），上海交通大学，2010 年。

[346] 王秋兵：《土地资源学》，中国农业出版社，2011 年。

[347] 王润、刘家明、张文玲："地理大数据视野下京津冀乡村旅游空间类型区划研究"，《中国农业资源与区划》，2017 年，第 38 卷第 12 期，第 138~145，169 页。

[348] 王新越、候娟娟："山东省乡村休闲旅游地的空间分布特征及影响因素"，《地理科学》，2016 年，第 36 卷第 11 期，第 1706~1714 页。

[349] 王亚飞、郭锐、樊杰："国土空间结构演变解析与主体功能区格局优化思路"，《中国科学院院刊》，2020 年，第 35 卷第 7 期，第 855~866 页。

[340] 王亚辉、李秀彬、辛良杰等："耕地资产社会保障功能的空间分异研究——不同农业类型区的比较"，《地理科学进展》，2020 年，第 39 卷第 9 期，第 51~62 页。

[351] 王永生、文琦、刘彦随："贫困地区乡村振兴与精准扶贫有效衔接研究"，《地理科学》，2020 年，第 40 卷第 11 期，第 1840~1847 页。

[352] 王勇、李广斌："生态位理论及其在小城镇发展中的应用"，《城市问题》，2002 年，第 110 卷第 6 期，第 13~16 页。

[353] 韦宁、黄合、李丽香："特色小镇发展现状及对策——以北京市密云区古北口镇为例"，《乡村科技》，2021 年，第 12 卷第 12 期，第 41~42 页。

[354] 魏宗财、甄峰、席广亮等："全球化、柔性化、复合化、差异化：信息时代城市功能演变研究"，《经济地理》，2013 年，第 33 卷第 6 期，第 48~52 页。

[355] 文琦、施琳娜、马彩虹等："黄土高原村域多维贫困空间异质性研究：以宁夏彭阳县为例"，《地理学报》，2018 年，第 73 卷第 10 期，第 1850~1864 页。

[356] 吴宝新、张宝秀、张英洪：《北京城乡融合发展报告（2019）》，社会科学文献出版社，2019 年。

[357] 吴传钧："地理学的特殊研究领域和今后任务"，《经济地理》，1981 年，第 1 卷第 1 期，第 5~10、21 页。

[358] 吴传钧："因地制宜发挥优势逐步发展我国农业生产的地域专业化"，《地理学报》，1981 年，第 36 卷第 4 期，第 349~357 页。

[359] 吴传钧："论地理学的研究核心——人地关系地域系统"，《经济地理》，

1991 年，第 11 卷第 3 期，第 1~6 页。

[360] 吴传钧：《中国农业与农村经济可持续发展问题：不同类型地区实证研究》，中国环境科学出版社，2001 年。

[361] 吴传钧：《中国经济地理》，科学出版社，2007 年。

[362] 吴凯、顾晋饴、何宏谋等："基于重心模型的丘陵山地区耕地利用转换时空特征研究"，《农业工程学报》，2019 年，第 35 卷第 7 期，第 247~254 页。

[363] 吴桐、岳文泽、夏皓轩等："国土空间规划视域下主体功能区战略优化"，《经济地理》，2022 年，第 42 卷第 2 期，第 11~17、73 页。

[364] 吴文恒、徐泽伟、杨新军："功能分区视角下的西安市发展空间分异"，《地理研究》，2012 年，第 31 卷第 12 期，第 2173~2184 页。

[365] 吴兆娟、丁声源、魏朝富等："丘陵山区地块尺度耕地社会稳定功能价值测算与提升"，《水土保持研究》，2015 年，第 22 卷第 5 期，第 245~252 页。

[366] 武鹏、李同昇、李卫民："县域农村贫困化空间分异及其影响因素——以陕西山阳县为例"，《地理研究》，2018 年，第 37 卷第 3 期，第 593~606 页。

[367] 习近平："坚持把解决好'三农'问题作为全党工作重中之重 举全党全社会之力推动乡村振兴、创造"，2022 年，第 30 卷第 5 期，第 1~8 页。

[368] 席建超、王首琨、张瑞英："旅游乡村聚落'生产—生活—生态'空间重构与优化：河北野三坡旅游区苟各庄村的案例实证"，《自然资源学报》，2016 年，第 31 卷第 3 期，第 425~435 页。

[369] 夏征农、陈至立、巢峰等：《辞海》，上海辞书出版社，2009 年。

[370] 向敬伟、廖晓莉、宋小青等："中国耕地多功能的区域收敛性"，《资源科学》，2019 年，第 41 卷第 11 期，第 1959~1971 页。

[371] 向玉琼、张健培："乡村多功能发展与治理：乡村振兴的一个理论视角"，《天津行政学院学报》，2020 年，第 22 卷第 6 期，第 42~53 页。

[372] 肖杨、毛显强："城市生态位理论及其应用"，《中国人口·资源与环

境》，2008 年，第 18 卷第 5 期，第 41～45 页。

[373]　谢高地、鲁春霞、冷允法等："青藏高原生态资产的价值评估"，《自然资源学报》，2003 年，第 18 卷第 2 期，第 189～196 页。

[374]　谢晖、胡畔、王兴平："大都市边缘区城乡统筹发展水平评估——以南京市江宁区为例"，《城市发展研究》，2010 年，第 17 卷第 1 期，第 66～71 页。

[375]　谢臻、张凤荣、陈松林等："中国乡村振兴要素识别与发展类型诊断——基于 99 个美丽乡村示范村的信息挖掘分析"，《资源科学》，2019 年，第 41 卷第 6 期，第 1048～1058 页。

[376]　徐冬、黄震方、吕龙等："基于 POI 挖掘的城市休闲旅游空间特征研究——以南京为例"，《地理与地理信息科学》，2018 年，第 34 卷第 1 期，第 3、59～64、70 页。

[377]　徐冬冬、黄震方、孙黄平等："南京市休闲旅游资源空间特征及其影响因素"，《南京师大学报（自然科学版）》，2017 年，第 40 卷第 1 期，第 127～133 页。

[378]　徐凯、房艳刚："乡村地域多功能空间分异特征及类型识别——以辽宁省 78 个区县为例"，《地理研究》，2019 年，第 38 卷第 3 期，第 482～495 页。

[379]　徐祥民："'两山理论'探源"，《中州学刊》，2019 年第 5 期，第 93～99 页。

[380]　徐智邦、王中辉、周亮等："中国'淘宝村'的空间分布特征及驱动因素分析"，《经济地理》，2017 年，第 37 卷第 1 期，第 107～114 页。

[381]　许锋、周一星："我国城市职能结构变化的动态特征及趋势"，《城市发展研究》，2008 年，第 15 卷第 6 期，第 49～55 页。

[382]　许锋、周一星："科学划分我国城市的职能类型，建立分类指导的扩大内需政策"，《城市发展研究》，2010 年，第 17 卷第 2 期，第 88～97 页。

[383]　许泽宁、高晓路、王志强等："中国地级以上城市公园绿地服务水平评估：数据、模型和方法"，《地理研究》，2019 年，第 38 卷第 5 期，

第 1016～1029 页。

[384] 严北战："浙江产业集群成长的动力机制分析——基于区域文化视角"，《中国农村经济》，2007 年第 S1 期，第 87～92 页。

[385] 阎东彬、范玉凤："京津冀城市群功能空间失衡状态测度及治理对策"，《河北大学学报（哲学社会科学版）》，2019 年，第 44 卷第 2 期，第 63～70 页。

[386] 杨春玲："基于生态位理论的城市土地集约利用研究——以河南省城市土地为例"（硕士学位论文），河南大学，2009 年。

[387] 杨忍、陈燕纯："中国乡村地理学研究的主要热点演化及展望"，《地理科学进展》，2018 年，第 37 卷第 5 期，第 601～616 页。

[388] 杨忍、刘彦随、龙花楼："中国环渤海地区人口—土地—产业非农化转型协同演化特征"，《地理研究》，2015 年，第 34 卷第 3 期，第 475～486 页。

[389] 杨忍、文琦、王成等："新时代中国乡村振兴：探索与思考——乡村地理青年学者笔谈"，《自然资源学报》，2019 年，第 34 卷第 4 期，第 890～910 页。

[390] 杨忍、张菁、陈燕纯："基于功能视角的广州都市边缘区乡村发展类型分化及其动力机制"，《地理科学》，2021 年，第 41 卷第 2 期，第 232～242 页。

[391] 杨忍："基于自然主控因子和道路可达性的广东省乡村聚落空间分布特征及影响因素"，《地理学报》，2017 年，第 72 卷第 10 期，第 1859～1871 页。

[392] 杨忍："广州市城郊典型乡村空间分化过程及机制"，《地理学报》，2019 年，第 74 卷第 8 期，第 1622～1636 页。

[393] 杨薇、靳宇弯、孙立鑫等："基于生产可能性边界的黄河三角洲湿地生态系统服务权衡强度"，《自然资源学报》，2019 年，第 34 卷第 12 期，第 2516～2528 页。

[394] 杨兴柱、王群："皖南旅游区乡村人居环境质量评价及影响分析"，《地理学报》，2013 年，第 68 卷第 6 期，第 851～867 页。

[395] 杨雪、谈明洪："北京市耕地功能空间差异及其演变"，《地理研究》，2014 年，第 33 卷第 6 期，第 1106～1118 页。

[396] 杨雪、谈明洪："近年来北京市耕地多功能演变及其关联性"，《自然资源学报》，2014 年，第 29 卷第 5 期，第 733～743 页。

[397] 杨勇："智能化综合评价理论与方法研究"（博士学位论文），浙江工商大学，2014 年。

[398] 杨宇、李小云、董雯等："中国人地关系综合评价的理论模型与实证"，《地理学报》，2019 年，第 74 卷第 6 期，第 1063～1078 页。

[399] 杨宇："新中国建立后齐齐哈尔工业发展历程及成就探析"，《理论观察》，2021 年第 3 期，第 91～93 页。

[400] 杨振山、苏锦华、杨航等："基于多源数据的城市功能区精细化研究——以北京为例"，《地理研究》，2021 年，第 40 卷第 2 期，第 477～494 页。

[401] 杨周、杨兴柱、朱跃等："山地旅游小镇功能转型与重构的时空特征研究——以黄山风景区汤口镇为例"，《山地学报》，2020 年，第 38 卷第 1 期，第 118～131 页。

[402] 姚建衢："乡村经济功能分类的初步研究：以黄淮海地区为例"，《自然资源学报》，1993 年，第 8 卷第 3 期，第 213～222 页。

[403] 姚尧、张亚涛、关庆锋等："使用时序出租车轨迹识别多层次城市功能结构"，《武汉大学学报（信息科学版）》，2019 年，第 44 卷第 6 期，第 875～884 页。

[404] 叶超："探寻新时代城乡发展的路径——'新时代的城镇化与城乡融合发展'专辑序言"，《地理科学进展》，2021 年，第 40 卷第 1 期，第 1～2 页。

[405] 叶红、唐双、彭月洋等："城乡等值：新时代背景下的乡村发展新路径"，《城市规划学刊》，2021 年第 3 期，第 44～49 页。

[406] 叶菁、谢巧巧、谭宁焱："基于生态承载力的国土空间开发布局方法研究"，《农业工程学报》，2017 年，第 33 卷第 11 期，第 262～271 页。

[407] 叶敏、张海晨："紧密型城乡关系与大都市郊区的乡村振兴形态——

对上海城乡关系与乡村振兴经验的解读与思考",《南京农业大学学报（社会科学版）》，2019 年，第 19 卷第 5 期，第 33～40、155 页。

[408] 叶天泉、刘莹、郭勇等：《房地产经济辞典》，辽宁科学技术出版社，2005 年。

[409] 殷如梦、李欣、曹锦秀等："江苏省耕地多功能利用权衡/协同关系研究"，《南京师大学报（自然科学版）》，2020 年，第 43 卷第 1 期，第 69～75 页。

[410] 尹成杰："农业多功能性与推进现代农业建设"，《中国农村经济》，2007 年第 7 期，第 4～9 页。

[411] 尹婧博、李红、王冬艳等："吉林省乡村地域多功能时空变化与耦合协调测度研究"，《中国土地科学》，2021 年，第 35 卷第 9 期，第 63～73 页。

[412] 于伯华："城市边缘区土地利用冲突：理论框架与案例研究"（博士学位论文），中国科学院研究生院，2006 年。

[413] 于超月、王晨旭、冯喆等："北京市生态安全格局保护紧迫性分级"，《北京大学学报（自然科学版）》，2020 年，第 56 卷第 6 期，第 1047～1055 页。

[414] 于法稳、黄鑫、岳会："乡村旅游高质量发展：内涵特征、关键问题及对策建议"，《中国农村经济》，2020 年第 8 期，第 27～39 页。

[415] 于璐、何祥、刘嘉勇："基于时空语义挖掘的城市功能区识别研究"，《四川大学学报（自然科学版）》，2019 年，第 56 卷第 2 期，第 246～252 页。

[416] 于水、王亚星、杜焱强："异质性资源禀赋、分类治理与乡村振兴"，《西北农林科技大学学报（社会科学版）》，2019 年第 4 期，第 52～60 页。

[417] 于涛方、顾朝林、吴泓："中国城市功能格局与转型——基于五普和第一次经济普查数据的分析"，《城市规划学刊》，2006 年第 5 期，第 13～21 页。

[418] 余峰："如何正确测度我国农村居民的恩格尔系数？——基于宏观和微观视角的实证研究"，《经济问题》，2021 年第 7 期，第 37～44 页。

[419]　虞孝感、王磊："极化区功能识别与评价指标研究"，《长江流域资源与环境》，2011 年，第 20 卷第 7 期，第 775～782 页。

[420]　袁弘、蒋芳、刘盛和等："城市化进程中北京市多功能农地利用"，《干旱区资源与环境》，2007 年，第 21 卷第 10 期，第 18～23 页。

[421]　袁源、张小林、李红波等："基于位置大数据的村域尺度多功能性评价——以苏州市为例"，《自然资源学报》，2021 年，第 36 卷第 3 期，第 674～687 页。

[422]　苑韶峰、张晓蕾、李胜男等："基于地域和村域区位的宅基地价值测算及其空间分异特征研究——以浙江省典型县市为例"，《中国土地科学》，2021 年，第 35 卷第 2 期，第 31～40 页。

[423]　岳立柱、施光磊、陆畅："综合评价结果稳健性的偏序集分析"，《辽宁工程技术大学学报（自然科学版）》，2021 年，第 40 卷第 1 期，第 90～96 页。

[424]　张步艰："浙江省农村经济类型区划分"，《经济地理》，1990 年，第 10 卷第 2 期，第 18～22 页。

[425]　张成君、陈忠萍："论拓展我国乡村旅游经济的空间"，《经济师》，2001 年第 7 期，第 60～61 页。

[426]　张凤琦："'地域文化'概念及其研究路径探析"，《浙江社会科学》，2008 年第 4 期，第 50、63～66、127 页。

[427]　张富刚、刘彦随："中国区域农村发展动力机制及其发展模式"，《地理学报》，2008 年，第 63 卷第 2 期，第 115～122 页。

[428]　张富刚："我国东部沿海发达地区农村发展态势与模式研究"（博士学位论文），中国科学院研究生院，2008 年。

[429]　张涵、李阳兵："城郊土地利用功能演变——以贵州省惠水县乡村旅游度假区好花红村为例"，《地理科学进展》，2020 年，第 39 卷第 12 期，第 1999～2012 页。

[430]　张静静、朱文博、朱连奇等："伏牛山地区森林生态系统服务权衡/协同效应多尺度分析"，《地理学报》，2020 年，第 75 卷第 5 期，第 975～988 页。

[431] 张军以、苏维词、王腊春等：“西南喀斯特地区城乡融合发展乡村振兴路径研究”，《农业工程学报》，2019 年，第 35 卷第 22 期，第 1～8 页。

[432] 张雷、刘毅：“中国东部沿海地带人地关系状态分析”，《地理学报》，2004 年，第 59 卷第 2 期，第 311～319 页。

[433] 张雷、杨波：“中国资源环境基础的空间结构特征分析”，《地理研究》，2018 年，第 37 卷第 8 期，第 1485～1494 页。

[434] 张丽萍、徐清源：“我国特色小镇发展进程分析”，《调研世界》，2019 年第 4 期，第 51～56 页。

[435] 张利国、鲍丙飞、董亮：“鄱阳湖生态经济区粮食单产时空格局演变及驱动因素探究”，《经济地理》，2018 年，第 38 卷第 2 期，第 154～161 页。

[436] 张利国、王占岐、魏超等：“基于村域多功能视角的乡村振兴策略——以鄂西郧阳山区为例”，《资源科学》，2019 年，第 41 卷第 9 期，第 1703～1713 页。

[437] 张莉敏：“成渝城市群重点城市功能定位优化研究”（硕士学位论文），重庆工商大学，2009 年。

[438] 张荣天、张小林、陆建飞等：“我国乡村转型发展时空分异格局与影响机制分析”，《人文地理》，2021 年，第 36 卷第 3 期，第 138～147 页。

[439] 张小林：“乡村概念辨析”，《地理学报》，1998 年，第 53 卷第 4 期，第 365～371 页。

[440] 张雪梅：“吉林省乡村地域功能分异特征及其发展模式研究”（硕士学位论文），东北师范大学，2013 年。

[441] 张馨月、黄映晖：“农业特色小镇的发展路径分析——以北京小汤山镇为例”，《农业展望》，2019 年，第 15 卷第 7 期，第 53～57 页。

[442] 张衍毓、高秉博、郭旭东等：“国土空间监测网络布局优化方法研究”，《中国土地科学》，2017 年，第 32 卷第 1 期，第 11～19 页。

[443] 张怡恬：“探寻‘社会保障之谜’：社会保障与经济发展关系辨析”，《南京社会科学》，2017 年第 4 期，第 75～79 页。

[444] 张英男、龙花楼、戈大专等：“黄淮海平原耕地功能演变的时空特征及

其驱动机制"，《地理学报》，2018 年，第 73 卷第 3 期，第 518~534 页。

[445] 张英男、龙花楼、屠爽爽等："电子商务影响下的'淘宝村'乡村重构多维度分析——以湖北省十堰市郧西县下营村为例"，《地理科学》，2019 年，第 39 卷第 6 期，第 947~956 页。

[446] 张永强、王珧、田媛："都市农业驱动城乡融合发展的国际镜鉴与启示"，《农林经济管理学报》，2019 年，第 18 卷第 6 期，第 760~767 页。

[447] 赵爱栋、彭冲、许实等："生态安全约束下耕地潜在转换及其对粮食生产的影响——以东北地区为例"，《中国人口·资源与环境》，2017 年，第 27 卷第 11 期，第 124~131 页。

[448] 赵栋："资源型城市城市功能转型研究——以白银市为例"（硕士学位论文），兰州大学，2010 年。

[449] 赵华甫、张凤荣、许月卿等："北京城市居民需要导向下的耕地功能保护"，《资源科学》，2007 年，第 29 卷第 1 期，第 56~62 页。

[450] 赵佩佩、胡庆钢、吕冬敏等："东部先发地区乡村振兴的规划研究探索——以杭州市为例"，《城市规划学刊》，2019 年第 5 期，第 68~76 页。

[451] 赵语涵："本市城乡融合发展程度达 86.6%"，《北京日报》，2019-09-23，第 1 版页。

[452] 甄霖、曹淑艳、魏云洁等："土地空间多功能利用：理论框架及实证研究"，《资源科学》，2009 年，第 31 卷第 4 期，第 544~551 页。

[453] 甄霖、魏云洁、谢高地等："中国土地利用多功能性动态的区域分析"，《生态学报》，2010 年，第 30 卷第 24 期，第 6749~6761 页。

[454] 郑度、葛全胜、张雪芹等："中国区划工作的回顾与展望"，《地理研究》，2005 年，第 24 卷第 3 期，第 330~344 页。

[455] 郑度："关于地理学的区域性和地域分异研究"，《地理研究》，1998 年，第 17 卷第 1 期，第 5~10 页。

[456] 郑健雄、郭焕成、林铭昌等：《乡村旅游发展规划与景观设计》，中国矿业大学出版社，2009 页。

[457] 郑紫颜、仇方道、张春丽等："再生性资源型城市功能转型异质性及

其工业结构解析”，《资源科学》，2020 年，第 42 卷第 3 期，第 570～
582 页。

[458] 钟源、刘黎明、刘星等：“农业多功能评价与功能分区研究——以湖
南省为例”，《中国农业资源与区划》，2017 年，第 38 卷第 3 期，第
93～100 页。

[459] 周丁扬、李抒函、文雯等：“基于供需视角的河南省耕地多功能评价与
优化”，《农业机械学报》，2020 年，第 51 卷第 11 期，第 272～281 页。

[460] 周国华、戴柳燕、贺艳华等：“论乡村多功能演化与乡村聚落转型”，
《农业工程学报》，2020 年，第 36 卷第 19 期，第 242～251 页。

[461] 周国磊、李诚固、张婧等：“2003 年以来长春市城市功能用地演替”，
《地理学报》，2015 年，第 70 卷第 4 期，第 39～550 页。

[462] 周心琴、陈丽、张小林：“近年我国乡村景观研究进展”，《地理与地
理信息科学》，2005 年，第 21 卷第 2 期，第 77～81 页。

[463] 周扬、郭远智、刘彦随：“中国县域贫困综合测度及 2020 年后减贫瞄
准”，《地理学报》，2018 年，第 73 卷第 8 期，第 1478～1493 页。

[464] 周扬、郭远智、刘彦随：“中国乡村地域类型及分区发展途径”，《地
理研究》，2019 年，第 38 卷第 3 期，第 467～481 页。

[465] 周一星、R.布雷德肖：“中国城市（包括辖县）的工业职能分类——
理论、方法和结果”，《地理学报》，1988 年，第 43 卷第 4 期，第 287～
298 页。

[466] 朱春全：“生态位态势理论与扩充假说”，《生态学报》，1997 年，第
17 卷第 3 期，第 324～332 页。

[467] 朱从谋、李武艳、杜莹莹等：“浙江省耕地多功能价值时空变化与权
衡——协同关系”，《农业工程学报》，2020 年，第 36 卷第 14 期，第
263～272 页。

[468] 朱纪广、李小建、王德等：“传统农区不同类型乡村功能演变研究——
以河南省西华县为例”，《经济地理》，2019 年，第 39 卷第 1 期，第
149～156 页。

[469] 朱蕾、王克强：“基于功能分异的都市农业发展模式研究”，《农业工

程学报》，2019 年，第 35 卷第 10 期，第 252～258 页。

[470]　朱孟珏、庄大昌、张慧霞等："广东省县域乡村土地利用功能的时空分异及影响因素研究"，《中国土地科学》，2021 年，第 35 卷第 1 期，第 79～87 页。

[471]　朱庆莹、胡伟艳、赵志尚："耕地多功能权衡与协同时空格局的动态分析——以湖北省为例"，《经济地理》，2018 年，第 38 卷第 7 期，第 143～153 页。

[472]　朱跃、杨兴柱、杨周等："主体功能视角下皖南旅游区乡村多功能演化特征与影响机制"，《地理科学》，2021 年，第 41 卷第 5 期，第 415～823 页。

[473]　邹仁爱、陈俊鸿、陈绍愿等："旅游地生态位的概念、原理及优化策略研究"，《人文地理》，2006 年，第 21 卷第 5 期，第 36～40 页。